21世纪高等学校土木工程专业规划教材

江苏省重点教材

结构力学(下)

(精编本)

主　编　宗钟凌　贾　程

副主编　陈卉卉　赵乙丁　张楚璇

武汉理工大学出版社

·武　汉·

【内容简介】

本书为《结构力学》教材的下册，内容包括：矩阵位移法、结构的动力分析、结构的稳定分析和结构的极限荷载分析。每章均有提要、例题、小结、思考题和习题，书后附有习题参考答案。

本书选材适当，叙述简明，思路清晰，符合认知规律，例题、习题突出专业特色、难度适中。本书重视基本概念、基本原理的讲授和基本方法的训练及能力培养，兼顾工程实际应用。本书可作为土木工程专业(包括建筑工程、桥梁工程等专业方向)以及水利工程等相近专业的教材，还可作为有关工程技术人员的参考书籍。

图书在版编目(CIP)数据

结构力学. 下/宗钟凌，贾程主编. —武汉：武汉理工大学出版社，2022.6
ISBN 978-7-5629-6617-3

Ⅰ.① 结…　Ⅱ.① 宗…　②贾…　Ⅲ.①结构力学 -教材　Ⅳ.①O342

中国版本图书馆 CIP 数据核字(2022)第 099065 号

项目负责人：陈军东　　**责任编辑**：黄　鑫
责任校对：张莉娟　　**版面设计**：正风图文
出版发行：武汉理工大学出版社
地　　址：武汉市洪山区珞狮路 122 号
邮　　编：430070
网　　址：http://www.wutp.com.cn
经　销　者：各地新华书店
印　刷　者：湖北恒泰印务有限公司
开　　本：850×1168　1/16
印　　张：12
字　　数：360 千字
版　　次：2022 年 6 月第 1 版
印　　次：2022 年 6 月第 1 次印刷
印　　数：1000 册
定　　价：45.00 元
凡购本书，如有缺页、倒页、脱页等印装质量问题，请向出版社发行部调换。
本社购书热线电话：027-87523148　87391631　87165708(传真)

21 世纪土木工程专业规划教材
编审委员会

前　言

本教材是在原21世纪高等学校土木工程专业规划教材《结构力学》(精编本)的基础上按照教育部高等学校力学教学指导委员会制定的《结构力学课程教学基本要求》(A类)、教育部印发的《普通高等学校本科专业目录和专业介绍》(2012年)和高等学校土木工程学科专业指导委员会发布的《高等学校土木工程本科指导性专业规范》的要求编写而成。新编教材进一步加强了对力学基本概念的介绍;力求将力学问题与工程实践相结合并注重对学生工程意识的培养,以顺应科学技术的发展和工程领域的需要。新编教材对例题进行了大量调整,增加了应用力学概念分析结构受力状态的例题;对力学概念的文字表述做了精心修改和完善,使之更加规范;引入课程思政,每章配有课程思政教学案例。

本教材分上、下两册,上册内容包括:绪论、结构的几何组成分析、静定结构受力分析、虚功原理和结构的位移计算、力法、位移法、渐进法和近似法、结构在移动荷载作用下的计算。下册内容包括:矩阵位移法、结构的动力分析、结构的稳定分析和结构的极限荷载分析。除绪论外,每章均有提要、例题、小结、思考题和习题,书后附有习题参考答案。

新编教材在内容选择时吸取了一些原有教材的优点并力图反映当前结构力学教学的科研成果,力求做到与时俱进。教材编写过程中为适应经济社会发展和科技进步的要求,遵循教育教学规律,体现先进教学理念,反映区域特色与学校特点,在课堂教学内容外增加了实验教学的内容,使内容呈现的形式更多样化,积极开发补充性和延伸性教辅资料。此外,编者结合教材内容开发了结构力学线下线上混合教学精品课程、结构力学实验实训平台,同时积累了丰富的数字资源。数字资源主要分为三部分:第一部分是课程思政教学案例;第二部分是教学软件资源,包括教学课件、视频等;第三部分是部分经典习题的解答与讨论。

在教材编写和素材收集过程中,编者结合自身教学经验的同时也大量吸收、应用了部分国内外优秀结构力学教材的内容,在此谨向这些文献的作者们致以最衷心的感谢。由于编者水平和经验有限,加之时间仓促,书中难免存在缺点和错误,诚恳希望读者批评指正。

编　者

2022年3月

目　　录

9　矩阵位移法

提要

本章讨论结构分析的矩阵位移法。主要内容包括：结构的离散化和数值化编码；局部坐标系和整体坐标系中的单元刚度矩阵；局部坐标系和整体坐标系之间的转换关系；连续梁的整体刚度矩阵；平面刚架的整体刚度矩阵；组合结构的整体刚度矩阵；忽略轴向变形时的矩形刚架的整体分析；平面桁架的整体分析。在支座条件处理上，连续梁采用后处理法，其他结构均采用先处理法。其中，单元分析和整体分析是重点。要求理解结构的离散化和数值化编码规则，掌握利用单元刚度集成法形成结构整体刚度矩阵的过程和等效结点荷载的集成方法。整体刚度矩阵的集成规则是矩阵位移法的核心内容。

9.1　矩阵位移法概述

前面讨论的力法、位移法和近似法，都是建立在手算基础上的计算方法。当基本未知量很多时，相应需要建立和求解的联立方程的数目也增多，计算工作冗繁、困难，有时甚至是不可能求解的。20 世纪 60 年代以后，由于结构分析方法和计算技术的快速发展，应用电子计算机进行结构矩阵分析的方法迅速发展起来。

在结构矩阵分析中，运用矩阵进行计算，不仅能使计算公式紧凑、形式简单，而且便于实现计算过程程序化，以及用计算机自动进行数值计算。

从未知量选取的角度，结构矩阵分析可分为矩阵位移法（刚度法）和矩阵力法（柔度法）两种。前者取结构的结点位移作为基本未知量，后者则取结构的多余未知力作为基本未知量。因为矩阵位移法比矩阵力法便于编制通用的程序实现机算，因而在工程界应用较为广泛。本章只讨论矩阵位移法。

矩阵位移法与位移法的力学原理并无区别，也是以结点位移作为基本未知量。二者的差异仅在于矩阵位移法是从适应机算的角度出发，其求解过程是用矩阵作为组织运算的数学工具。矩阵位移法的求解要点和位移法基本相同，主要包括结构的离散化、单元分析和整体分析三个基本环节。

（1）结构的离散化：在杆件结构的矩阵位移法中，把复杂的结构视为有限个单元（杆件）的集合，各单元彼此在结点处连接而组成整体，求解时，先把整体拆开，分解成若干个单元，这个过程称为离散化。

（2）单元分析：研究每个单元的力学特性，分析单元的杆端力和杆端位移之间的关系，并用矩阵形式表示。

（3）整体分析：根据变形协调条件和平衡条件，将各单元集合成整体结构，并形成结构刚度矩阵，建立位移法方程。

矩阵位移法的基本思路，笼统地说，是一个“先分后合”的过程，即先将结构拆成零散杆件,然后再集合成结构,通过一分一合的分析过程,把复杂结构的计算转化为简单杆件的分析与综合问题。

9.2　结构的离散化及单元杆端位移与杆端力

9.2.1　结构的离散化

杆件结构是由若干根杆件组成的结构。在进行结构矩阵分析时,必须将结构离散化。结构离散化,首先要进行结构单元的划分,其次要对单元、结点编码。

1. 单元的划分

为了计算方便,通常把每个等截面直杆段划分为一个单元,各单元通过结点互相连接,并通过支座与基础相连。因此,划分单元的结点应该是杆件的汇交点、截面突变点和支承点等处。这些结点都是根据结构本身的构造特征来确定的。有时为了计算上的需要,也把杆件中某些特殊点当作结点,例如集中力作用点等。确定了结构的全部结点,也就确定了结构单元的划分。从单元划分的角度看,结构矩阵分析与经典的计算方法并无本质区别。一般地说,结构矩阵分析虽然是一种数值方法,但对杆件结构来说,它的计算结果是精确的。

如有的杆件横截面是连续变化的,可以将该杆件分为若干段,以每段中间的截面作为各分段的截面,将此变截面杆件近似地用几个等截面杆件来代替。对于等截面的曲杆,可以用多段折线形杆件来代替。显然,采用这种处理方法,单元划分得越细,其计算结果将越接近真实情况。

2. 单元编码和结点编码

结构离散化的具体做法是,根据上述原则对结构进行单元编码和结点编码。单元码用 ①、②、③、… 表示,结点码用 1、2、3、… 表示,如图 9.1 所示。这些码是结构计算简图的原始数据,在结构矩阵位移法分析和计算机程序设计中要用到。

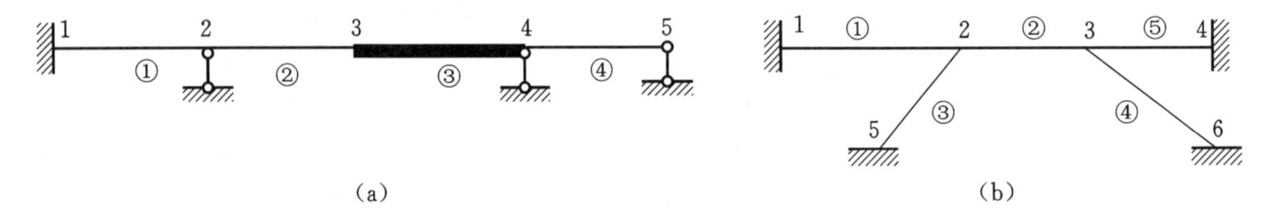

图 9.1　单元码和结点码

(a) 连续梁;(b) 平面刚架

9.2.2　单元杆端位移与杆端力

1. 坐标系

在杆件结构中,各杆的方向不尽相同。为了分析方便,在单元分析时采用局部坐标系(即单元坐标系)。而在整体分析时,则必须采用统一的整体坐标系。

平面杆件结构的整体坐标系用 $x-y$ 表示,局部坐标系用 $\overline{x}-\overline{y}$ 表示。单元的两端,一端称为始端,另一端称为末端。通常,局部坐标系的原点放置在单元的始端,取单元的轴线作为 $\overline{x}$ 轴,从始端到末端方向作为 $\overline{x}$ 轴的正方向,将 $\overline{x}$ 轴从 $\overline{x}$ 轴的正方向逆时针旋转 90° 得到 $\overline{y}$ 轴,如图 9.2 所示。

符号的标识:字母 $\overline{x}$、$\overline{y}$ 的上面都画一横,作为局部坐标系的标志,字母 x、y 的上面无一横的就是整体坐标系，其他的力学符号也按此标识和识别。

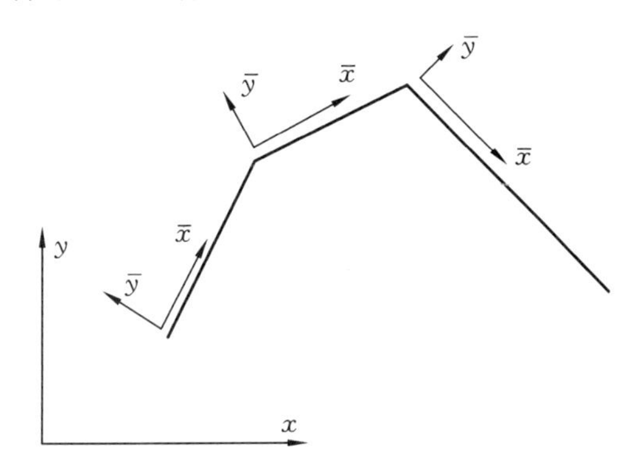

图 9.2　局部坐标系和整体坐标系

2. 杆端位移与杆端力

(1) 局部坐标系中的杆端位移与杆端力

图 9.3 所示为平面刚架中任一个等截面直杆单元 ⓔ。设单元的始端号为 1，末端号为 2。

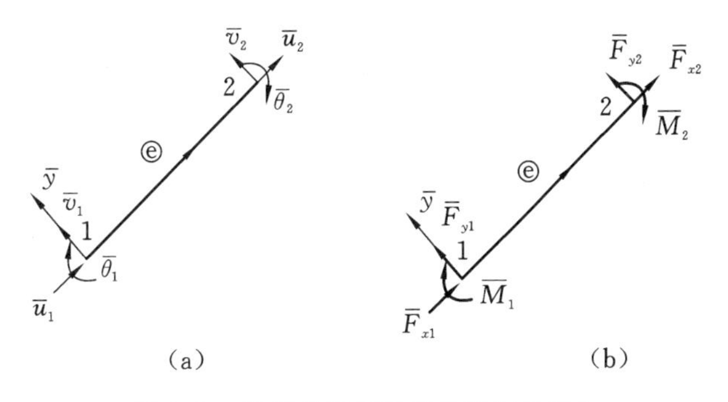

图 9.3　局部坐标系杆端位移与杆端力

(a) 局部坐标系中杆端位移；(b) 局部坐标系中杆端力

在平面刚架单元发生弯曲变形和轴向变形的情况下，每个杆端各有 3 个杆端位移分量，单元共有 6 个杆端位移分量，即沿 $\bar{x}$、$\bar{y}$ 方向的杆端位移 $\bar{u}^e$、$\bar{v}^e$ 和角位移 $\bar{\theta}^e$，如图 9.3(a) 所示。与此对应，每个杆端各有 3 个杆端力分量，单元共有 6 个杆端力分量，即沿 $\bar{x}$、$\bar{y}$ 方向的杆端力 $\bar{F}_x^e$、$\bar{F}_y^e$ 和杆端弯矩 $\bar{M}^e$，如图 9.3(b) 所示。

杆端位移与杆端力的正负号规定如下：

沿坐标轴 $\bar{x}$、$\bar{y}$ 正方向的杆端线位移和杆端力为正，反之为负；顺时针方向的杆端转角和杆端弯矩为正，反之为负。图 9.3 所示的方向都是规定的正方向。

6 个杆端位移和 6 个杆端力的排列规则是先始端后末端，对于同一杆端，按照 $\bar{x}$—$\bar{y}$—$\bar{\theta}$ 的顺序排列，把它们综合在一起并写成向量的形式如下：

$$\{\bar{\Delta}\}^e = \begin{Bmatrix} \bar{u}_1 \\ \bar{v}_1 \\ \bar{\theta}_1 \\ \bar{u}_2 \\ \bar{v}_2 \\ \bar{\theta}_2 \end{Bmatrix}^e = \begin{Bmatrix} \bar{\Delta}_{(1)} \\ \bar{\Delta}_{(2)} \\ \bar{\Delta}_{(3)} \\ \bar{\Delta}_{(4)} \\ \bar{\Delta}_{(5)} \\ \bar{\Delta}_{(6)} \end{Bmatrix}^e \tag{9.1a}$$

$$\{\overline{F}\}^e = \begin{Bmatrix} \overline{F}_{x1} \\ \overline{F}_{y1} \\ \overline{M}_1 \\ \overline{F}_{x2} \\ \overline{F}_{y2} \\ \overline{M}_2 \end{Bmatrix}^e = \begin{Bmatrix} \overline{F}_{(1)} \\ \overline{F}_{(2)} \\ \overline{F}_{(3)} \\ \overline{F}_{(4)} \\ \overline{F}_{(5)} \\ \overline{F}_{(6)} \end{Bmatrix}^e \tag{9.1b}$$

式(9.1a)和式(9.1b)分别称为局部坐标系中单元的杆端位移向量$\{\overline{\Delta}\}^e$和杆端力向量$\{\overline{F}\}^e$,右上标e是单元号。

位移向量和力向量中的6个分量的下标(1)、(2)、(3)、…、(6)是分量的序码。由于它们是针对每个单元各自编的码(不是在刚架所有单元中统一编的码),因此称为单元的局部码,数码(1)、(2)、(3)、…、(6)都带括号,作为局部码的标志。

(2) 整体坐标系中的杆端位移与杆端力

在整体坐标系中,每个单元的6个杆端位移分量和相应的6个杆端力分量,分别为沿x、y方向的杆端位移u^e、v^e和角位移θ^e及相应的杆端力F_x^e、F_y^e和杆端弯矩M^e,如图9.4所示。

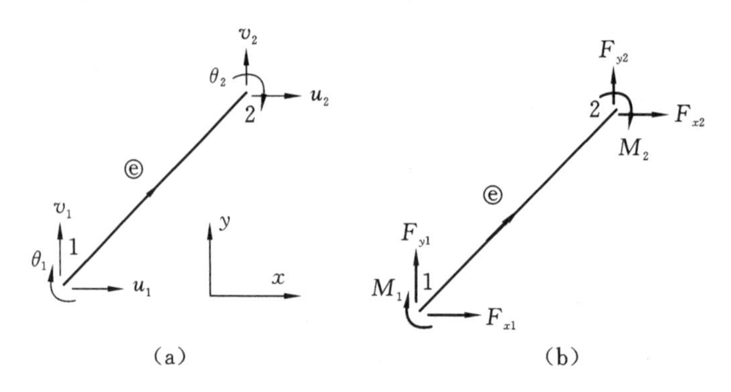

图9.4 整体坐标系杆端位移与杆端力

(a) 整体坐标系中杆端位移;(b) 整体坐标系中杆端力

正负号规定:沿坐标轴x、y正方向的杆端线位移u^e、v^e和杆端力F_x^e、F_y^e都为正,反之为负;顺时针方向的杆端转角θ^e和杆端弯矩M^e都为正,反之为负。图9.4所示的方向都是规定的正方向。

它们的排列规则和局部坐标系中的类似,先始端后末端,每端按照x—y—θ的顺序排列,把它们综合在一起并写成向量的形式如下:

$$\{\Delta\}^e = \begin{Bmatrix} u_1 \\ v_1 \\ \theta_1 \\ u_2 \\ v_2 \\ \theta_2 \end{Bmatrix}^e = \begin{Bmatrix} \Delta_{(1)} \\ \Delta_{(2)} \\ \Delta_{(3)} \\ \Delta_{(4)} \\ \Delta_{(5)} \\ \Delta_{(6)} \end{Bmatrix}^e \tag{9.2a}$$

$$\{F\}^e=\begin{Bmatrix}F_{x1}\\F_{y1}\\M_1\\F_{x2}\\F_{y2}\\M_2\end{Bmatrix}^e=\begin{Bmatrix}F_{(1)}\\F_{(2)}\\F_{(3)}\\F_{(4)}\\F_{(5)}\\F_{(6)}\end{Bmatrix}^e \tag{9.2b}$$

式(9.2a) 和式(9.2b) 分别称为整体坐标系中的单元杆端位移向量$\{\Delta\}^e$ 和杆端力向量$\{F\}^e$。下标(1)～(6) 是位移分量和力分量的局部码。

3. 坐标转换

在结构矩阵分析中，单元分析采用局部坐标系，整体分析采用整体坐标系。结构中的各个单元方向各不相同，故局部坐标系的方向也各异。这样，为了要利用局部坐标系中的单元杆端力和杆端位移来建立整体坐标系中的整体刚度方程，就有必要建立单元杆端力和杆端位移在两种坐标系中的转换关系。

(1) 杆端力坐标转换

图 9.5(a)、图 9.5(b) 所示分别为平面刚架单元 ⓔ 的始端 1 和末端 2 在两种坐标系中的杆端力，杆轴上的箭头指向是局部坐标系 $\overline{x}$ 轴的正方向，x 轴与 $\overline{x}$ 轴的夹角为α，规定从 x 轴到 $\overline{x}$ 轴的夹角 α 以逆时针转向为正。显然，$\overline{M}_1$ 等于 M_1，它们与坐标系无关。

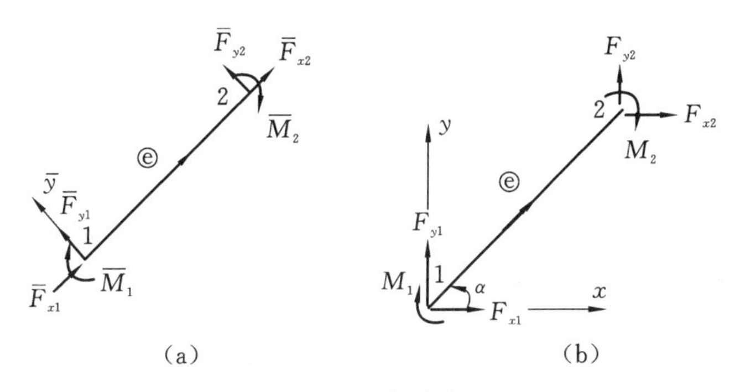

图 9.5　杆端力

(a) 局部坐标系中杆端力；(b) 整体坐标系中杆端力

如果用整体坐标系中的杆端力 F_x、F_y 和杆端弯矩 M 表示局部坐标系中的杆端力 $\overline{F}_x$、$\overline{F}_y$ 和杆端弯矩 $\overline{M}$，由图 9.5 和图 9.6(始端 1 之力的分解关系) 可得：

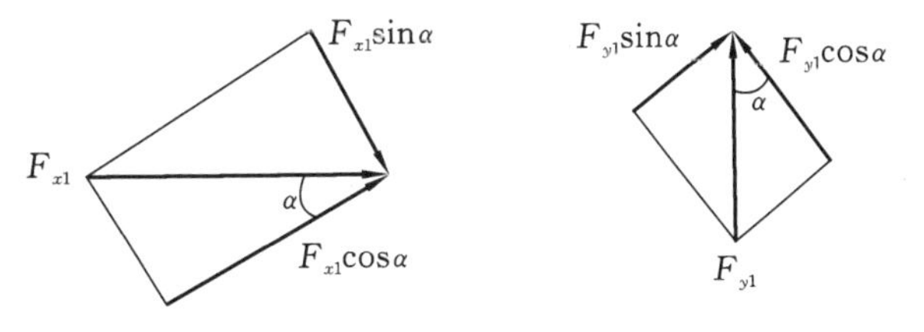

图 9.6　力的分解

$$\left.\begin{aligned}\overline{F}_{x1}&=F_{x1}\cos\alpha+F_{y1}\sin\alpha\\\overline{F}_{y1}&=-\overline{F}_{x1}\sin\alpha+\overline{F}_{y1}\cos\alpha\\\overline{M}_1&=M_1\end{aligned}\right\} \tag{9.3}$$

对于末端 2，杆端力 $\overline{F}_{x2}$、$\overline{F}_{y2}$ 和杆端弯矩 $\overline{M}_2$ 也可以写出类似的关系式：

$$\left.\begin{aligned}\overline{F}_{x2} &= F_{x2}\cos\alpha + F_{y2}\sin\alpha \\ \overline{F}_{y2} &= -\overline{F}_{x2}\sin\alpha + \overline{F}_{y2}\cos\alpha \\ \overline{M}_2 &= M_2\end{aligned}\right\} \tag{9.4}$$

将式(9.3)和式(9.4)汇总在一起并用矩阵表示：

$$\begin{bmatrix}\overline{F}_{x1}\\ \overline{F}_{y1}\\ \overline{M}_1\\ \overline{F}_{x2}\\ \overline{F}_{y2}\\ \overline{M}_2\end{bmatrix}^e = \begin{bmatrix}\cos\alpha & \sin\alpha & 0 & 0 & 0 & 0\\ -\sin\alpha & \cos\alpha & 0 & 0 & 0 & 0\\ 0 & 0 & 1 & 0 & 0 & 0\\ 0 & 0 & 0 & \cos\alpha & \sin\alpha & 0\\ 0 & 0 & 0 & -\sin\alpha & \cos\alpha & 0\\ 0 & 0 & 0 & 0 & 0 & 1\end{bmatrix}^e \begin{bmatrix}F_{x1}\\ F_{y1}\\ M_1\\ F_{x2}\\ F_{y2}\\ M_2\end{bmatrix}^e \tag{9.5a}$$

或简写为

$$\{\overline{F}\}^e = [T]^e\{F\}^e \tag{9.5b}$$

式中，$\{\overline{F}\}^e$ 是局部坐标系中的杆端力向量；$\{F\}^e$ 是整体坐标系中的杆端力向量。

式(9.5)就是单元杆端力的坐标转换关系式，其中 6×6 阶矩阵称为单元坐标转换矩阵，记为$[T]$。

$$[T] = \begin{bmatrix}\cos\alpha & \sin\alpha & 0 & 0 & 0 & 0\\ -\sin\alpha & \cos\alpha & 0 & 0 & 0 & 0\\ 0 & 0 & 1 & 0 & 0 & 0\\ 0 & 0 & 0 & \cos\alpha & \sin\alpha & 0\\ 0 & 0 & 0 & -\sin\alpha & \cos\alpha & 0\\ 0 & 0 & 0 & 0 & 0 & 1\end{bmatrix}_{6\times 6} \tag{9.6}$$

可以证明，转换矩阵$[T]$是一个正交矩阵。因此，其逆矩阵等于其转置矩阵，即

$$[T]^{-1} = [T]^{\mathrm{T}} \tag{9.7}$$

或

$$[T][T]^{\mathrm{T}} = [T]^{\mathrm{T}}[T] = [I] \tag{9.8}$$

其中，$[I]$与$[T]$为同阶的单位矩阵。

式(9.5a)的逆转换式为

$$\begin{bmatrix}F_{x1}\\ F_{y1}\\ M_1\\ F_{x2}\\ F_{y2}\\ M_2\end{bmatrix}^e = \begin{bmatrix}\cos\alpha & -\sin\alpha & 0 & 0 & 0 & 0\\ \sin\alpha & \cos\alpha & 0 & 0 & 0 & 0\\ 0 & 0 & 1 & 0 & 0 & 0\\ 0 & 0 & 0 & \cos\alpha & -\sin\alpha & 0\\ 0 & 0 & 0 & \sin\alpha & \cos\alpha & 0\\ 0 & 0 & 0 & 0 & 0 & 1\end{bmatrix}^e \begin{bmatrix}\overline{F}_{x1}\\ \overline{F}_{y1}\\ \overline{M}_1\\ \overline{F}_{x2}\\ \overline{F}_{y2}\\ \overline{M}_2\end{bmatrix}^e \tag{9.9a}$$

简写为

$$\{F\}^e = [T]^{\mathrm{T}}\{\overline{F}\}^e \tag{9.9b}$$

(2) 杆端位移坐标转换

仿照力的推导，杆端位移与力的坐标转换一样，即为

$$\{\overline{\Delta}\}^e = [T]^e\{\Delta\}^e \tag{9.10}$$

$$\{\Delta\}^e = [T]^T \{\overline{\Delta}\}^e \tag{9.11}$$

其中，$\{\overline{\Delta}\}^e$ 为局部坐标系中的杆端位移向量，$\{\Delta\}^e$ 为整体坐标系中的杆端位移向量。

9.3　局部坐标系中的单元刚度矩阵

单元杆端力和杆端位移之间的转换关系式称为单元刚度方程，它表示单元在杆端有任意给定位移时产生的杆端力。单元刚度矩阵是杆端力与杆端位移之间的转换矩阵。单元分析的主要任务是求单元刚度矩阵。本节讨论局部坐标系中的单元刚度矩阵，下节讨论整体坐标系中的单元刚度矩阵。

局部坐标系中的单元刚度方程可用下式表示：

$$\{\overline{F}\}^e = [\overline{k}]^e \{\overline{\Delta}\}^e \tag{9.12}$$

其中，$[\overline{k}]^e$ 称为局部坐标系中的单元刚度矩阵。

9.3.1　平面刚架单元

设有平面刚架单元ⓔ，在局部坐标系中，与单位杆端位移 $\overline{u}_1$、$\overline{v}_1$、$\overline{\theta}_1$、$\overline{u}_2$、$\overline{v}_2$、$\overline{\theta}_2$（都等于1）相对应的六组杆端力如图9.7所示。设单元长度为 l，轴向抗拉刚度为 EA，抗弯刚度为 EI。

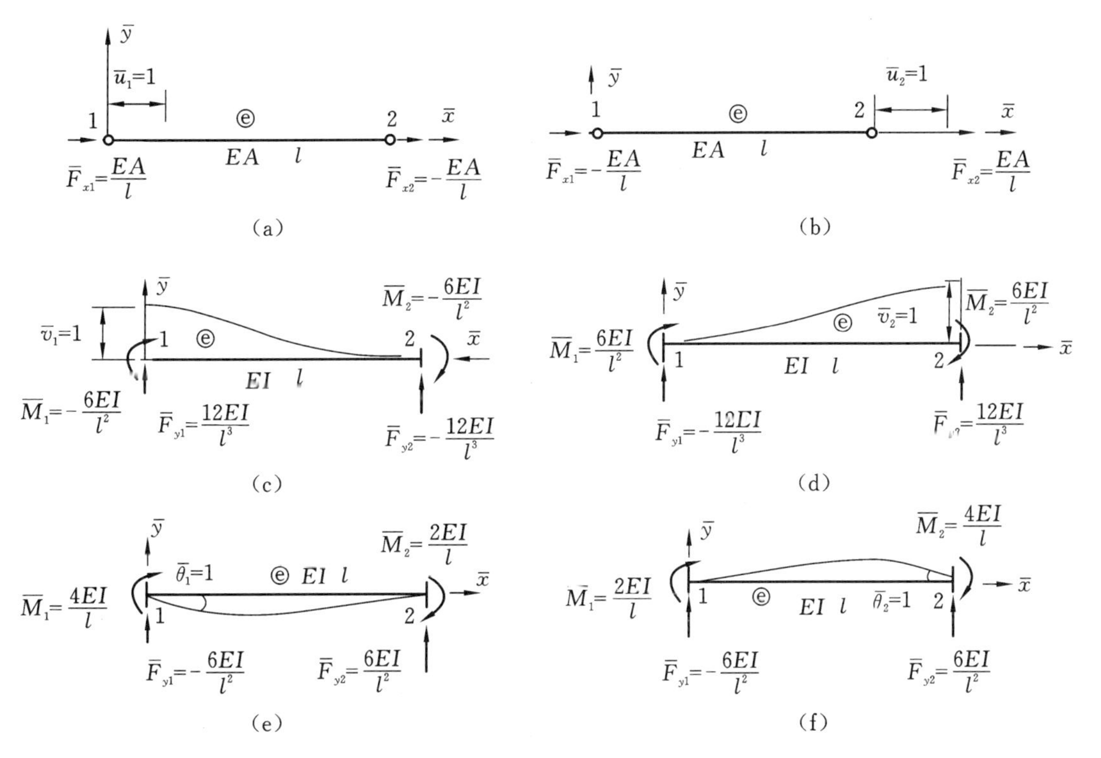

图9.7　单位杆端位移产生的杆端力

(a) 仅当 $\overline{u}_1=1$ 时的杆端力；(b) 仅当 $\overline{u}_2=1$ 时的杆端力；

(c) 仅当 $\overline{v}_1=1$ 时的杆端力；(d) 仅当 $\overline{v}_2=1$ 时的杆端力；

(e) 仅当 $\overline{\theta}_1=1$ 时的杆端力；(f) 仅当 $\overline{\theta}_2=1$ 时的杆端力

由图9.7可知，在单元两端同时产生任意杆端位移时，根据叠加原理，可得单元杆端力为

$$\left.\begin{aligned}
\overline{F}_{x1} &= \frac{EA}{l}\overline{u}_1 - \frac{EA}{l}\overline{u}_2 \\
\overline{F}_{y1} &= \frac{12EI}{l^3}\overline{v}_1 - \frac{6EI}{l^2}\overline{\theta}_1 - \frac{12EI}{l^3}\overline{v}_2 - \frac{6EI}{l^2}\overline{\theta}_2 \\
\overline{M}_1 &= -\frac{6EI}{l^2}\overline{v}_1 + \frac{4EI}{l}\overline{\theta}_1 + \frac{6EI}{l^2}\overline{v}_2 + \frac{2EI}{l}\overline{\theta}_2 \\
\overline{F}_{x2} &= -\frac{EA}{l}\overline{u}_1 + \frac{EA}{l}\overline{u}_2 \\
\overline{F}_{y2} &= -\frac{12EI}{l^3}\overline{v}_1 + \frac{6EI}{l^2}\overline{\theta}_1 + \frac{12EI}{l^3}\overline{v}_2 + \frac{6EI}{l^2}\overline{\theta}_2 \\
\overline{M}_2 &= -\frac{6EI}{l^2}\overline{v}_1 + \frac{2EI}{l}\overline{\theta}_1 + \frac{6EI}{l^2}\overline{v}_2 + \frac{4EI}{l}\overline{\theta}_2
\end{aligned}\right\} \tag{9.13a}$$

式(9.13a)就是平面刚架单元在局部坐标系中的单元刚度方程。将其写成矩阵形式为

$$\begin{Bmatrix} \overline{F}_{x1} \\ \overline{F}_{y1} \\ \overline{M}_1 \\ \overline{F}_{x2} \\ \overline{F}_{y2} \\ \overline{M}_2 \end{Bmatrix}^e = \begin{bmatrix}
\frac{EA}{l} & 0 & 0 & -\frac{EA}{l} & 0 & 0 \\
0 & \frac{12EI}{l^3} & -\frac{6EI}{l^2} & 0 & -\frac{12EI}{l^3} & -\frac{6EI}{l^2} \\
0 & -\frac{6EI}{l^2} & \frac{4EI}{l} & 0 & \frac{6EI}{l^2} & \frac{2EI}{l} \\
-\frac{EA}{l} & 0 & 0 & \frac{EA}{l} & 0 & 0 \\
0 & -\frac{12EI}{l^3} & \frac{6EI}{l^2} & 0 & \frac{12EI}{l^3} & \frac{6EI}{l^2} \\
0 & -\frac{6EI}{l^2} & \frac{2EI}{l} & 0 & \frac{6EI}{l^2} & \frac{4EI}{l}
\end{bmatrix}^e \begin{Bmatrix} \overline{u}_1 \\ \overline{v}_1 \\ \overline{\theta}_1 \\ \overline{u}_2 \\ \overline{v}_2 \\ \overline{\theta}_2 \end{Bmatrix}^e \tag{9.13b}$$

或简写为

$$\{\overline{F}\}^e = [\overline{k}]^e \{\overline{\Delta}\}^e \tag{9.13c}$$

其中，$[\overline{k}]^e$ 为

$$[\overline{k}]^e = \begin{bmatrix}
\frac{EA}{l} & 0 & 0 & -\frac{EA}{l} & 0 & 0 \\
0 & \frac{12EI}{l^3} & -\frac{6EI}{l^2} & 0 & -\frac{12EI}{l^3} & -\frac{6EI}{l^2} \\
0 & -\frac{6EI}{l^2} & \frac{4EI}{l} & 0 & \frac{6EI}{l^2} & \frac{2EI}{l} \\
-\frac{EA}{l} & 0 & 0 & \frac{EA}{l} & 0 & 0 \\
0 & -\frac{12EI}{l^3} & \frac{6EI}{l^2} & 0 & \frac{12EI}{l^3} & \frac{6EI}{l^2} \\
0 & -\frac{6EI}{l^2} & \frac{2EI}{l} & 0 & \frac{6EI}{l^2} & \frac{4EI}{l}
\end{bmatrix}^e \tag{9.14}$$

$[\overline{k}]^e$ 就是平面刚架单元在局部坐标系中的单元刚度矩阵，也即一般平面单元的单元刚度矩阵。

9.3.2 特殊单元

1. 平面桁架单元

设有一平面桁架单元ⓔ,始末端号分别为1和2,在局部坐标系中的单元杆端位移和相应的杆端力分别如图9.8(a)、图9.8(b)所示。

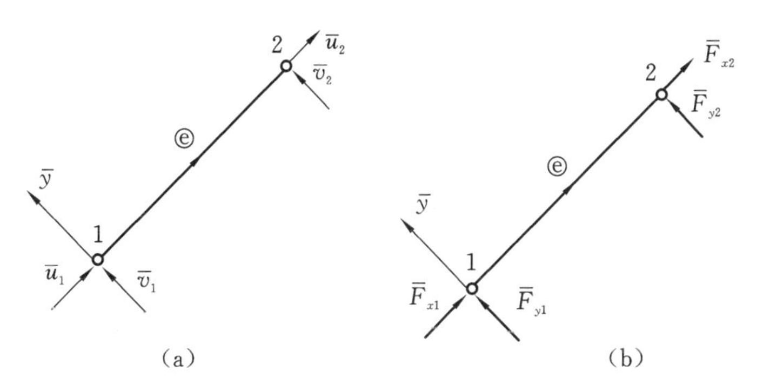

图9.8 平面桁架单元

(a) 单元杆端位移;(b) 单元杆端力

设单元长度为 l,截面面积为 A,材料的弹性模量为 E。杆端位移和相应的杆端力的联系矩阵,即平面桁架单元的单元刚度矩阵,可通过对平面刚架单元的单元刚度矩阵(式9.14)修改得出。修改办法是:在式(9.14)中,划去与杆端转角 $\bar{\theta}_1$ 和 $\bar{\theta}_2$ 无关的第3行(列)和第6行(列),并令 $EI=0$,得到的就是平面桁架单元的单元刚度矩阵,即

$$[\bar{k}]^e=\begin{bmatrix}\frac{EA}{l} & 0 & -\frac{EA}{l} & 0\\ 0 & 0 & 0 & 0\\ -\frac{EA}{l} & 0 & \frac{EA}{l} & 0\\ 0 & 0 & 0 & 0\end{bmatrix}^e=\frac{EA}{l}\begin{bmatrix}1 & 0 & -1 & 0\\ 0 & 0 & 0 & 0\\ -1 & 0 & 1 & 0\\ 0 & 0 & 0 & 0\end{bmatrix}^e \tag{9.15}$$

相应的刚度方程为

$$\begin{Bmatrix}\bar{F}_{x1}\\ \bar{F}_{y1}\\ \bar{F}_{x2}\\ \bar{F}_{y2}\end{Bmatrix}^e=\frac{EA}{l}\begin{bmatrix}1 & 0 & -1 & 0\\ 0 & 0 & 0 & 0\\ -1 & 0 & 1 & 0\\ 0 & 0 & 0 & 0\end{bmatrix}^e\begin{Bmatrix}\bar{u}_1\\ \bar{v}_1\\ \bar{u}_2\\ \bar{v}_2\end{Bmatrix}^e \tag{9.16}$$

2. 连续梁单元

连续梁由于只有各跨杆端的转角是未知量,单元分析时取图9.9所示的简支单元。

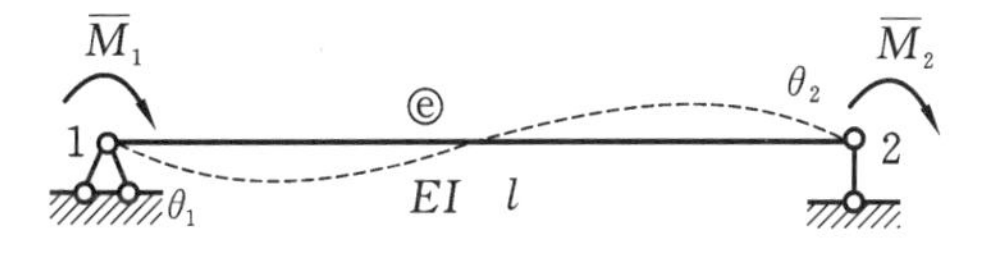

图9.9 简支单元

在式(9.14)中删去无关的未知量所对应的行和列,则可得到连续梁单元刚度矩阵为

$$\bar{k}^e=\begin{bmatrix}\dfrac{4EI}{l} & \dfrac{2EI}{l}\\ \dfrac{2EI}{l} & \dfrac{4EI}{l}\end{bmatrix}^e=\frac{EI}{l}\begin{bmatrix}4 & 2\\ 2 & 4\end{bmatrix}^e \tag{9.17}$$

相应的刚度方程为

$$\begin{Bmatrix}\overline{M}_1\\ \overline{M}_2\end{Bmatrix}^e=\frac{EI}{l}\begin{bmatrix}4 & 2\\ 2 & 4\end{bmatrix}^e\begin{Bmatrix}\bar{\theta}_1\\ \bar{\theta}_2\end{Bmatrix}^e \tag{9.18}$$

9.4 整体坐标系中的单元刚度矩阵

单元 ⓔ 在整体坐标系中,其杆端力和杆端位移的转换关系可写为:

$$\{F\}^e=[k]^e\{\Delta\}^e \tag{9.19}$$

式(9.19)称为整体坐标系中的单元刚度方程,$[k]^e$ 称为整体坐标系中的单元刚度矩阵。

在进行单元分析时,总是先求出局部坐标系中的单元刚度矩阵$[\bar{k}]^e$,再经过坐标转换,求得整体坐标系中的单元刚度矩阵$[k]^e$。

下面推导局部坐标系中的单元刚度矩阵$[\bar{k}]^e$ 和整体坐标系中的单元刚度矩阵$[k]^e$ 的转换关系。

单元 ⓔ 在局部坐标系中的单元刚度矩阵方程为

$$\{\overline{F}\}^e=[\bar{k}]^e\{\overline{\Delta}\}^e$$

将式(9.5b)和式(9.10)代入式(9.19),得

$$[T]\{F\}^e=[\bar{k}]^e[T]\{\Delta\}^e$$

等式两边各乘$[T]^{\mathrm{T}}$,并引入式(9.8),得

$$\{F\}^e=[T]^{\mathrm{T}}[\bar{k}]^e[T]\{\Delta\}^e$$

比较上式和式(9.19),可知

$$[k]^e=[T]^{\mathrm{T}}[\bar{k}]^e[T] \tag{9.20}$$

式(9.20)显示了两种坐标系中单元刚度矩阵$[\bar{k}]^e$ 和$[k]^e$ 的转换关系。只要求出单元的坐标转换矩阵$[T]$,就可由$[\bar{k}]^e$ 求出$[k]^e$。

9.4.1 平面刚架单元

由式(9.20)得平面刚架单元在整体坐标系中的单元刚度矩阵为

$$[k]^e=\begin{bmatrix}s_1 & s_2 & s_3 & -s_1 & -s_2 & s_3\\ & s_4 & -s_5 & -s_2 & -s_4 & -s_5\\ & & 2s_6 & -s_3 & s_5 & s_6\\ & \text{对} & & s_1 & s_2 & -s_3\\ & & \text{称} & & s_4 & s_5\\ & & & & & 2s_6\end{bmatrix} \tag{9.21}$$

式中

$$\left.\begin{aligned}s_1&=\frac{EA}{l}\cos^2\alpha+\frac{12EI}{l^3}\sin^2\alpha\\s_2&=\left(\frac{EA}{l}-\frac{12EI}{l^3}\right)\cos\alpha\sin\alpha\\s_3&=\frac{6EI}{l^2}\sin\alpha\\s_4&=\frac{EA}{l}\sin^2\alpha+\frac{12EI}{l^3}\cos^2\alpha\\s_5&=\frac{6EI}{l^2}\cos\alpha\\s_6&=\frac{2EI}{l}\end{aligned}\right\}\tag{9.22}$$

只要知道 $\bar{x}$ 轴和 x 轴的夹角 α，用式(9.21) 和式(9.22) 可以很方便地求出整体坐标系中平面刚架单元的整体刚度矩阵$[k]^e$。

9.4.2　特殊单元

1. 平面桁架单元

平面桁架单元的坐标转换矩阵可通过对刚架单元的坐标转换矩阵作修改得出。在刚架单元的坐标转换矩阵中，划去与杆端转角无关的第 3 行(列) 和第 6 行(列) 则得桁架单元的转换矩阵，即

$$[T]=\begin{bmatrix}\cos\alpha&\sin\alpha&0&0\\-\sin\alpha&\cos\alpha&0&0\\0&0&\cos\alpha&\sin\alpha\\0&0&-\sin\alpha&\cos\alpha\end{bmatrix}\tag{9.23}$$

由式(9.20) 推得平面桁架单元在整体坐标系中的单元刚度矩阵为

$$[k]^e=\begin{bmatrix}s_1&s_2&-s_1&-s_2\\&s_3&-s_2&-s_3\\\text{对}&&s_1&s_2\\&\text{称}&&s_3\end{bmatrix}\tag{9.24}$$

式中

$$\left.\begin{aligned}s_1&=\frac{EA}{l}\cos^2\alpha\\s_2&=\frac{EA}{l}\cos\alpha\sin\alpha\\s_3&=\frac{EA}{l}\sin^2\alpha\end{aligned}\right\}\tag{9.25}$$

只要知道 $\bar{x}$ 轴和 x 轴的夹角 α，用式(9.24) 和式(9.25) 便可求出整体坐标系中平面桁架单元的整体刚度矩阵$[k]^e$。

2. 连续梁单元

对于连续梁单元，其局部坐标系和整体坐标系中的单元刚度矩阵是相同的，即

$$[k]^e=[\bar{k}]^e\tag{9.26}$$

连续梁的$[\bar{k}]^e$ 见式(9.17)。

9.5　单元刚度矩阵的性质

单元刚度矩阵的基本性质讨论如下：

性质1　$[\bar{k}]^e$ 或 $[k]^e$ 是对称矩阵。

在局部坐标系和整体坐标系中，单元刚度矩阵 $[\bar{k}]^e$ 和 $[k]^e$ 都是对称矩阵。这一性质可根据反力互等定理加以证明。例如在式(9.14)中，第3行第5列的元素 $\frac{6EI}{l^2}$（即元素 $\bar{k}_{35}$），可看成是仅支座位移 $\bar{v}_2=1$（即位移向量 $\{\bar{\Delta}\}^e$ 中，仅第5个位移分量等于1）所引起的在支座位移 $\bar{\theta}_1$（即第3位移分量）方向的反力值。而第5行第3列的元素 $\frac{6EI}{l^2}$（即元素 $\bar{k}_{53}$），可看成是支座位移 $\bar{\theta}_1=1$（即第3位移分量）所引起的在支座位移 $\bar{v}_2$（即第5位移分量）方向的反力值。简单来说，$\bar{k}_{ij}$ 代表“力”，其中下标 i 代表“方向”，j 代表“原因”。根据反力互等定理，必有 $\bar{k}_{35}=\bar{k}_{53}$。$k_{ij}$ 的物理意义与之类似。

因此，在确定单元刚度矩阵 $[\bar{k}]^e$ 或 $[k]^e$ 时，只需要先求出刚度矩阵上三角部分的元素，其下三角部分的元素可根据下面的关系式(反力互等定理)求出。

$$\bar{k}_{ij}=\bar{k}_{ji}\quad 和\quad k_{ij}=k_{ji}$$

性质2　一般单元的单元刚度矩阵 $[\bar{k}]^e$ 或 $[k]^e$ 是奇异矩阵。

单元刚度矩阵的奇异性是指矩阵的行列式等于零，即

$$|[\bar{k}]^e|=0\ 或\ |[k]^e|=0$$

例如，在式(9.14)或式(9.21)中，若将第4行元素加到第1行相应元素中，则第1行元素都等于零，将行列式按第1行展开，可知该行列式等于零。

$[\bar{k}]^e$ 或 $[k]^e$ 之所以为奇异矩阵，是因为这种单元是两端没有任何支承的自由单元。在杆端力 $\{\bar{F}\}^e$ 或 $\{F\}^e$ 作用下，单元本身除产生弹性变形外，还可以产生任意的刚体位移。

显而易见，平面桁架单元的刚度矩阵，即式(9.15)、式(9.24)，同样具有上述性质。

由此可知，对一般单元，$[\bar{k}]^e$ 或 $[k]^e$ 不存在逆矩阵。如果给定单元的杆端位移，根据单元刚度方程，可以确定唯一的单元杆端力；而如果给定单元杆端力，就不能求得单元杆端位移的唯一解。此时，满足单元刚度方程的杆端位移有无穷多组解答。

性质3　连续梁单元的刚度矩阵是非奇异矩阵。

简支单元不是自由单元，而是受到完整支承约束的简支梁，故杆端力向量和位移向量之间是可逆的。

9.6　连续梁的整体刚度矩阵

前面讨论了单元分析，建立了单元刚度方程，得到了单元刚度矩阵。下面转入整体分析，建立整体刚度方程，主要任务是求出整体刚度矩阵。本节讨论连续梁的整体刚度矩阵和矩阵位移法的求解过程，支承条件采用后处理法。

9.6.1　编码和定位向量

1. 编码规则

设有一连续梁，其离散化编码如图9.10(a)所示。

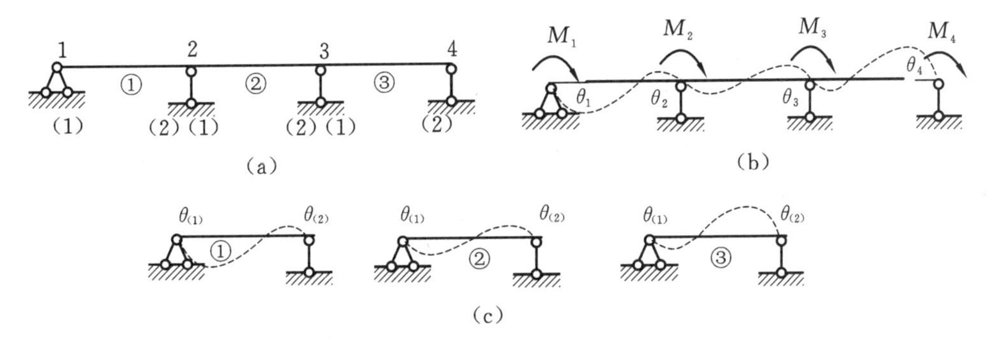

图 9.10 连续梁

(a) 连续梁编码;(b) 结点转角和结点力偶;(c) 简支梁单元局部码

结点编码:从左至右,依次编码为 1、2、3、4,共有 4 个结点。

单元编码:从左至右,依次编码为 ①、②、③,共有 3 个单元,连续梁的结点数减去 1 即为它的单元数。连续梁的左右两端可以是铰接,可以是固接,也可以是一端为铰接而另一端为固接。连续梁各单元(各跨)的抗弯刚度 EI 可以相同,也可以不同。

单元两端编码:所有单元,左端编码都为(1),右端编码都为(2)。

2. 单元定位向量

用矩阵位移法计算连续梁,每个结点只有一个未知转角位移 θ[图 9.10(b)],它们组成整体结构的结点位移向量$\{\Delta\}$为

$$\{\Delta\}=\begin{Bmatrix}\theta_1\\ \theta_2\\ \theta_3\\ \theta_4\end{Bmatrix}$$

与$\{\Delta\}$对应,作用于结点上的力偶 M_1、M_2、M_3、M_4 组成整体结构的结点力向量$\{F\}$为

$$\{F\}=\begin{Bmatrix}M_1\\ M_2\\ M_3\\ M_4\end{Bmatrix}$$

结点转角 θ 和力偶 M 均以顺时针为正。图 9.10(b) 中标出的都是正方向。

在这里,结点位移向量$\{\Delta\}$中的未知转角位移编码(右下标)1、2、3、4 是对整体结构而编的位移分量序码,所以称为整体码(下面用“总码”一词)。这里,在对连续梁进行分析时,总码就是给结点编的序号。而对于每个单元两端的转角位移各自编的码(1)、(2) 称为局部码。在此,局部码就是单元左、右两端的杆端号,如图 9.10(c) 所示。

总码用在整体分析中,局部码用在单元分析中。

观察图 9.10(b) 和图 9.10(c),单元局部码和结构总码有如下对应关系:

单元 ①　　(1) → 1,(2) → 2

单元 ②　　(1) → 2,(2) → 3

单元 ③　　(1) → 3,(2) → 4

为此,引入单元定位向量的概念。把单元两端的杆端转角位移局部码(1)、(2) 所对应的结点位移总码组成的向量称为单元定位向量,记为$\{\lambda\}^e$。此连续梁,3 个单元的定位向量分别为

$$\{\lambda\}^1 = \begin{Bmatrix}1\\2\end{Bmatrix}^1 \quad \{\lambda\}^2 = \begin{Bmatrix}2\\3\end{Bmatrix}^2 \quad \{\lambda\}^3 = \begin{Bmatrix}3\\4\end{Bmatrix}^3$$

单元定位向量反映的是每个单元的杆端角位移向量$\{\Delta\}^e$和连续梁整体结构的结点角位移向量$\{\Delta\}$的对应互等关系，即变形协调关系，所以也称为单元位移对应向量。显然，3 个单元的杆端转角和结点转角有下面的互等关系：

$$\text{单元 ①} \qquad \{\Delta\}^1 = \begin{Bmatrix}\theta_{(1)}\\\theta_{(2)}\end{Bmatrix}^1 = \begin{Bmatrix}\theta_1\\\theta_2\end{Bmatrix}$$

$$\text{单元 ②} \qquad \{\Delta\}^2 = \begin{Bmatrix}\theta_{(1)}\\\theta_{(2)}\end{Bmatrix}^2 = \begin{Bmatrix}\theta_2\\\theta_3\end{Bmatrix}$$

$$\text{单元 ③} \qquad \{\Delta\}^3 = \begin{Bmatrix}\theta_{(1)}\\\theta_{(2)}\end{Bmatrix}^3 = \begin{Bmatrix}\theta_3\\\theta_4\end{Bmatrix}$$

式中，右上标 1、2、3 是单元码，右下标(1)、(2) 是局部码，右下标 1、2、3、4 是总码。

单元定位向量是由单元分析过渡到整体分析的桥梁，也是由整体分析的结果求单元位移和单元力的通道。

9.6.2 连续梁的整体刚度矩阵

连续梁整体分析的目的是建立整体刚度方程，对图 9.10(b) 所示连续梁，就是要建立结点力偶向量和结点转角向量之间的联系方程，即式(9.27a) 表示的刚度方程。

$$\begin{Bmatrix}M_1\\M_2\\M_3\\M_4\end{Bmatrix} = \begin{bmatrix}k_{11} & k_{12} & k_{13} & k_{14}\\k_{21} & k_{22} & k_{23} & k_{24}\\k_{31} & k_{32} & k_{33} & k_{34}\\k_{41} & k_{42} & k_{43} & k_{44}\end{bmatrix}\begin{Bmatrix}\theta_1\\\theta_2\\\theta_3\\\theta_4\end{Bmatrix} \tag{9.27a}$$

可简写为

$$\{F\} = [K]\{\Delta\} \tag{9.27b}$$

其中，$[K]$称为整体刚度矩阵；k_{ij}称为整体刚度矩阵系数。在式(9.27a) 中，$i,j(i=1、2、3、4,j=1、2、3、4)$均为总码。

求整体刚度矩阵是整体分析的核心内容。

求整体刚度矩阵的方法有适宜手算的位移法和适宜编程机算的单元刚度集成法，因为后者计算规范、简便，所以下面只讨论单元刚度集成法。

该方法的基本思路是：

首先，通过单元分析在求得整体坐标系中单元刚度矩阵的基础上，根据单元定位向量，将单元刚度矩阵中以局部码定位的元素，换成总码在整体刚度矩阵中定位。

然后，将单元刚度矩阵中的元素按总码安排的位置累加到整体刚度矩阵中，对所有单元循环一遍以后，整体刚度矩阵就形成了。

计算整体刚度矩阵的公式，可简写为

$$[K] = \sum_{i=1}^{n} [k]^e$$

其中，n为单元数；$[k]^e$为整体坐标系中的单元刚度矩阵。

根据上述思路，整体刚度矩阵的形成过程如下：

1. 计算单元刚度矩阵

用矩阵位移法分析连续梁，以结点转角 θ(约定顺时针转向为正）为基本未知量。单元分析中采用图 9.9 所示的简支梁单元。

分析时注意两点：第一点，应采用局部码；第二点，两种坐标系中的结点位移、结点力和单元刚度矩阵都相同，不需要坐标转换。所以，分析连续梁结构时，通常不用画坐标系。任一单元的刚度方程，统一表示为

$$\begin{Bmatrix} M_{(1)} \\ M_{(2)} \end{Bmatrix}^e = \begin{bmatrix} k_{(1)(1)} & k_{(1)(2)} \\ k_{(2)(1)} & k_{(2)(2)} \end{bmatrix}^e \begin{Bmatrix} \theta_{(1)} \\ \theta_{(2)} \end{Bmatrix}^e \tag{9.28}$$

式中

$$\begin{Bmatrix} M_{(1)} \\ M_{(2)} \end{Bmatrix}^e = \{F\}^e$$

称为单元杆端力偶向量。

$$\begin{Bmatrix} \theta_{(1)} \\ \theta_{(2)} \end{Bmatrix}^e = \{\Delta\}^e$$

称为单元杆端转角位移向量。

由式(9.17) 可知，单元刚度矩阵 $[k]^e$ 为

$$[k]^e = \begin{bmatrix} k_{(1)(1)} & k_{(1)(2)} \\ k_{(2)(1)} & k_{(2)(2)} \end{bmatrix}^e = \begin{bmatrix} \frac{4EI}{l} & \frac{2EI}{l} \\ \frac{2EI}{l} & \frac{4EI}{l} \end{bmatrix}^e = \begin{bmatrix} 4i & 2i \\ 2i & 4i \end{bmatrix}^e \tag{9.29}$$

式中，$k_{(1)(1)}$、$k_{(1)(2)}$、$k_{(2)(1)}$、$k_{(2)(2)}$ 是矩阵 $[k]^e$ 中的元素，称为单元刚度系数；$i = \frac{EI}{l}$，i 称为线刚度。

2. 单元刚度集成法的实施

(1) 定义整体刚度矩阵的大小并置零

根据结点位移向量 $\{\Delta\}$ 中的元素个数，定义整体刚度矩阵 $[K]$ 的大小并置零。此连续梁[图 9.10(b)] 有 4 个结点位移分量，整体刚度矩阵 $[K]$ 是 4×4 阶的，共有 16 个元素。将结点位移总码标在矩阵的右侧和上方表示其中各元素所在的行和列。通俗地讲，先预订 16 个空房间，由总码给房间编号。整体刚度矩阵 $[K]$ 中的元素初值都为 0，即

$$\begin{matrix} & 1 & 2 & 3 & 4 & \leftarrow \text{总码} \\ & \downarrow & \downarrow & \downarrow & \downarrow & \downarrow \\ [K] = & \left[\begin{matrix} 0 \\ 0 \\ 0 \\ 0 \end{matrix}\right. & \begin{matrix} 0 \\ 0 \\ 0 \\ 0 \end{matrix} & \begin{matrix} 0 \\ 0 \\ 0 \\ 0 \end{matrix} & \left.\begin{matrix} 0 \\ 0 \\ 0 \\ 0 \end{matrix}\right] & \begin{matrix} \leftarrow 1 \\ \leftarrow 2 \\ \leftarrow 3 \\ \leftarrow 4 \end{matrix} \end{matrix}$$

(2) 整体刚度矩阵的集成

计算单元 ① 的刚度矩阵，设其线刚度为 i_1，将定位向量标在矩阵的右侧和上方，表示其中的元素应在整体刚度矩阵的位置(行和列)。

$$\begin{matrix} & 1 & 2 & \text{定位向量} \\ & \downarrow & \downarrow & \downarrow \\ [k]^1 = & \left[\begin{matrix} 4i_1 \\ 2i_1 \end{matrix}\right. & \left.\begin{matrix} 2i_1 \\ 4i_1 \end{matrix}\right]^1 & \begin{matrix} \leftarrow 1 \\ \leftarrow 2 \end{matrix} \end{matrix}$$

将其中的 4 个元素,按定位向量标明的座位号累加到整体刚度矩阵中,其阶段结果为:

$$[K]=\begin{bmatrix}4i_1 & 2i_1 & 0 & 0\\ 2i_1 & 4i_1 & 0 & 0\\ 0 & 0 & 0 & 0\\ 0 & 0 & 0 & 0\end{bmatrix}$$

仿此作法,将单元 ② 刚度矩阵的 4 个元素(线刚度为 i_2) 累加到整体刚度矩阵中,整体刚度矩阵的阶段结果变为:

$$[K]=\begin{bmatrix}4i_1 & 2i_1 & 0 & 0\\ 2i_1 & 4i_1+4i_2 & 2i_2 & 0\\ 0 & 2i_2 & 4i_2 & 0\\ 0 & 0 & 0 & 0\end{bmatrix}$$

将单元 ③ 的刚度矩阵的 4 个元素(线刚度为 i_3) 累加到整体刚度矩阵中,整体刚度矩阵结果变为:

$$[K]=\begin{bmatrix}4i_1 & 2i_1 & 0 & 0\\ 2i_1 & 4i_1+4i_2 & 2i_2 & 0\\ 0 & 2i_2 & 4i_2+4i_3 & 2i_3\\ 0 & 0 & 2i_3 & 4i_3\end{bmatrix}$$

到此,对 3 个单元的刚度矩阵都计算了一遍,最后的结果就是要求的连续梁的整体刚度矩阵。

三跨连续梁的刚度方程为

$$\begin{Bmatrix}M_1\\ M_2\\ M_3\\ M_4\end{Bmatrix}=\begin{bmatrix}4i_1 & 2i_1 & 0 & 0\\ 2i_1 & 4i_1+4i_2 & 2i_2 & 0\\ 0 & 2i_2 & 4i_2+4i_3 & 2i_3\\ 0 & 0 & 2i_3 & 4i_3\end{bmatrix}\begin{Bmatrix}\theta_1\\ \theta_2\\ \theta_3\\ \theta_4\end{Bmatrix} \tag{9.30}$$

根据上述整体刚度矩阵的形成过程,笼统地讲,整体刚度矩阵是由所有单元刚度矩阵“贡献”而得到的,“贡献”的过程即将一个个单元(非一个个结点),按同一个简单规则进行处理,所以称为单元刚度集成法。这个规则可概括为:“换码定位,搬入累加”。即把单元刚度矩阵中以局部码定位的元素换成用总码在整体刚度矩阵中定位,并将其搬入和累加。定位向量在此起着换码定位的关键作用。

在整体刚度矩阵$[K]$中,非零元素都集中在主对角线及其左下右上两相邻次对角线上。主对角线元素为

$$\left.\begin{aligned}k_{11}&=4i_1\\ k_{44}&=4i_3\\ k_{jj}&=4i_{j-1}+4i_j\end{aligned}\right\}\quad (j=2,3) \tag{9.31a}$$

次对角线元素则为

$$k_{j-1,j}=k_{j,j-1}=2i_{j-1}\quad (j=2,3,4) \tag{9.31b}$$

由反力互等定理可以证明,$[K]$是对称矩阵。

3. 连续梁的位移法方程

刚度方程反映的是结点力和结点位移之间的转换关系,它只涉及结构的刚度性质,而不涉及原结构上作用的实际荷载。

如果在结点位移向量$\{\Delta\}$各分量相应方向上作用有已知结点荷载向量$\{F_P\}$，并且结点荷载向量就等于结点力向量，即

$$\begin{Bmatrix} F_{P1} \\ F_{P2} \\ F_{P3} \\ F_{P4} \end{Bmatrix} = \begin{Bmatrix} F_1 \\ F_2 \\ F_3 \\ F_4 \end{Bmatrix} \quad 或 \quad \{P\} = \{F\}$$

这时，原结构则在发生位移$\{\Delta\}$时处于平衡状态，相应的平衡方程为：

$$[K]\{\Delta\} = \{F_P\} \tag{9.32}$$

式(9.32)就是用矩阵表示的位移法方程。对于图9.10所示的两端为铰支承的连续梁，则可由该方程求出所有的结点转角位移。

9.6.3　支承条件的处理(后处理法)

用位移法计算连续梁，其基本未知量是结点转角θ，连续梁的两端如是固定端，则该结点的转角θ位移分量已知等于零，这就是所说的支承条件。在这种情况下，如在建立结构位移法方程时，暂不考虑支承条件(即已知的结点位移条件)，先把该转角θ视为未知量处理，而在结构位移法方程建立后，再根据支承条件对方程进行修改，这就是通常所说的引入支承条件的问题。这个问题可以在方程形成之前解决，也可以在形成之后解决。这里在分析连续梁时，采用在方程形成之后引入支承条件的方法，即支承条件后处理法。

图9.10所示连续梁，其左端和右端转角均不为零，是基本位移未知量，故不存在修改方程的问题。

假设此连续梁两端(即1点和4点)均为固定端，则两端的转角必须全等于零，因此需要修改连续梁的位移法方程。左、右两端均为铰支的连续梁的位移法方程为式(9.32)，将$\theta_1 = 0$、$\theta_4 = 0$代入方程展开后即得

$$\left.\begin{aligned} & 2i_1\theta_2 = F_{P1} \\ & (4i_1 + 4i_2)\theta_2 + 2i_2\theta_3 = F_{P2} \\ & 2i_2 + (4i_2 + 4i_3)\theta_3 = F_{P3} \\ & 2i_3\theta_3 = F_{P4} \end{aligned}\right\} \tag{9.33}$$

其中对解算θ_2、θ_3两个未知量有用的是第2、第3两式，而θ_1、θ_4已知等于零，根据这种情况方程可以写成：

$$\begin{Bmatrix} 0 \\ F_{P2} \\ F_{P3} \\ 0 \end{Bmatrix} = \begin{bmatrix} 1 & 0 & 0 & 0 \\ 0 & 4i_1 + 4i_2 & 2i_2 & 0 \\ 0 & 2i_2 & 4i_2 + 4i_3 & 0 \\ 0 & 0 & 0 & 1 \end{bmatrix} \begin{Bmatrix} \theta_1 \\ \theta_2 \\ \theta_3 \\ \theta_4 \end{Bmatrix} \tag{9.34}$$

上式即为两端固定的三跨连续梁在引入支承条件后所得的新的位移法方程，这就是后处理方法。

引入支承条件后的位移法方程，可通过对原方程进行修改得到。具体修改方法，可归结为“主1副0法”。即在刚度矩阵$[K]$与零转角对应的行列中，将主对角线元素改为1，其他元素改为0。在结点荷载向量$\{F_P\}$中，将与零转角对应的元素也改为0(即为已知的结点位移值)。这样就得到了修改后的位移法方程，利用它就可以求出全部未知结点位移。

9.6.4 非结点荷载的处理

前面提到的荷载$\{F_P\}$都作用在连续梁的各个结点上，通过下述步骤可以将非结点荷载转化为结点荷载。以图 9.11 所示的连续梁为例进行说明。

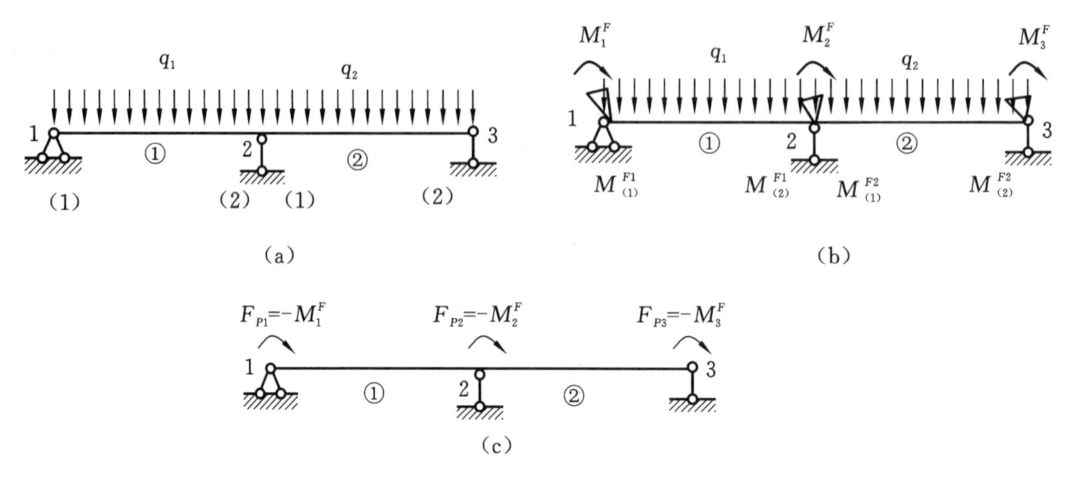

图 9.11 连续梁的非结点荷载处理

(a) 非结点荷载；(b) 加约束状态；(c) 去约束状态(加约束力矩的负值)

(1) 加约束

在各结点附加刚臂，阻止结点转动，这时 $\theta_1=\theta_2=\theta_3=0$，单元两端产生的固端弯矩$\{M\}^F$[图 9.11(b)]为

$$\text{单元①}:\{M\}^{F1}=\begin{Bmatrix} M_{(1)}^F \\ M_{(2)}^F \end{Bmatrix}^1,\text{单元②}:\quad \{M\}^{F2}=\begin{Bmatrix} M_{(1)}^F \\ M_{(2)}^F \end{Bmatrix}^2$$

同时，刚臂对结点会产生约束力矩，其值为

$$\begin{Bmatrix} M_1^F \\ M_2^F \\ M_3^F \end{Bmatrix}=\begin{Bmatrix} M_{(1)}^{F1} \\ M_{(2)}^{F1}+M_{(1)}^{F2} \\ M_{(2)}^{F2} \end{Bmatrix}$$

(2) 去约束

拆去刚臂，这相当于在各结点施加外力偶荷载$\{F_P\}$，其大小与结点约束矩相等，但方向相反[图 9.11(c)]，这时，结点会转动。显然，图 9.11(b) 和图 9.11(c) 两种情况叠加的结果，就和原结构[图 9.10(a)]的受力与变形完全相同。图 9.10(c) 中的结点转角和原结构结点转角相等，从结点转角相同的角度看，图 9.10(c) 中的结点力偶荷载和原结构非结点荷载是等效的，称这个力偶荷载是原结构非结点荷载的等效结点荷载，记作$\{F_P\}_{eq}$，且有

$$\{F_P\}_{eq}=\begin{Bmatrix} F_{P1} \\ F_{P2} \\ F_{P3} \end{Bmatrix}=\begin{Bmatrix} -M_{(1)}^{F1} \\ -M_{(2)}^{F1}-M_{(1)}^{F2} \\ -M_{(2)}^{F2} \end{Bmatrix} \tag{9.35}$$

以上求等效结点荷载的过程，可概括为先加约束再去约束。

具体的计算可仿照整体刚度矩阵形成的方法，即

① 根据结点位移向量$\{\Delta\}$中的元素个数，定义等效结点荷载向量$\{F_P\}_{eq}$元素的个数(按总码

顺序排列）并置零。

② 加约束限制结点转动，求各单元的固端弯矩向量$\{M\}^{Fe}$。

③ 将各单元固端弯矩向量$\{M\}^{Fe}$中的元素反号，在$\{F_P\}_{eq}$中按单元定位向量定位、搬入并累加，就得到等效结点荷载向量$\{F_P\}_{eq}$。

要注意，如果连续梁的各个结点上还作用着力偶荷载（这里称为结点力偶荷载$\{F_P\}_j$）：

$$\{F_P\}_j = \begin{Bmatrix} M_1 \\ M_2 \\ M_3 \end{Bmatrix}$$

最后的结点总荷载向量$\{F_P\}$应为

$$\{F_P\} = \{F_P\}_j + \{F_P\}_{eq} = \begin{Bmatrix} M_1 \\ M_2 \\ M_3 \end{Bmatrix} + \begin{Bmatrix} -M_{(1)}^{F1} \\ -M_{(2)}^{F1} - M_{(1)}^{F2} \\ M_{(2)}^{F2} \end{Bmatrix} \tag{9.36}$$

9.6.5　杆端弯矩的计算

连续梁在一般荷载（包括结点力偶荷载和非结点荷载）作用下的杆端弯矩由两部分组成，一部分是各结点在被约束情况下产生的单元固端弯矩，另一部分是在结点总荷载向量作用下产生的杆端弯矩。将这两部分叠加，即得到各杆最后的杆端弯矩，即

$$\begin{Bmatrix} M_{(1)} \\ M_{(2)} \end{Bmatrix}^e = \begin{bmatrix} k_{(1)(1)} & k_{(1)(2)} \\ k_{(2)(1)} & k_{(2)(2)} \end{bmatrix}^e \begin{Bmatrix} \theta_{(1)} \\ \theta_{(2)} \end{Bmatrix}^e + \begin{Bmatrix} M_{(1)}^F \\ M_{(2)}^F \end{Bmatrix}^e \tag{9.37}$$

以上计算杆端弯矩的过程，可概括为加约束计算固端弯矩，去约束计算转角位移弯矩，叠加即得最后弯矩。

上面各式中，各符号右上标 1、2、3 是单元编号，右下标(1)、(2)是局部码，右下标 1、2、3 是总码。

符号规定：实际的固端弯矩、结点力偶荷载、等效力偶荷载和最后的杆端弯矩均以顺时针方向为正，反之为负。

9.6.6　矩阵位移法计算连续梁步骤和示例

根据以上分析，用矩阵位移法计算连续梁，计算步骤如下：

(1) 编码和确定单元定位向量。

(2) 计算各单元刚度矩阵[式(9.29)]。

(3) 用单元集成法计算整体刚度矩阵。

(4) 计算单元固端弯矩向量（各杆均视为两端是固定端）并求等效结点荷载向量[式(9.35)]。

(5) 求结点总荷载向量[式(9.36)]。

(6) 引入支承条件，修改位移法方程（主 1 副 0 法）。（对于两端均为铰支座的连续梁除外）

(7) 解方程求结点角位移。

(8) 计算杆端弯矩[式(9.37)]。

【例 9.1】　试求图 9.12(a) 所示连续梁的杆端弯矩并画弯矩图（支承条件后处理）。$EI_1 =$

$EI_3=6\ \text{kN}\cdot\text{m}^2$，$EI_2=24\ \text{kN}\cdot\text{m}^2$。

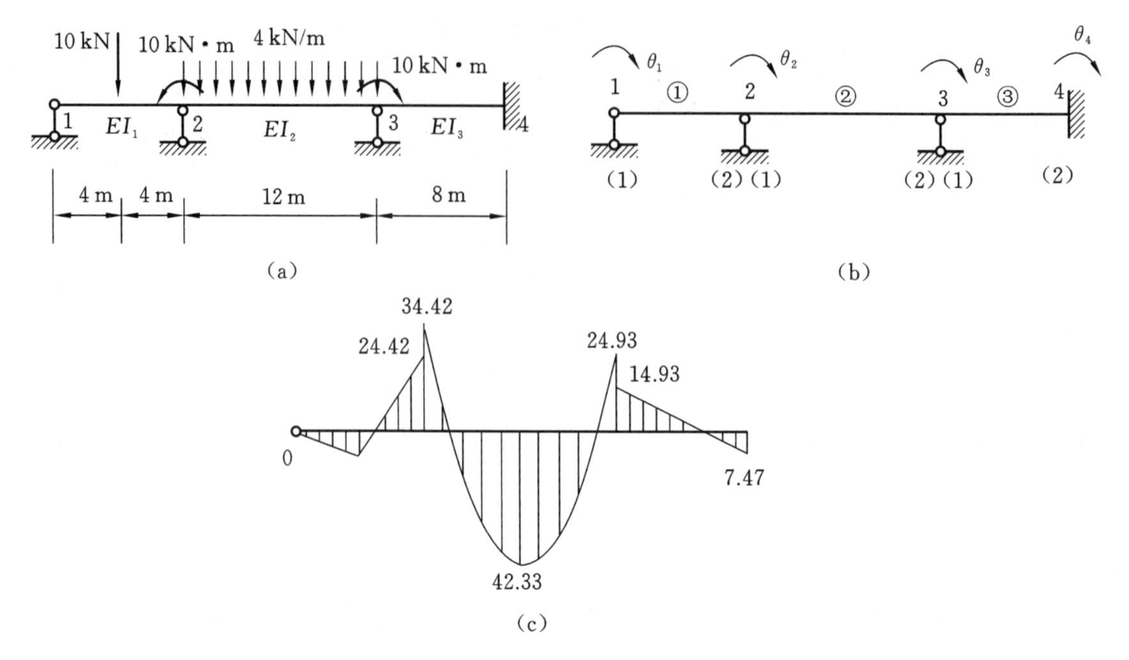

图 9.12　例 9.1 图

(a) 连续梁计算简图；(b) 位移编码(总码、局部码)；(c) 弯矩图(单位:kN·m)

【解】 (1) 编码和确定单元定位向量

此连续梁有4个结点，按支承条件后处理计算，每个结点有1个结点位移分量θ_i，其总码分别为1、2、3、4。单元编号如图 9.12(b) 所示。

单元的两端各有 1 个转角位移 $\bar{\theta}_{(i)}$，各单元的局部码均为左(1)、右(2)。

各单元定位向量可由图 9.12(b) 直接写出如下：

$$\{\lambda\}^1=\begin{Bmatrix}1\\2\end{Bmatrix}^1\quad \{\lambda\}^2=\begin{Bmatrix}2\\3\end{Bmatrix}^2\quad \{\lambda\}^3=\begin{Bmatrix}3\\4\end{Bmatrix}^3$$

(2) 计算各单元刚度矩阵

单元的线刚度分别为

$$单元①:i_1=\frac{6}{8}=0.75;单元②:i_2=\frac{24}{12}=2;单元③:i_3=\frac{6}{8}=0.75$$

单元刚度矩阵分别为

$$[k]^1=\begin{bmatrix}4i_1 & 2i_1\\2i_1 & 4i_1\end{bmatrix}^1=\begin{bmatrix}3 & 1.5\\1.5 & 3\end{bmatrix}^1,\quad [k]^1=[k]^3$$

$$[k]^2=\begin{bmatrix}4i_2 & 2i_2\\2i_2 & 4i_2\end{bmatrix}^2=\begin{bmatrix}8 & 4\\4 & 8\end{bmatrix}^2$$

(3) 计算整体刚度矩阵

将各单元刚度矩阵中的元素，按其定位向量累加到整体刚度矩阵中。其形成过程如下：

初始状态 ↓　　单元①累加后 ↓　　单元②累加后 ↓

$$[K]=\begin{bmatrix}0&0&0&0\\0&0&0&0\\0&0&0&0\\0&0&0&0\end{bmatrix}\Rightarrow\begin{bmatrix}3&1.5&0&0\\1.5&3&0&0\\0&0&0&0\\0&0&0&0\end{bmatrix}\Rightarrow\begin{bmatrix}3&1.5&0&0\\1.5&3+8&4&0\\0&4&8&0\\0&0&0&0\end{bmatrix}$$

单元 ③ 累加后 ↓　　　　最后结果 ↓

$$\Rightarrow\begin{bmatrix}3&1.5&0&0\\1.5&11&4&0\\0&4&8+3&1.5\\0&0&1.5&3\end{bmatrix}\Rightarrow\begin{bmatrix}3&1.5&0&0\\1.5&11&4&0\\0&4&11&1.5\\0&0&1.5&3\end{bmatrix}$$

(4) 计算各单元固端弯矩向量(单元定位向量标记在右侧)

$$\{M\}^{F1}=\begin{Bmatrix}M_{(1)}^{F}\\M_{(2)}^{F}\end{Bmatrix}^1=\begin{Bmatrix}-10\\10\end{Bmatrix}^1\begin{matrix}\leftarrow 1\\\leftarrow 2\end{matrix},\quad\{M\}^{F2}=\begin{Bmatrix}48\\48\end{Bmatrix}^2\begin{matrix}\leftarrow 2\\\leftarrow 3\end{matrix},\quad\{M\}^{F3}=\begin{Bmatrix}0\\0\end{Bmatrix}^3\begin{matrix}\leftarrow 3\\\leftarrow 4\end{matrix}$$

(5) 集成等效结点荷载向量$\{F_P\}_{eq}$

先定义$\{F_P\}_{eq}$并置零，把总码标记在右侧；根据单元定位向量和总码的对应关系，将各单元固端弯矩向量中的元素取负值在$\{F_P\}_{eq}$中定位并累加，就可形成等效结点荷载向量。形成过程如下：

初始状态 ↓　累加单元①后 ↓　累加单元②后 ↓　累加单元③后 ↓　最后结果 ↓

$$\{F_P\}_{eq}\Rightarrow\begin{Bmatrix}0\\0\\0\\0\end{Bmatrix}\begin{matrix}\leftarrow 1\\\leftarrow 2\\\leftarrow 3\\\leftarrow 4\end{matrix}\Rightarrow\begin{Bmatrix}10\\-10\\0\\0\end{Bmatrix}\Rightarrow\begin{Bmatrix}10\\-10+48\\-48\\0\end{Bmatrix}\Rightarrow\begin{Bmatrix}10\\38\\-48+0\\0+0\end{Bmatrix}\Rightarrow\begin{Bmatrix}10\\38\\-48\\0\end{Bmatrix}$$

此连续梁的结点上还作用着结点力偶荷载$\{F_P\}_j$：

$$\{F_P\}_j=\begin{Bmatrix}0\\-10\\10\\0\end{Bmatrix}$$

所以，结点总荷载向量为

$$\{F_P\}=\{F_P\}_j+\{F_P\}_{eq}=\begin{Bmatrix}0\\-10\\10\\0\end{Bmatrix}+\begin{Bmatrix}10\\38\\-48\\0\end{Bmatrix}=\begin{Bmatrix}10\\28\\-38\\0\end{Bmatrix}$$

(6) 引入支承条件(主 1 副 0 法)

修改前的方程为

$$\begin{bmatrix}3&1.5&0&0\\1.5&11&4&0\\0&4&11&1.5\\0&0&1.5&3\end{bmatrix}\begin{Bmatrix}\theta_1\\\theta_2\\\theta_3\\\theta_4\end{Bmatrix}=\begin{Bmatrix}10\\28\\-38\\0\end{Bmatrix}$$

结点 4 是固定端,即 $\theta_4=0$,引入支承条件修改后方程变为:

$$\begin{bmatrix} 3 & 1.5 & 0 & 0 \\ 1.5 & 11 & 4 & 0 \\ 0 & 4 & 11 & 0 \\ 0 & 0 & 0 & 1 \end{bmatrix} \begin{Bmatrix} \theta_1 \\ \theta_2 \\ \theta_3 \\ \theta_4 \end{Bmatrix} = \begin{Bmatrix} 10 \\ 28 \\ -38 \\ 0 \end{Bmatrix}$$

(7) 解方程求结点角位移(总码标记在右侧)

$$\begin{Bmatrix} \theta_1 \\ \theta_2 \\ \theta_3 \\ \theta_4 \end{Bmatrix} = \begin{Bmatrix} 1.240 \\ 4.186 \\ -4.977 \\ 0 \end{Bmatrix} \begin{matrix} \leftarrow & 1 \\ \leftarrow & 2 \\ \leftarrow & 3 \\ \leftarrow & 4 \end{matrix}$$

(8) 计算最后的杆端弯矩

根据单元定位向量可知:

$$\bar{\theta}^1_{(1)}=\theta_1,\quad \bar{\theta}^1_{(2)}=\theta_2;\quad \bar{\theta}^2_{(1)}=\theta_2,\quad \bar{\theta}^2_{(2)}=\theta_3;\quad \bar{\theta}^3_{(1)}=\theta_3,\quad \bar{\theta}^3_{(4)}=\theta_4$$

由式(9.37),计算可得:

$$\begin{Bmatrix} M_{(1)} \\ M_{(2)} \end{Bmatrix}^1 = \begin{bmatrix} 3 & 1.5 \\ 1.5 & 3 \end{bmatrix}^1 \begin{Bmatrix} 1.240 \\ 4.186 \end{Bmatrix}^1 + \begin{Bmatrix} -10 \\ 10 \end{Bmatrix}^1 = \begin{Bmatrix} 0 \\ 24.419 \end{Bmatrix}^1$$

$$\begin{Bmatrix} M_{(1)} \\ M_{(2)} \end{Bmatrix}^2 = \begin{bmatrix} 8 & 4 \\ 4 & 8 \end{bmatrix}^2 \begin{Bmatrix} 4.186 \\ -4.977 \end{Bmatrix}^2 + \begin{Bmatrix} -48 \\ 48 \end{Bmatrix}^2 = \begin{Bmatrix} -34.419 \\ 24.930 \end{Bmatrix}^2$$

$$\begin{Bmatrix} M_{(1)} \\ M_{(2)} \end{Bmatrix}^3 = \begin{bmatrix} 3 & 1.5 \\ 1.5 & 3 \end{bmatrix}^3 \begin{Bmatrix} -4.977 \\ 0 \end{Bmatrix}^3 + \begin{Bmatrix} 0 \\ 0 \end{Bmatrix}^3 = \begin{Bmatrix} -14.930 \\ -7.465 \end{Bmatrix}^3$$

最后强调一下:因计算杆端弯矩是针对单元进行的,所以要用局部码。式(9.37)中的杆端转角 $\theta_{(1)}$、$\theta_{(2)}$ 之值,可根据单元定位向量和总码的对应关系,从结点位移向量$\{\Delta\}$中得到。

(9) 画弯矩图

弯矩图如图 9.12(c) 所示。

9.7 平面刚架的整体刚度矩阵

现在讨论平面刚架的整体刚度矩阵。与连续梁相比,基本思路相同,但情况要复杂一些。

思路相同,是说整体刚度矩阵$[K]$的形成仍旧采用单元刚度集成法。其要点仍然包括换码定位和搬入叠加两个环节。

情况的复杂性表现在以下几个方面:

在考虑杆件的轴向变形的情况下,平面刚架的每个刚结点有 3 个互相独立的位移分量,即沿 x 轴和 y 轴方向的线位移 u 和 v,以及角位移 θ。

刚架中各杆的方向不仅相同,分析中要用到两种坐标系,需要坐标转换。

平面刚架单元间存在的铰结点、刚铰混合结点等其他类型的结点,要用增加位移未知量的方法来处理。

对支座约束条件先处理,即全部已知的结点位移分量(零位移或非零的支座位移)均不作为结构的未知量。这样,在建立结点平衡方程时,只需要列出与未知结点位移相应的平衡方程。

9.7.1　结点位移分量统一编码(总码)

结点位移分量统一编码(总码),就是在整体坐标系中,对结构整体的结点位移分量统一编号。

考虑图9.13(a)所示刚架。结点1是固定端,三个位移分量u_1、v_1、θ_1已知为零,对支座约束条件进行先处理时,已知的位移分量不作为基本未知量,这里规定:已知为零的位移分量,其总码均编为0码,即总码为(0,0,0),排列顺序是x向线位移、y向线位移、转角位移(以下排列顺序相同)。内部的铰结点处编了两个结点号2和3,意指把铰结点处的两杆杆端结点视为半独立的两个结点——结点2和结点3(2号结点是属于单元②的,3号结点是属于单元①的)。它们的线位移相同(不独立),而角位移不同(独立)。在这种情况下,这里的编码规则是:线位移相同的编成同码,角位移不同的编成异码。结点2的总码为(1,2,3),而结点3的总码为(1,2,4)。结点4是刚结点,总码为(5,6,7)。结点5是固定铰支座,其u_5、v_5已知为零,角位移θ_5是基本未知量,它们的总码为(0,0,8)。

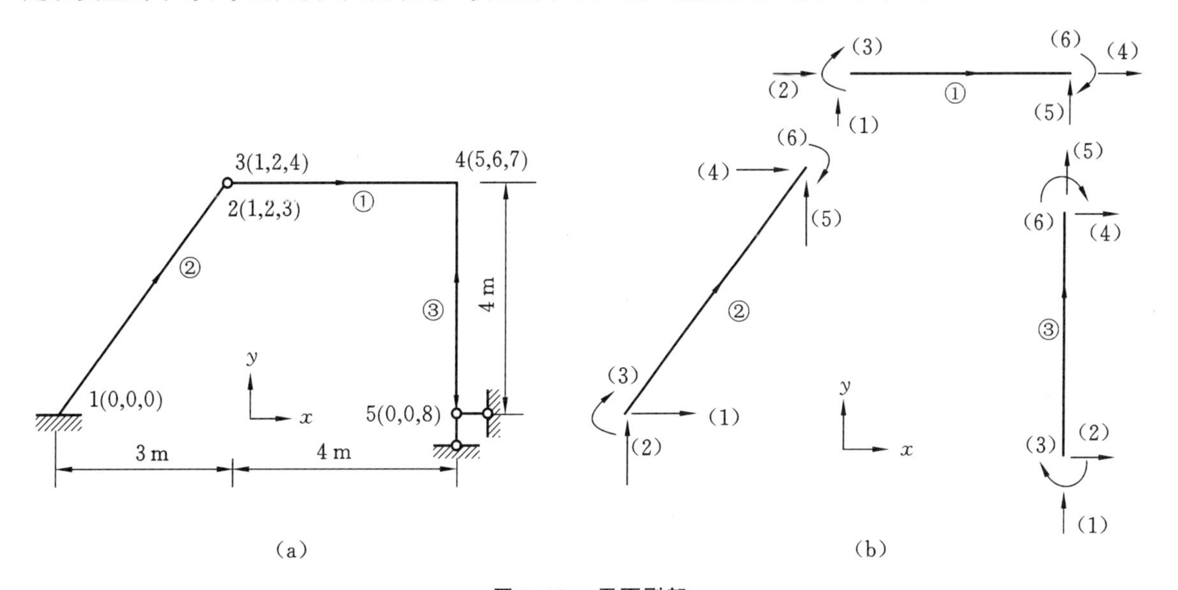

图9.13　平面刚架

(a)结点位移统一编码(总码);(b)单元杆端位移编码(局部码)

此刚架共有8个未知结点位移分量,它们组成整体结构的结点位移向量$\{\Delta\}$和相应的结点力向量$\{F\}$,即

$$\{\Delta\}=\begin{Bmatrix}\Delta_1\\\Delta_2\\\Delta_3\\\Delta_4\\\Delta_5\\\Delta_6\\\Delta_7\\\Delta_8\end{Bmatrix}=\begin{Bmatrix}u_2\\v_2\\\theta_2\\\theta_3\\u_4\\v_4\\\theta_4\\\theta_5\end{Bmatrix}\quad 和\quad \{F\}=\begin{Bmatrix}F_1\\F_2\\F_3\\F_4\\F_5\\F_6\\F_7\\F_8\end{Bmatrix}=\begin{Bmatrix}F_{x2}\\F_{y2}\\M_2\\M_3\\F_{x4}\\F_{y4}\\M_4\\M_5\end{Bmatrix}$$

正负号规定:

在整体坐标系中,结点线位移u、v和结点力F的方向与坐标轴正方向一致为正,反之为负;结点角位移θ和结点力偶M以顺时针方向为正,反之为负。

根据上面讨论,结点位移分量统一编码应遵守下面规则:

(1) 结点编号规则。对于刚结点,一个刚结点编一个号。而在内部铰结点(指与其连接的全部杆件都是刚架单元的结点)处,要编两个以上的结点号(结点号数等于它所连接的刚架单元数)。这里约定,用自然数对结点连续编号(从数字 1 开始),可以从任意一个结点开始。本例中,结点号是 1,2,3,4,5。

(2) 结点位移分量统一编号(总码)规则。从 1 号结点开始,按结点号顺序编起,而对每个结点按在整体坐标系中 $x \to y \to \theta$ 的次序排列。未知结点位移分量从 1 开始连续用自然数编号,遇到结点位移分量已知为零时编 0 码,未知结点位移分量相等时编成同码,不等时编成异码。每个结点的 3 个数字带括号,作为总码的标志。

9.7.2 单元定位向量

图 9.13 所示刚架有 3 个杆件单元 ①、②、③。图中各轴上的箭头表示各单元局部坐标系中 $\bar{x}$ 的正方向。各单元始末两端在整体坐标系中的 6 个位移分量局部码(1)、(2)、(3)、(4)、(5)、(6) 在图 9.13(b) 中已标明。

单元定位向量是由单元始末两端局部码对应总码所组成的向量,即由单元两端所连结点的位移分量总编号组成的向量。

为了确定单元定位向量,需要知道结构的结点编号、单元编号、单元两端连接的结点编号以及结点位移分量的统一编号。单元定位向量,按单元始端结点的位移分量编号在前、末端结点的位移分量编号在后排列,而每端按整体坐标系中 $x \to y \to \theta$ 的次序排列。该刚架各单元始末两端连接的结点编号和定位向量见表 9.1。

表 9.1 平面刚架单元定位向量

单元编号	单元连接结点编号		单元定位向量$[\lambda]^e$
	始端	末端	
①	3	4	(1 2 4 5 6 7)
②	1	2	(0 0 0 1 2 3)
③	5	4	(0 0 8 5 6 7)

单元定位向量$\{\lambda\}^e$ 中的各分量,实际上是由单元结点位移分量总码组成的。以后单元换码时即以它为依据。利用它可以确定单元刚度矩阵各元素在结构整体刚度矩阵中的位置,可以确定单元杆端位移分量在结构的结点位移向量中的位置,还可以确定单元的等效结点荷载分量在结构的结点荷载向量中的位置。

9.7.3 整体刚度矩阵集成

结构整体分析的任务是建立结构的结点位移向量$\{\Delta\}$ 和相应的结点力向量$\{F\}$ 之间的转换关系,即刚度方程:

$$\{F\} = [K]\{\Delta\} \tag{9.38}$$

式中,$[K]$ 称为整体刚度矩阵。整体分析的核心内容就是要求得$[K]$。

整体刚度矩阵$[K]$ 的形成过程和连续梁类似,仍然采用单元刚度集成法。

下面举例说明利用单元定位向量集成整体刚度矩阵的方法和步骤。

【例 9.2】 试求图 9.13(a) 所示平面刚架的整体刚度矩阵$[K]$。各单元弹性参数如下:

单元 ①　　$EA = 5.2 \times 10^6$ kN，$EI = 1.6 \times 10^5$ kN · m^2

单元 ②　　$EA = 4.5 \times 10^6$ kN，$EI = 1.25 \times 10^5$ kN · m^2

单元 ③　　$EA = 3.6 \times 10^6$ kN，$EI = 0.96 \times 10^5$ kN · m^2

【解】 (1) 对结构进行结点编号和单元编号，并确定结构的整体坐标系和单元坐标系，杆中箭头指向所示为单元 $\bar{x}$ 轴的正方向。

(2) 对结点位移分量统一编码，并确定单元定位向量。结点位移分量总码，见图9.13(a)中括号内的数字，各单元定位向量见表 9.1。

(3) 根据式(9.21)、式(9.22)求各单元在整体坐标系中的刚度矩阵如下(单元定位向量标记在右侧和上方)：

单元 ①　　$\sin\alpha = 0, \cos\alpha = 1$

$$
\begin{array}{c}
\begin{matrix} 1 & 2 & 4 & 5 & 6 & 7 & \leftarrow \text{定位向量} \end{matrix} \\
[k]^1 = 10^3 \times \begin{bmatrix} 1300 & 0 & 0 & -1300 & 0 & 0 \\ 0 & 30 & -60 & 0 & -30 & -60 \\ 0 & -60 & 160 & 0 & 60 & 80 \\ -1300 & 0 & 0 & 1300 & 0 & 0 \\ 0 & -30 & 60 & 0 & 30 & 60 \\ 0 & -60 & 80 & 0 & 60 & 160 \end{bmatrix} \begin{matrix} \leftarrow 1 \\ \leftarrow 2 \\ \leftarrow 4 \\ \leftarrow 5 \\ \leftarrow 6 \\ \leftarrow 7 \end{matrix}
\end{array}
$$

单元 ②　　$\sin\alpha = \frac{4}{5}, \cos\alpha = \frac{3}{5}$

$$
\begin{array}{c}
\begin{matrix} 0 & 0 & 0 & 1 & 2 & 3 & \leftarrow \text{定位向量} \end{matrix} \\
[k]^2 = 10^3 \times \begin{bmatrix} 331.68 & 426.24 & 24 & -331.68 & -426.24 & 24 \\ 426.24 & 580.32 & -18 & -426.24 & -580.32 & -18 \\ 24 & -18 & 100 & -24 & 18 & 50 \\ -331.68 & -426.24 & -24 & 331.68 & 426.24 & -24 \\ -426.24 & -580.32 & 18 & 426.24 & 580.32 & 18 \\ 24 & -18 & 50 & -24 & 18 & 100 \end{bmatrix} \begin{matrix} \leftarrow 0 \\ \leftarrow 0 \\ \leftarrow 0 \\ \leftarrow 1 \\ \leftarrow 2 \\ \leftarrow 3 \end{matrix}
\end{array}
$$

单元 ③　　$\sin\alpha = 1, \cos\alpha = 0$

$$
\begin{array}{c}
\begin{matrix} 0 & 0 & 8 & 5 & 6 & 7 & \leftarrow \text{定位向量} \end{matrix} \\
[k]^3 = 10^3 \times \begin{bmatrix} 18 & 0 & 36 & -18 & 0 & 36 \\ 0 & 900 & 0 & 0 & -900 & 0 \\ 36 & 0 & 96 & -36 & 0 & 48 \\ -18 & 0 & -36 & 18 & 0 & -36 \\ 0 & -900 & 0 & 0 & 900 & 0 \\ 36 & 0 & 48 & -36 & 0 & 96 \end{bmatrix} \begin{matrix} \leftarrow 0 \\ \leftarrow 0 \\ \leftarrow 8 \\ \leftarrow 5 \\ \leftarrow 6 \\ \leftarrow 7 \end{matrix}
\end{array}
$$

(4) 利用单元定位向量集成整体刚度矩阵[K]。

此结构有 8 个未知结点位移分量，据此定义[K]是 8×8 阶的矩阵，将矩阵置零，把结点位移向量{Δ}总码(即1、2、3、4、5、6、7、8)分别标记在[K]的右侧和上方,即表示[K]中元素的行码和列码。

将单元定位向量分别写在单元刚度矩阵的右侧和上方。显然,单元定位向量中的非零分量就给出了单元刚度矩阵$[k]^e$的元素在整体刚度矩阵[K]中的行码和列码。

按单元①、②、③的次序,分别将单元刚度矩阵中的元素,根据单元定位向量把它们累加到[K]中,即可得到[K]。定位、累加的过程和连续梁类似。

单元定位向量中的零分量(即0总码)对应的各元素在[K]中都没有"座位",在集成的过程中应当舍弃不考虑。这种做法的力学解释是:如单元②的始端是固定端,其结点位移分量本来是零,其相应的单元刚度系数对整体刚度系数本来就没有影响,所以在集成过程中就将它们剔除在外。

求得此平面刚架的整体刚度矩阵如下:

(列上方标注为结点位移总码 1~8,行右侧标注为结点位移总码 1~8)

$$[K]=10^3\times\begin{bmatrix} 1631.68 & 426.24 & -24 & 0 & -1300 & 0 & 0 & 0 \\ & 610.32 & 18 & -60 & 0 & -30 & -60 & 0 \\ & & 100 & 0 & 0 & 0 & 0 & 0 \\ & & & 160 & 0 & 60 & 80 & 0 \\ & \text{对} & & & 1318 & 0 & -36 & -36 \\ & & & & & 930 & 60 & 0 \\ & & & \text{称} & & & 256 & 48 \\ & & & & & & & 96 \end{bmatrix}\begin{matrix}\leftarrow 1\\ \leftarrow 2\\ \leftarrow 3\\ \leftarrow 4\\ \leftarrow 5\\ \leftarrow 6\\ \leftarrow 7\\ \leftarrow 8\end{matrix}$$

以上各元素值是有单位的,这里只是讨论集成的过程,故数值后未带单位。

整体刚度矩阵[K]有如下特性:

(1) [K]是对称矩阵。

(2) [K]是非奇异矩阵。这是因为在形成整体刚度矩阵时,不仅满足了结构在内部结点处的变形协调条件,而且满足了结构在支座结点处的位移边界条件。

(3) [K]是带形矩阵。愈是大型结构,结构刚度矩阵的带形分布规律就愈明显。

此外,结构刚度矩阵通常是主对角线元素占优势的矩阵,其优势表现在:主对角线上的元素值恒为正,且比非对角线上的元素绝对值大。

9.8 组合结构的整体刚度矩阵

组合结构由刚架单元和桁架单元组成。计算时先区分刚架单元和桁架单元。对于刚架单元,采用刚架单元的单元刚度方程及相应的计算公式。对于桁架单元,采用桁架单元的单元刚度方程及相应的计算公式。

【例 9.3】 试求图 9.14(a)所示组合结构的整体刚度矩阵[K]。各杆的弹性常数为:

单元①、②、③ $EA=4.8\times10^6$ kN,$EI=1.6\times10^5$ kN·m²

单元④ $EA=2.5\times10^5$ kN,$EI=0$

【解】 (1) 对结构进行结点编号和单元编号,并确定结构的整体坐标系和单元坐标系,如图 9.14(b)所示。杆中箭头指向所示为单元 $\bar{x}$ 轴的正方向。

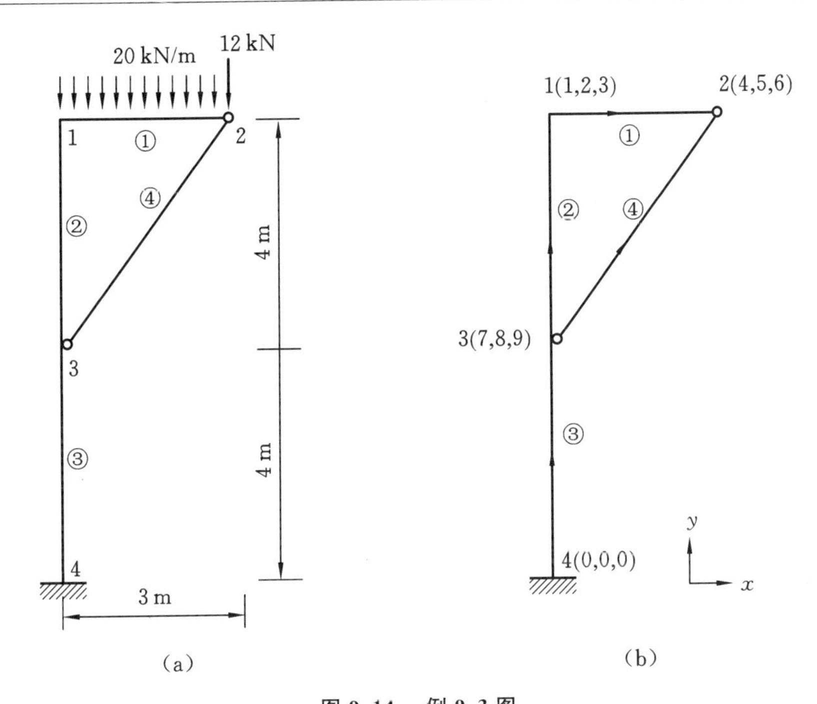

图 9.14 例 9.3 图

(a) 组合结构;(b) 结点、单元、结点位移统一编码

单元 ②、③、④ 的连接处是一个组合结点(指连接刚架单元和桁架单元的结点,注意其与例 9.2 中的内部铰结点的区别),只编一个结点号 3。单元 ① 和单元 ④ 的连接处也是一个组合结点,只编一个结点号 2。

(2) 对结点位移分量统一编码,并确定单元定位向量。结点位移分量的编号见图 9.14(b) 中括号内的数字,各单元定位向量见表 9.2。

表 9.2 组合结构单元定位向量

单元编号	单元连接结点号		单元定位向量 $\{\lambda\}^e$
	始端	末端	
①	1	2	(1 2 3 4 5 6)
②	3	1	(7 8 9 1 2 3)
③	4	3	(0 0 0 7 8 9)
④	3	2	(7 8 4 5)

需要指出,组合结点处的角位移分量仅仅影响与其相连接的刚架单元,对连接于组合结点处的桁架单元则没有影响,因为桁架单元的抗弯刚度等于零。所以在确定单元定位向量时,桁架单元 ④ 的始末两端只需考虑 u 和 v 两个线位移分量,根据结点位移分量相等编同码的规则,单元 ④ 的定位向量中只有 7、8、4、5 四个分量。

(3) 计算单元在整体坐标系中的刚度矩阵。

单元 ①、②、③ 的刚度矩阵按式(9.21)、式(9.22) 计算,单元 ④ 的刚度矩阵按式(9.24)、式(9.25) 计算。

单元 ① $\sin\alpha = 0, \cos\alpha = 1$

$$\begin{array}{cccccc} 1 & 2 & 3 & 4 & 5 & 6 \\ \downarrow & \downarrow & \downarrow & \downarrow & \downarrow & \downarrow \end{array} \leftarrow \text{定位向量}$$

$$[k]^1 = 10^3 \times \begin{bmatrix} 1600 & 0 & 0 & -1600 & 0 & 0 \\ 0 & 71.11 & -106.67 & 0 & -71.11 & -106.67 \\ 0 & -106.67 & 213.33 & 0 & 106.67 & 106.67 \\ -1600 & 0 & 0 & 1600 & 0 & 0 \\ 0 & -71.11 & 106.67 & 0 & 71.11 & 106.67 \\ 0 & -106.67 & 106.67 & 0 & 106.67 & 213.33 \end{bmatrix} \begin{array}{c} \leftarrow 1 \\ \leftarrow 2 \\ \leftarrow 3 \\ \leftarrow 4 \\ \leftarrow 5 \\ \leftarrow 6 \end{array}$$

单元 ②　　$\sin\alpha = 1, \cos\alpha = 0$

$$\begin{array}{cccccc} 7 & 8 & 9 & 1 & 2 & 3 \\ \downarrow & \downarrow & \downarrow & \downarrow & \downarrow & \downarrow \end{array} \leftarrow \text{定位向量}$$

$$[k]^2 = 10^3 \times \begin{bmatrix} 30 & 0 & 60 & -30 & 0 & 60 \\ 0 & 1200 & 0 & 0 & -1200 & 0 \\ 60 & 0 & 160 & -60 & 0 & 80 \\ -30 & 0 & -60 & 30 & 0 & -60 \\ 0 & 1200 & 0 & 0 & 1200 & 0 \\ 0 & 0 & 80 & -60 & 0 & 160 \end{bmatrix} \begin{array}{c} \leftarrow 7 \\ \leftarrow 8 \\ \leftarrow 9 \\ \leftarrow 1 \\ \leftarrow 2 \\ \leftarrow 3 \end{array}$$

单元 ③　　$\sin\alpha = 1, \cos\alpha = 0$

$$\begin{array}{cccccc} 0 & 0 & 0 & 7 & 8 & 9 \\ \downarrow & \downarrow & \downarrow & \downarrow & \downarrow & \downarrow \end{array} \leftarrow \text{定位向量}$$

$$[k]^3 = 10^3 \times \begin{bmatrix} 30 & 0 & 60 & -30 & 0 & 60 \\ 0 & 1200 & 0 & 0 & -1200 & 0 \\ 60 & 0 & 160 & -60 & 0 & 80 \\ -30 & 0 & -60 & 30 & 0 & -60 \\ 0 & 1200 & 0 & 0 & 1200 & 0 \\ 0 & 0 & 80 & -60 & 0 & 160 \end{bmatrix} \begin{array}{c} \leftarrow 0 \\ \leftarrow 0 \\ \leftarrow 0 \\ \leftarrow 7 \\ \leftarrow 8 \\ \leftarrow 9 \end{array}$$

单元 ④　　$\sin\alpha = \dfrac{4}{5} = 0.8, \cos\alpha = \dfrac{3}{5} = 0.6$

$$\begin{array}{cccc} 7 & 8 & 4 & 5 \\ \downarrow & \downarrow & \downarrow & \downarrow \end{array} \leftarrow \text{定位向量}$$

$$[k]^4 = 10^3 \times \begin{bmatrix} 18 & 24 & -18 & -24 \\ 24 & 32 & -24 & -32 \\ -18 & -24 & 18 & 24 \\ -24 & -32 & 24 & 32 \end{bmatrix} \begin{array}{c} \leftarrow 7 \\ \leftarrow 8 \\ \leftarrow 4 \\ \leftarrow 5 \end{array}$$

(4) 集成结构刚度矩阵$[K]$。

为此，将单元定位向量分别写在单元刚度矩阵的右侧和上方，根据单元定位向量指明的行码和列码，由单元集成法可得此组合结构的刚度矩阵如下：

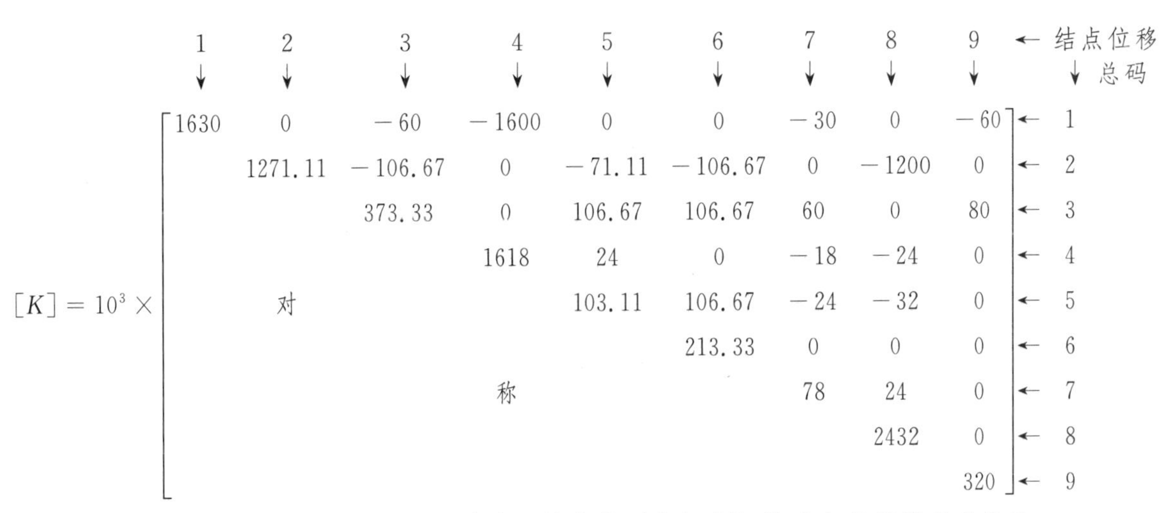

结点位移总码：1　2　3　4　5　6　7　8　9

$$
[K]=10^3\times\begin{bmatrix}
1630 & 0 & -60 & -1600 & 0 & 0 & -30 & 0 & -60 \\
 & 1271.11 & -106.67 & 0 & -71.11 & -106.67 & 0 & -1200 & 0 \\
 & & 373.33 & 0 & 106.67 & 106.67 & 60 & 0 & 80 \\
 & & & 1618 & 24 & 0 & -18 & -24 & 0 \\
 & \text{对} & & & 103.11 & 106.67 & -24 & -32 & 0 \\
 & & & & & 213.33 & 0 & 0 & 0 \\
 & & & \text{称} & & & 78 & 24 & 0 \\
 & & & & & & & 2432 & 0 \\
 & & & & & & & & 320
\end{bmatrix}
\begin{matrix} \leftarrow 1 \\ \leftarrow 2 \\ \leftarrow 3 \\ \leftarrow 4 \\ \leftarrow 5 \\ \leftarrow 6 \\ \leftarrow 7 \\ \leftarrow 8 \\ \leftarrow 9 \end{matrix}
$$

【例 9.4】　试求图 9.15(a) 所示连续梁的整体刚度矩阵$[K]$。各杆的弹性常数均为

$$EI=2.16\times10^5\ \text{kN}\cdot\text{m}^2$$

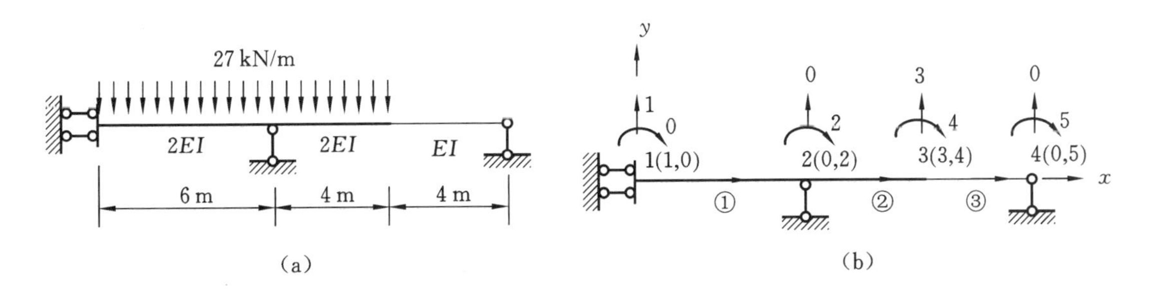

图 9.15　例 9.4 图

(a) 连续梁；(b) 结点位移统一编码

【解】　(1) 对结构进行结点编号和单元编号，并确定结构的整体坐标系和局部坐标系如图 9.15(b) 所示。杆中箭头指向所示为单元的 $\bar{x}$ 轴的正方向。连续梁的截面突变处(结点 3) 也作为一个结点。

(2) 结点位移分量统一编码，并确定单元定位向量。

此连续梁不考虑轴向变形，于是每个结点只有 v 和 θ 两个位移分量。结点位移分量的编号见图 9.15(b) 中括号内的数字，各单元定位向量见表 9.3。

表 9.3　连续梁单元定位向量

单元编号	单元连接结点编号		单元定位向量$[\lambda]^e$
	始端	末端	
①	1	2	(1 0 0 2)
②	2	3	(0 2 3 4)
③	3	4	(3 4 0 5)

(3) 计算在整体坐标系中的单元刚度矩阵。

由于单元始末两端各只有 v 和 θ 两个位移分量，该单元共 4 个位移分量，所以单元刚度矩阵

$[k]^e$是4×4阶矩阵，并且$[k]^e=[\bar{k}]^e$。为此，只要在平面刚架单元刚度矩阵$[\bar{k}]^e$[式(9.13b)]中，把对应于位移分量$\bar{u}$的第1行、第1列和第4行、第4列划去，则可求得单元刚度矩阵如下：

单元 ①

$$
\begin{matrix} & 1 & 0 & 0 & 2 & \leftarrow \text{定位向量} \\ & \downarrow & \downarrow & \downarrow & \downarrow & \end{matrix}
$$

$$
[k]^1 = 10^3 \times \begin{bmatrix} 24 & -72 & -24 & -72 \\ -72 & 288 & 72 & 144 \\ -24 & 72 & 24 & 72 \\ -72 & 144 & 72 & 288 \end{bmatrix} \begin{matrix} \leftarrow 1 \\ \leftarrow 0 \\ \leftarrow 0 \\ \leftarrow 2 \end{matrix}
$$

单元 ②

$$
\begin{matrix} & 0 & 2 & 3 & 4 & \leftarrow \text{定位向量} \\ & \downarrow & \downarrow & \downarrow & \downarrow & \end{matrix}
$$

$$
[k]^2 = 10^3 \times \begin{bmatrix} 81 & -162 & -81 & -162 \\ -162 & 432 & 162 & 216 \\ -81 & 162 & 81 & 162 \\ -162 & 216 & 162 & 432 \end{bmatrix} \begin{matrix} \leftarrow 0 \\ \leftarrow 2 \\ \leftarrow 3 \\ \leftarrow 4 \end{matrix}
$$

单元 ③

$$
\begin{matrix} & 3 & 4 & 0 & 5 & \leftarrow \text{定位向量} \\ & \downarrow & \downarrow & \downarrow & \downarrow & \end{matrix}
$$

$$
[k]^3 = 10^3 \times \begin{bmatrix} 40.5 & -81 & -40.5 & -81 \\ -81 & 216 & 81 & 108 \\ -40.5 & 81 & 40.5 & 81 \\ -81 & 108 & 81 & 216 \end{bmatrix} \begin{matrix} \leftarrow 3 \\ \leftarrow 4 \\ \leftarrow 0 \\ \leftarrow 5 \end{matrix}
$$

(4) 集成结构刚度矩阵$[K]$。

将单元定位向量分别写在单元刚度矩阵的右侧和上方，根据单元定位向量指明的行码和列码，由单元集成法可得此连续梁刚度矩阵如下：

$$
\begin{matrix} & 1 & 2 & 3 & 4 & 5 & \leftarrow \text{结点位移总码} \\ & \downarrow & \downarrow & \downarrow & \downarrow & \downarrow & \end{matrix}
$$

$$
[K] = 10^3 \times \begin{bmatrix} 24 & -72 & 0 & 0 & 0 \\ & 720 & 162 & 216 & 0 \\ & & 121.5 & 81 & -81 \\ & \text{对} & & 648 & 108 \\ & & \text{称} & & 216 \end{bmatrix} \begin{matrix} \leftarrow 1 \\ \leftarrow 2 \\ \leftarrow 3 \\ \leftarrow 4 \\ \leftarrow 5 \end{matrix}
$$

9.9　等效结点荷载

结构的整体刚度方程

$$
\{F\} = [K]\{\Delta\}
$$

是根据原结构的位移法基本体系建立的，它表示由结点位移$\{\Delta\}$推算结点力（即在基本体系的附加约束中引起的约束力）$\{F\}$的关系式。它只反映结构的刚度性质，而不涉及原结构上作用的实际荷载。

如果在结点位移向量$\{\Delta\}$各分量相应方向上作用有结点荷载向量$\{F_P\}_j$（直接作用在结点上，用下标j作为标志），并且结点荷载向量就等于结点力向量，即

$$\{F_P\}_j - \{F\}$$

这时，原结构则在发生位移$\{\Delta\}$时处于平衡状态，相应的平衡方程为

$$[K]\{\Delta\} = \{F_P\}_j \tag{9.39}$$

式(9.39)就是用矩阵表示的位移法方程。其与式(9.32)的形式基本相同。

可是，平面刚架除作用有结点荷载$\{F_P\}_j$外，各杆还可能作用有非结点荷载。此时，应该根据叠加原理和结点位移等效的原则，将非结点荷载转换成等效结点荷载后再进行结构分析。

图9.16(a)所示为承受非结点荷载的平面刚架的计算简图，在单元①和②上分别作用有均布荷载q和集中力F_P。下面说明此刚架内力和结点位移的求解思路及等效结点荷载的概念。

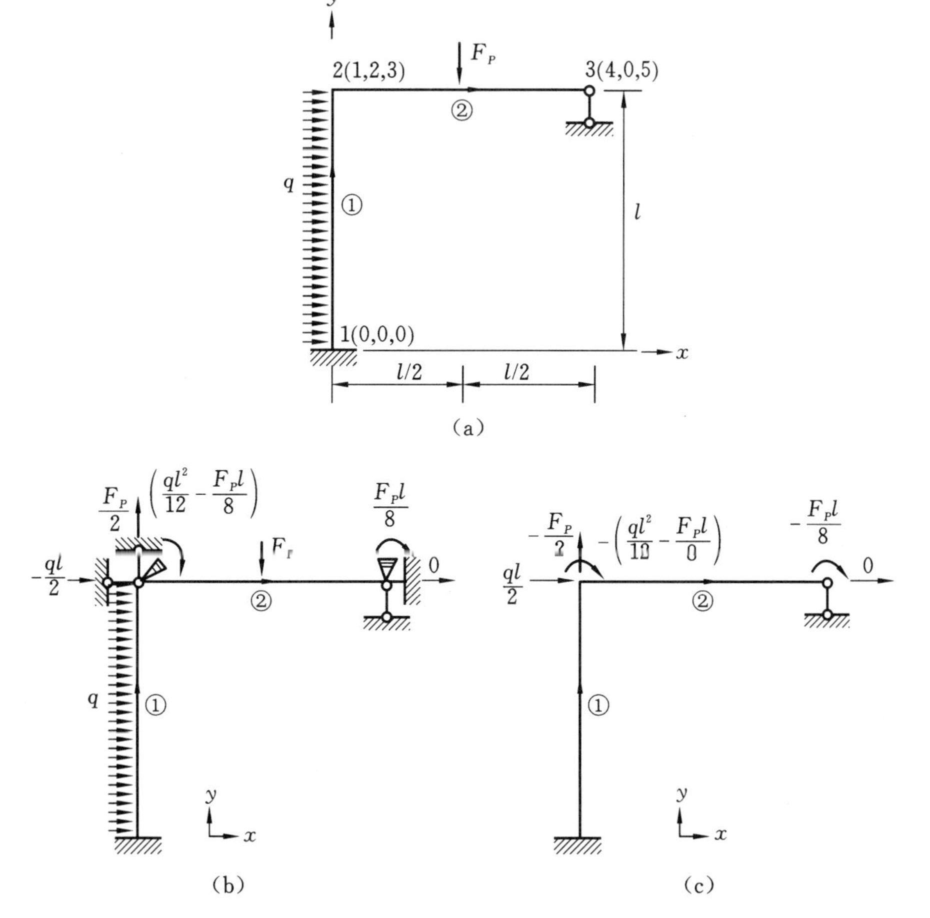

图9.16　承受非结点荷载的平面刚架

(a) 计算简图；(b) 加约束状态；(c) 去约束状态

求解思路：求解过程可以分解为先加约束（称为问题一）再去约束（称为问题二）两个环节。

问题一：加约束

加刚臂和链杆将结点2和3固定，使结点不能产生线位移和角位移（结点位移等于零）。于是，

各单元均变成两端固端梁，它们在非结点荷载作用下产生的杆端力（称为固端力）可查表 9.4 求得。这样，附加约束就要对结点产生约束反力，它等于与结点相连各单元的同方向固端力的代数和，如图 9.16(b) 所示。

表 9.4　局部坐标系中平面刚架单元固端力 $\{\overline{F}\}^F$

序号	荷载简图	固端力	始端 1	末端 2
1		$\overline{F}_x$	0	0
		$\overline{F}_y$	$-\frac{1}{2}qa\left(2-2\frac{a^2}{l^2}+\frac{a^3}{l^3}\right)$	$-\frac{1}{2}q\frac{a^3}{l^2}\left(2-\frac{a}{l}\right)$
		$\overline{M}$	$\frac{qa^2}{12}\left(6-8\frac{a}{l}+3\frac{a^2}{l^2}\right)$	$-\frac{qa^3}{12}\cdot\frac{1}{l}\left(4-3\frac{a}{l}\right)$
2		$\overline{F}_x$	0	0
		$\overline{F}_y$	$-F_P\frac{b^2}{l^2}\left(1+2\frac{a}{l}\right)$	$-F_P\frac{a^2}{l^2}\left(1+2\frac{b}{l}\right)$
		$\overline{M}$	$\frac{F_Pab^2}{l^2}$	$-\frac{F_Pa^2b}{l^2}$
3		$\overline{F}_x$	0	0
		$\overline{F}_y$	$-\frac{6Mab}{l^3}$	$\frac{6Mab}{l^3}$
		$\overline{M}$	$M\frac{b}{l}\left(2-3\frac{b}{l}\right)$	$M\frac{a}{l}\left(2-3\frac{a}{l}\right)$
4		$\overline{F}_x$	0	0
		$\overline{F}_y$	$-\frac{qa}{4}\left(2-3\frac{a^2}{l^2}+1.6\frac{a^3}{l^3}\right)$	$-\frac{1}{4}\frac{qa^3}{l^2}\left(3-1.6\frac{a}{l}\right)$
		$\overline{M}$	$\frac{qa^2}{6}\left(2-3\frac{a}{l}+1.2\frac{a^2}{l^2}\right)$	$-\frac{1}{4}\frac{qa^3}{l}\left(3-0.8\frac{a}{l}\right)$
5		$\overline{F}_x$	$-F_P\frac{b}{l}$	$-F_P\frac{a}{l}$
		$\overline{F}_y$	0	0
		$\overline{M}$	0	0
6		$\overline{F}_x$	$-qa\left(1-0.5\frac{a}{l}\right)$	$-0.5q\frac{a^2}{l}$
		$\overline{F}_y$	0	0
		$\overline{M}$	0	0

续表 9.4

序号	荷载简图	固端力	始端 1	末端 2
7	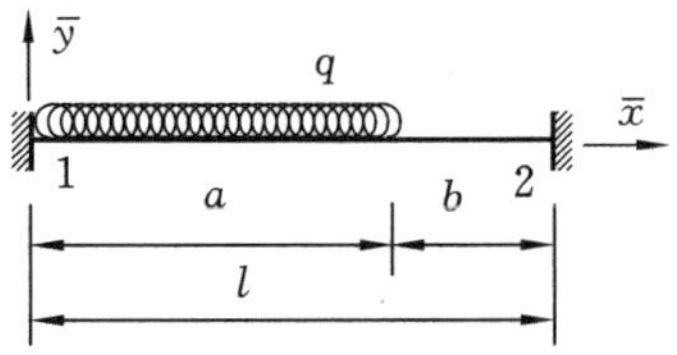 $\bar{y}$ q $\bar{x}$ 1 2 a b l	$\overline{F}_x$ $\overline{F}_y$ $\overline{M}$	0 $-q\frac{a^2}{l^2}\left(\frac{a}{l}+3\frac{b}{l}\right)$ $-q\frac{b^2}{l^2}a$	0 $q\frac{a^2}{l^2}\left(\frac{a}{l}+3\frac{b}{l}\right)$ $q\frac{a^2}{l^2}b$
8	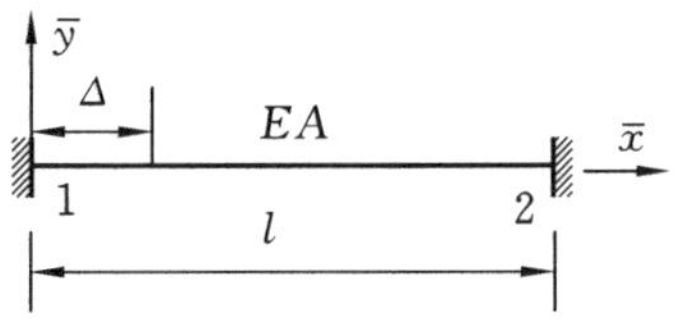 $\bar{y}$ Δ EA $\bar{x}$ 1 2 l	$\overline{F}_x$ $\overline{F}_y$ $\overline{M}$	$\frac{EA\Delta}{L}$ 0 0	$-\frac{EA\Delta}{L}$ 0 0
9	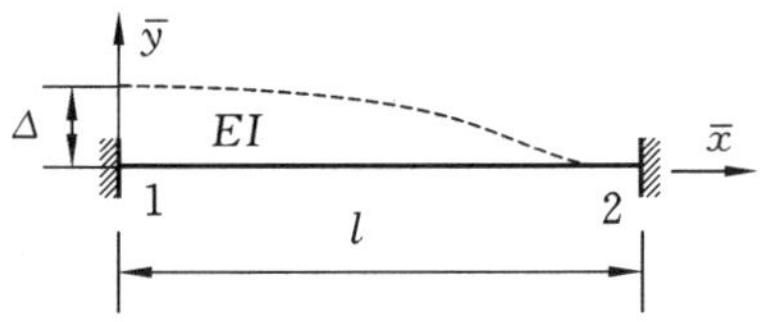 $\bar{y}$ Δ EI $\bar{x}$ 1 2 l	F_x F_y $\overline{M}$	0 $\frac{12EI\Delta}{l^3}$ $-\frac{6EI\Delta}{l^2}$	0 $-\frac{12EI\Delta}{l^3}$ $-\frac{6EI\Delta}{l^2}$
10	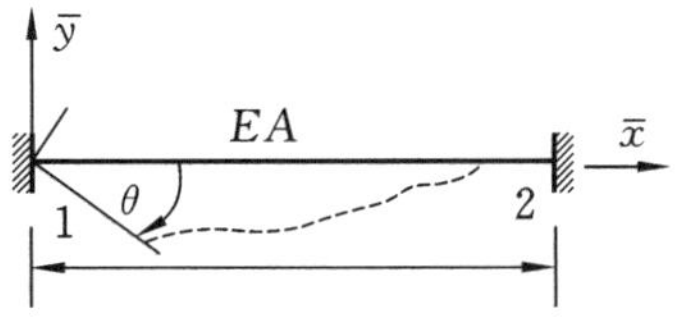 $\bar{y}$ EA $\bar{x}$ θ 1 2	$\overline{F}_x$ $\overline{F}_y$ $\overline{M}$	0 $-\frac{6EI\theta}{l^2}$ $\frac{4EI\theta}{l}$	0 $\frac{6EI\theta}{l^2}$ $\frac{2EI\theta}{l}$
11	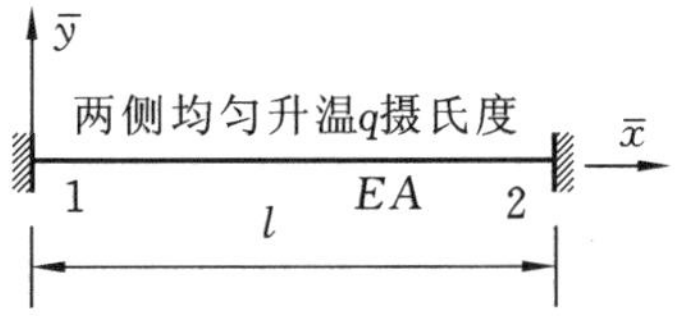 $\bar{y}$ 两侧均匀升温q摄氏度 $\bar{x}$ 1 l EA 2	$\overline{F}_x$ $\overline{F}_y$ $\overline{M}$	αEAq 0 0	$-\alpha EAq$ 0 0
12	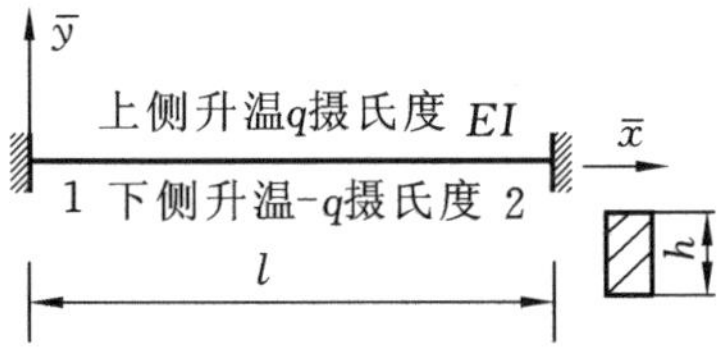 $\bar{y}$ 上侧升温q摄氏度 EI $\bar{x}$ 1 下侧升温-q摄氏度 2 l h	$\overline{F}_x$ $\overline{F}_y$ $\overline{M}$	0 0 $\frac{2\alpha EI}{h}q$	0 0 $-\frac{2\alpha EI}{h}q$

问题二：去约束

去约束相当于将附加约束产生的约束反力反方向作用在结点上。于是，结构就受到一组结点荷载作用，同时将产生结点位移，如图 9.16(c) 所示。

显然，叠加图 9.16(b) 和图 9.16(c) 两种解答，便得到图 9.16(a) 所示原结构在非结点荷载作用下的内力和位移，即原结构的解答 ＝ 问题一的解答 ＋ 问题二的解答。

容易看出，在问题一中，结构的结点位移等于零，故原结构在非结点荷载作用下的结点位移，应该与问题二中结构在结点荷载作用下产生的结点位移相等。因此，就结点位移而言，这两组荷载[图 9.16(a) 和图 9.16(c)]是等效的。所以，图 9.16(c) 中的结点荷载就称为图 9.16(a) 所示非结点荷载的等效结点荷载。

现仍以图 9.16(a) 所示结构为例，说明求等效结点荷载的方法和步骤。

已知：$q = 15\ \text{kN/m}^2, F_P = 20\ \text{kN}$。

(1) 求局部坐标系中的单元固端力$\{\overline{F}\}^{Fe}$(上标 F 代表固端力，e 是单元号)

将结构各杆均视为两端固端梁，查表 9.4，可求出各单元固端力。

单元 ①：$q = -15\ \text{kN/m}^2, l = 4\ \text{m}, a = 4\ \text{m}$

单元 ②：$F_P = -20\ \text{kN}, l = 4\ \text{m}, a = 2\ \text{m}$

$$\{\overline{F}\}^{F1} = \begin{Bmatrix} 0 \\ 30 \\ -20 \\ 0 \\ 30 \\ 20 \end{Bmatrix}, \quad \{\overline{F}\}^{F2} = \begin{Bmatrix} 0 \\ 10 \\ -10 \\ 0 \\ 10 \\ 10 \end{Bmatrix}$$

正负号规定：

在局部坐标系中，单元固端力的正负号规则与单元杆端力正负号规则相同。

非结点荷载的正负号规则如下：

集中力和均布力的方向与局部坐标系的坐标轴 $\overline{x}$、$\overline{y}$ 的正方向一致为正，反之为负。

集中力偶和分布力偶以顺时针方向作为正方向，反之则为负方向。

(2) 求整体坐标系中的单元等效结点荷载$\{F_P\}_{eq}^e$(下脚标 eq 表示等效)

将局部坐标系中的单元固端力转换成整体坐标系中的固端力并改变符号，得到的就是整体坐标系中的单元等效结点荷载$\{F_P\}_{eq}^e$，即

$$\{F_P\}_{eq}^e = -[T]^{\mathrm{T}}\{\overline{F}\}^{Fe} \tag{9.40}$$

单元 ①：$\alpha = 90°, \sin\alpha = 1, \cos\alpha = 0$

单元 ②：$\alpha = 0°, \sin\alpha = 0, \cos\alpha = 1, [T] = [I]$

计算得

$$\{F_P\}_{eq}^1 = -\begin{bmatrix} 0 & -1 & 0 & 0 & 0 & 0 \\ 1 & 0 & 0 & 0 & 0 & 0 \\ 0 & 0 & 1 & 0 & 0 & 0 \\ 0 & 0 & 0 & 0 & -1 & 0 \\ 0 & 0 & 0 & 1 & 0 & 0 \\ 0 & 0 & 0 & 0 & 0 & 1 \end{bmatrix}\begin{Bmatrix} 0 \\ 30 \\ -20 \\ 0 \\ 30 \\ 20 \end{Bmatrix} = \begin{Bmatrix} 30 \\ 0 \\ 20 \\ 30 \\ 0 \\ -20 \end{Bmatrix}\begin{matrix} \leftarrow 0 \\ \leftarrow 0 \\ \leftarrow 0 \\ \leftarrow 1 \\ \leftarrow 2 \\ \leftarrow 3 \end{matrix} \quad (\text{定位向量})$$

$$\{F_P\}_{eq}^2 = -\{\overline{F}\}^{F2} = \begin{Bmatrix} 0 \\ -10 \\ 10 \\ 0 \\ -10 \\ -10 \end{Bmatrix}\begin{matrix} \leftarrow 1 \\ \leftarrow 2 \\ \leftarrow 3 \\ \leftarrow 4 \\ \leftarrow 0 \\ \leftarrow 5 \end{matrix} \quad (\text{定位向量})$$

把单元定位向量标记在$\{F_P\}_{eq}^e$的右侧，其非零分量就指明了单元等效结点荷载$\{F_P\}_{eq}^e$中的元素在结构等效结点荷载$\{F_P\}_{eq}$中的位置(行)。

(3) 利用单元定位向量集成结构的等效结点荷载$\{F_P\}_{eq}$

根据单元定位向量的定义可知：由单元始末两端杆端力总码所组成的向量就是单元定位向量。因此，根据单元定位向量，即可确定杆端力分量应在结构等效结点荷载$\{F_P\}_{eq}$中的位置。所以，在求得单元等效结点荷载$\{F_P\}_{eq}^e$后，利用单元定位向量就可以将$\{F_P\}_{eq}^e$的分量正确地叠加到$\{F_P\}_{eq}$中去。

根据单元定位向量，由单元等效结点荷载$\{F_P\}_{eq}^e$集成结构等效结点荷载$\{F_P\}_{eq}$的方法，称为单元等效结点荷载集成法。其集成的过程如下：

首先，根据结点位移向量$\{\Delta\}$元素的个数，定义$\{F_P\}_{eq}$的大小并置零，把结点位移总码标在其右侧，指明$\{F_P\}_{eq}$中元素的位置。此刚架的$\{F_P\}_{eq}$为：

结点位移总码 ↓

$$\{F_P\}_{eq}=\begin{Bmatrix}0\\0\\0\\0\\0\end{Bmatrix}\begin{matrix}\leftarrow 1\\\leftarrow 2\\\leftarrow 3\\\leftarrow 4\\\leftarrow 5\end{matrix}$$

然后将各单元等效结点荷载$\{F_P\}_{eq}^e$中的元素，按单元定位向量在结构等效结点荷载$\{F_P\}_{eq}$中定位并累加，待最后一个单元的等效结点荷载累加完后，$\{F_P\}_{eq}$也就形成了。下面是$\{F_P\}_{eq}$形成的过程：

置零　结点位移总码　单元①累加后　单元②累加后　最后结果

$$\{F_P\}_{eq}\Rightarrow\begin{Bmatrix}0\\0\\0\\0\\0\end{Bmatrix}\begin{matrix}\leftarrow 1\\\leftarrow 2\\\leftarrow 3\\\leftarrow 4\\\leftarrow 5\end{matrix}\Rightarrow\begin{Bmatrix}30\\0\\-20\\0\\0\end{Bmatrix}\Rightarrow\begin{Bmatrix}30+0\\0+(-10)\\-20+10\\0\\-10\end{Bmatrix}\Rightarrow\begin{Bmatrix}30\\-10\\-10\\0\\-10\end{Bmatrix}$$

要注意，单元等效结点荷载$\{F_P\}_{eq}^e$中由单元定位向量中零分量定位的元素在$\{F_P\}_{eq}$中没有位置，所以舍弃不搬入。这种做法可以这样解释：已知结点位移为零的位移分量不作为未知量，所以与其对应的杆端力本来就不会在结点力向量中出现，故在集成过程中剔除在外。

如果结构上还作用着结点荷载$\{F_P\}_j$，则结构的结点总荷载向量$\{F_P\}$为

$$\{F_P\}=\{F_P\}_j+\{F_P\}_{eq} \tag{9.41}$$

用矩阵表示的位移法方程为：

$$[K]\{\Delta\}=\{F_P\} \tag{9.42}$$

9.10　结构的内力计算

9.10.1　平面刚架的内力计算

平面刚架的单元杆端力由两部分组成：第一，单元杆端位移产生的杆端力；第二，单元非结点荷载产生的单元固端力。

首先,求出结构的结点位移$\{\Delta\}$后,根据单元定位向量,可以从$\{\Delta\}$中检索出单元杆端位移$\{\Delta\}^e$,并按照式(9.19)求得整体坐标系中的单元杆端力$\{F\}^e$,再经过坐标转换,就可求得局部坐标系中的杆端力$\{\overline{F}\}^e$,即

$$\{\overline{F}\}^e = [T]\{F\}^e = [T][k]^e\{\Delta\}^e \tag{9.43}$$

然后,可查表9.4求出由非结点荷载产生的单元固端力$\{\overline{F}\}^{Fe}$。

叠加这两部分结果,则得单元总的杆端力$\{\overline{F}\}^e$为

$$\{\overline{F}\}^e = [T][k]^e\{\Delta\}^e + \{\overline{F}\}^{Fe} \tag{9.44}$$

9.10.2　平面刚架内力计算的步骤和示例

用矩阵位移法计算平面刚架的步骤如下:

(1) 确定结构整体坐标系和局部坐标系,对结构进行结点编号和单元编号。

(2) 对结构结点位移分量统一编号,并确定各单元的定位向量。

(3) 按照式(9.21)、式(9.22)求整体坐标系中的单元刚度矩阵$[k]^e$。

(4) 利用单元定位向量集成结构整体刚度矩阵$[K]$。

(5) 计算结构的总结点荷载向量$\{F_P\}$,参见式(9.41)。

(6) 解线性方程组$[K]\{\Delta\} = \{F_P\}$,求出结点位移$\{\Delta\}$。

(7) 求局部坐标系中的单元杆端力$\overline{F}^e$,参见式(9.44)。

【例9.5】 试求图9.17所示平面刚架的内力,并画出内力图。各杆的轴向抗拉刚度EA和抗弯刚度EI的数值与例9.2相同。

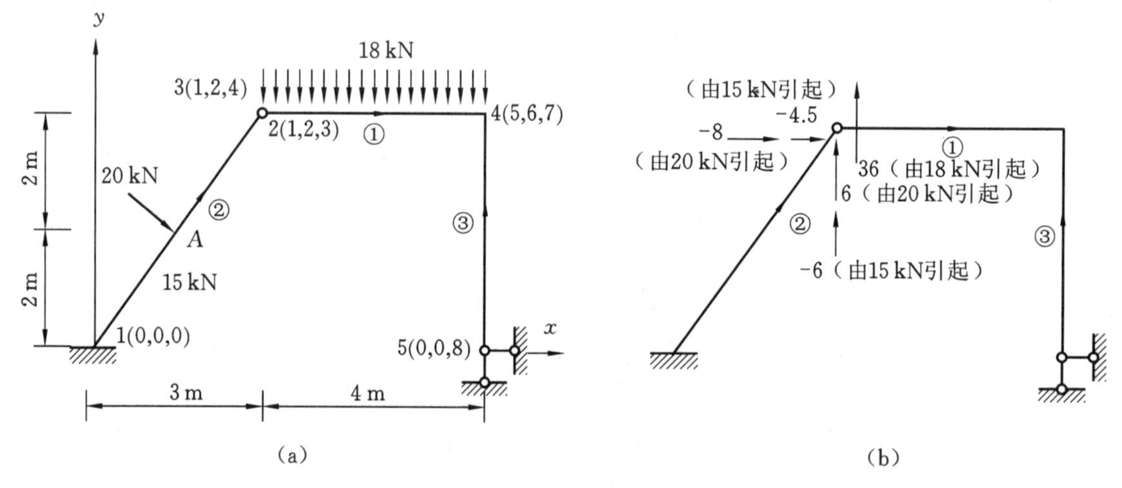

图9.17　例9.5图

(a) 计算简图;(b) Δ_1、Δ_2方向固端力

【解】 (1) 结点编号、单元编号和结点位移分量的编号见图9.17(a)。

(2) 单元定位向量$\{\lambda\}^e$、单元刚度矩阵$[k]^e$、整体刚度矩阵$[K]$,见例9.2。

(3) 计算结构的结点总荷载向量$\{F_P\}$。

单元固端力$\{\overline{F}\}^{Fe}$计算如下:

单元①　$q = -18\ \mathrm{kN/m}, a = 4\ \mathrm{m}, l = 4\ \mathrm{m}$。

单元②　此单元的A点作用有轴向集中力F_{P1}($F_{P1} = 15\ \mathrm{kN}$)和横向集中力F_{P2}($F_{P2} = -20\ \mathrm{kN}$),$a = 2.5\ \mathrm{m}, l = 5\ \mathrm{m}$。查表9.4可得:

单元① $\{\overline{F}\}^{F1}=\begin{Bmatrix}0\\36\\-24\\0\\36\\24\end{Bmatrix}$，单元② $\{\overline{F}\}^{F2}=\begin{Bmatrix}-7.5\\10\\-12.5\\-7.5\\10\\12.5\end{Bmatrix}$，单元③ $\{\overline{F}\}^{F3}=\{0\}$

单元等效结点荷载$\{F_P\}^e_{eq}$按照式(9.40)计算，并把单元定位向量标记在右侧。

单元① $\sin\alpha=0,\cos\alpha=1$，故$[T]=[I]$，即$[T]$为单位矩阵。

单元② $\sin\alpha=0.8,\cos\alpha=0.6$

计算得：

$$\{F_P\}^1_{eq}=-\{\overline{F}\}^{F1}=\begin{Bmatrix}0\\-36\\24\\0\\-36\\-24\end{Bmatrix}\begin{matrix}\leftarrow 1\\\leftarrow 2\\\leftarrow 4\\\leftarrow 5\\\leftarrow 6\\\leftarrow 7\end{matrix},\quad \{F_P\}^3_{eq}==\begin{Bmatrix}0\\0\\0\\0\\0\\0\end{Bmatrix}\begin{matrix}\leftarrow 0\\\leftarrow 0\\\leftarrow 8\\\leftarrow 5\\\leftarrow 6\\\leftarrow 7\end{matrix}$$

$$\{F_P\}^2_{eq}=-\begin{bmatrix}0.6&-0.8&0&0&0&0\\0.8&0.6&0&0&0&0\\0&0&1&0&0&0\\0&0&0&0.6&-0.8&0\\0&0&0&0.8&0.6&0\\0&0&0&0&0&1\end{bmatrix}\begin{Bmatrix}-7.5\\10\\-12.5\\-7.5\\10\\12.5\end{Bmatrix}=\begin{Bmatrix}12.5\\0\\12.5\\12.5\\0\\-12.5\end{Bmatrix}\begin{matrix}\leftarrow 0\\\leftarrow 0\\\leftarrow 0\\\leftarrow 1\\\leftarrow 2\\\leftarrow 3\end{matrix}$$

利用单元定位向量由$\{F_P\}^e_{eq}$集成结点总荷载向量$\{F_P\}$为：

$$\{F_P\}=\begin{Bmatrix}12.5\\-36\\-12.5\\24\\0\\-36\\-24\\0\end{Bmatrix}\begin{matrix}\leftarrow 1\\\leftarrow 2\\\leftarrow 3\\\leftarrow 4\\\leftarrow 5\\\leftarrow 6\\\leftarrow 7\\\leftarrow 8\end{matrix}$$

(4) 解线性方程组

$$10^3\times\begin{bmatrix}1631.68&426.24&-24&0&-1300&0&0&0\\426.24&610.32&18&-60&0&-30&-60&0\\-24&18&100&0&0&0&0&0\\0&-60&0&160&0&60&80&0\\-1300&0&0&0&1318&0&-36&-36\\0&-30&0&60&0&930&60&0\\0&-60&0&80&-36&60&256&48\\0&0&0&0&-36&0&48&96\end{bmatrix}\begin{Bmatrix}u_2\\v_2\\\theta_2\\\theta_3\\u_4\\v_4\\\theta_4\\\theta_5\end{Bmatrix}=\begin{Bmatrix}12.5\\-36\\-12.5\\24\\0\\-36\\-24\\0\end{Bmatrix}$$

求得结点位移为(结点位移总码标在右侧):

$$\{\Delta\}=\begin{Bmatrix}u_2\\v_2\\\theta_2\\\theta_3\\u_4\\v_4\\\theta_4\\\theta_5\end{Bmatrix}=\begin{Bmatrix}2.18397\\-1.66367\\0.69861\\-0.33552\\2.17319\\-0.05557\\-0.23503\\0.93246\end{Bmatrix}\times10^{-3}\begin{matrix}\leftarrow 1\\\leftarrow 2\\\leftarrow 3\\\leftarrow 4\\\leftarrow 5\\\leftarrow 6\\\leftarrow 7\\\leftarrow 8\end{matrix}$$

(右侧标注:结点位移总码 ↓)

其中,线位移 u、v 单位为 m,转角 θ 单位为 rad。

(5) 求单元杆端力 $\{\overline{F}\}^e$。先求各单元在整体坐标系($x-y$)中的 $\{F\}^e$,再求在局部坐标系($\overline{x}-\overline{y}$)中的 $\{\overline{F}\}^e$:

$$\{F\}^e=[k]^e\{\Delta\}^e$$

$\{\Delta\}^e$ 中以局部码排序的 6 个杆端位移分量值的正确确定是重要一环。这可根据单元定位向量和结点位移分量 $\{\Delta\}$ 总码的对应关系,从 $\{\Delta\}$ 中得到。

单元 ①:

(标注:局部码 ↓ 定位向量 ↓)

$$\{\Delta\}^1=\begin{Bmatrix}\Delta_{(1)}\\\Delta_{(2)}\\\Delta_{(3)}\\\Delta_{(4)}\\\Delta_{(5)}\\\Delta_{(6)}\end{Bmatrix}\begin{matrix}\leftarrow(1)\leftrightarrow 1\\\leftarrow(2)\leftrightarrow 2\\\leftarrow(3)\leftrightarrow 4\\\leftarrow(4)\leftrightarrow 5\\\leftarrow(5)\leftrightarrow 6\\\leftarrow(6)\leftrightarrow 7\end{matrix}$$

在结点位移向量 $\{\Delta\}$ 中,与单元定位向量分量相应的总码所定位的结点位移就是 $\{\Delta\}^1$ 中的位移,即

$$\{\Delta\}^1=\begin{Bmatrix}\Delta_{(1)}\\\Delta_{(2)}\\\Delta_{(3)}\\\Delta_{(4)}\\\Delta_{(5)}\\\Delta_{(6)}\end{Bmatrix}=\begin{Bmatrix}2.18397\\-1.66367\\-0.33552\\2.17319\\-0.05557\\-0.23503\end{Bmatrix}\times10^{-3}$$

于是,在整体坐标系($x-y$)中得:

$$\{F\}^1=10^3\times\begin{bmatrix}1300&0&0&-1300&0&0\\0&30&-60&0&-30&-60\\0&-60&160&0&60&80\\-1300&0&0&1300&0&0\\0&-30&60&0&30&60\\0&-60&80&0&60&160\end{bmatrix}\begin{Bmatrix}2.18397\\-1.66367\\-0.33552\\2.17319\\-0.05557\\-0.23503\end{Bmatrix}\times10^{-3}=\begin{Bmatrix}14.01\\-14.01\\24.00\\-14.01\\14.01\\32.04\end{Bmatrix}$$

因为单元 ① 的坐标转换矩阵是单位矩阵($\alpha = 0°$)，所以，在局部坐标系($\overline{x}-\overline{y}$) 中有：

$$\{\overline{F}\}^1 = [T]\{F\}^1 + \{\overline{F}\}^{F1} = \begin{Bmatrix} 14.01 \\ -14.01 \\ 24.00 \\ -14.01 \\ 14.01 \\ 32.04 \end{Bmatrix} + \begin{Bmatrix} 0 \\ 36 \\ -24 \\ 0 \\ 36 \\ 24 \end{Bmatrix} = \begin{Bmatrix} 14.01 \\ 21.99 \\ 0 \\ -14.01 \\ 50.01 \\ 56.04 \end{Bmatrix}$$

单元 ②：$\sin\alpha = \frac{4}{5} = 0.8, \cos\alpha = \frac{3}{5} = 0.6$

$$\begin{matrix} & & & \text{局部码} & & \text{定位向量} \\ & & & \downarrow & & \downarrow \\ \{\Delta\}^2 = & \begin{Bmatrix} \Delta_{(1)} \\ \Delta_{(2)} \\ \Delta_{(3)} \\ \Delta_{(4)} \\ \Delta_{(5)} \\ \Delta_{(6)} \end{Bmatrix}^2 & \begin{matrix} \leftarrow \\ \leftarrow \\ \leftarrow \\ \leftarrow \\ \leftarrow \\ \leftarrow \end{matrix} & \begin{matrix} (1) \\ (2) \\ (3) \\ (4) \\ (5) \\ (6) \end{matrix} & \begin{matrix} \leftrightarrow \\ \leftrightarrow \\ \leftrightarrow \\ \leftrightarrow \\ \leftrightarrow \\ \leftrightarrow \end{matrix} & \begin{matrix} 0 \\ 0 \\ 0 \\ 1 \\ 2 \\ 3 \end{matrix} \end{matrix}$$

$$\{\Delta\}^2 = \begin{Bmatrix} \Delta_{(1)} \\ \Delta_{(2)} \\ \Delta_{(3)} \\ \Delta_{(4)} \\ \Delta_{(5)} \\ \Delta_{(6)} \end{Bmatrix}^2 = \begin{Bmatrix} 0 \\ 0 \\ 0 \\ 2.18397 \\ -1.66367 \\ 0.69861 \end{Bmatrix} \times 10^{-3}$$

单元 ② 的定位向量中有零分量，而在结点位移总码中没有零总码，在这种情况下，相应的杆端位移就是 0。

于是，在整体坐标系($x-y$) 中得：

$$\{F\}^2 = 10^3 \times \begin{bmatrix} 331.68 & 426.24 & 24 & -331.68 & -426.24 & 24 \\ 426.24 & 580.32 & -18 & -426.24 & -580.32 & -18 \\ 24 & -18 & 100 & -24 & 18 & 50 \\ -331.68 & -426.24 & -24 & 331.68 & 426.24 & -24 \\ -426.24 & -580.32 & 18 & 426.24 & 580.32 & 18 \\ 24 & -18 & 50 & -24 & 18 & 100 \end{bmatrix} \begin{Bmatrix} 0 \\ 0 \\ 0 \\ 2.18397 \\ -1.66367 \\ 0.69861 \end{Bmatrix} \times 10^{-3} = \begin{Bmatrix} 1.51 \\ 21.99 \\ -47.43 \\ -1.51 \\ -21.99 \\ -12.50 \end{Bmatrix}$$

在局部坐标系($\overline{x}-\overline{y}$) 中得：

$$\{\overline{F}\}^2 = [T]\{F\}^2 + \{\overline{F}\}^{F2} = \begin{bmatrix} 0.6 & 0.8 & 0 & 0 & 0 & 0 \\ -0.8 & 0.6 & 0 & 0 & 0 & 0 \\ 0 & 0 & 1 & 0 & 0 & 0 \\ 0 & 0 & 0 & 0.6 & 0.8 & 0 \\ 0 & 0 & 0 & -0.8 & 0.6 & 0 \\ 0 & 0 & 0 & 0 & 0 & 1 \end{bmatrix} \begin{Bmatrix} 1.51 \\ 21.99 \\ -47.43 \\ -1.51 \\ -21.99 \\ -12.50 \end{Bmatrix} + \begin{Bmatrix} -7.5 \\ 10 \\ -12.5 \\ -7.5 \\ 10 \\ 12.5 \end{Bmatrix} = \begin{Bmatrix} 10.99 \\ 21.99 \\ -59.93 \\ -25.99 \\ -1.99 \\ 0 \end{Bmatrix}$$

单元 ③：$\sin\alpha = 1, \cos\alpha = 0$

$$
\begin{matrix} & & & \text{局部码} & & \text{定位向量} \\ & & & \downarrow & & \downarrow \\
\{\Delta\}^3 = & \begin{Bmatrix} \Delta_{(1)} \\ \Delta_{(2)} \\ \Delta_{(3)} \\ \Delta_{(4)} \\ \Delta_{(5)} \\ \Delta_{(6)} \end{Bmatrix}^{-3} & \begin{matrix} \leftarrow \\ \leftarrow \\ \leftarrow \\ \leftarrow \\ \leftarrow \\ \leftarrow \end{matrix} & \begin{matrix} (1) \\ (2) \\ (3) \\ (4) \\ (5) \\ (6) \end{matrix} & \begin{matrix} \leftrightarrow \\ \leftrightarrow \\ \leftrightarrow \\ \leftrightarrow \\ \leftrightarrow \\ \leftrightarrow \end{matrix} & \begin{matrix} 0 \\ 0 \\ 8 \\ 5 \\ 6 \\ 7 \end{matrix} \end{matrix}
$$

$$
\{\Delta\}^3 = \begin{Bmatrix} \Delta_{(1)} \\ \Delta_{(2)} \\ \Delta_{(3)} \\ \Delta_{(4)} \\ \Delta_{(5)} \\ \Delta_{(6)} \end{Bmatrix}^{-3} = \begin{Bmatrix} 0 \\ 0 \\ 0.93246 \\ 2.17319 \\ -0.05557 \\ -0.23503 \end{Bmatrix} \times 10^{-3}
$$

于是，在整体坐标系$(x-y)$中得：

$$
\{F\}^3 = 10^3 \times \begin{bmatrix} 18 & 0 & 36 & -18 & 0 & 36 \\ 0 & 900 & 0 & 0 & -900 & 0 \\ 36 & 0 & 96 & -36 & 0 & 48 \\ -18 & 0 & -36 & 18 & 0 & -36 \\ 0 & -900 & 0 & 0 & 900 & 0 \\ 36 & 0 & 48 & -36 & 0 & 96 \end{bmatrix} \begin{Bmatrix} 0 \\ 0 \\ 0.93246 \\ 2.17319 \\ -0.05557 \\ -0.23503 \end{Bmatrix} \times 10^{-3} = \begin{Bmatrix} -14.01 \\ 50.01 \\ 0 \\ 14.01 \\ -50.01 \\ -56.04 \end{Bmatrix}
$$

在局部坐标系$(\overline{x}-\overline{y})$中得：

$$
\{\overline{F}\}^3 = [T]\{F\}^3 = \begin{bmatrix} 0 & 1 & 0 & 0 & 0 & 0 \\ -1 & 0 & 0 & 0 & 0 & 0 \\ 0 & 0 & 1 & 0 & 0 & 0 \\ 0 & 0 & 0 & 0 & 1 & 0 \\ 0 & 0 & 0 & -1 & 0 & 0 \\ 0 & 0 & 0 & 0 & 0 & 1 \end{bmatrix} \begin{Bmatrix} -14.01 \\ 50.01 \\ 0 \\ 14.01 \\ -50.01 \\ -56.04 \end{Bmatrix} = \begin{Bmatrix} 50.01 \\ 14.01 \\ 0 \\ -50.01 \\ -14.01 \\ -56.04 \end{Bmatrix}
$$

其中，杆端剪力的单位为 kN，杆端力矩的单位为 kN · m。

(6) 绘制内力图，如图 9.18 所示。

如果根据矩阵位移法原理计算等效结点荷载 F_{Peq}，计算过程往往比较复杂，计算结果是否正确还难以判断，为了验证计算的正确性，可以根据位移法概念速算其中的某些分量是否与矩阵位移法所算的结果相一致。如要速算沿 Δ_1、Δ_2 方向的等效结点荷载分量 F_{Peq1}、F_{Peq2}，计算步骤如下：

(1) 计算单元 ①、单元 ② 沿 Δ_1、Δ_2 方向的固端力分量$(-8, -4.5)$和$(36, 6, -6)$并分别标记在相应杆端，如图 9.17(b) 所示。

(2) 求各固端力分量之代数和并取负值，此负值即为所求的等效结点荷载分量，即

$$
F_{Peq1} = -(-8-4.5) = 12.5
$$

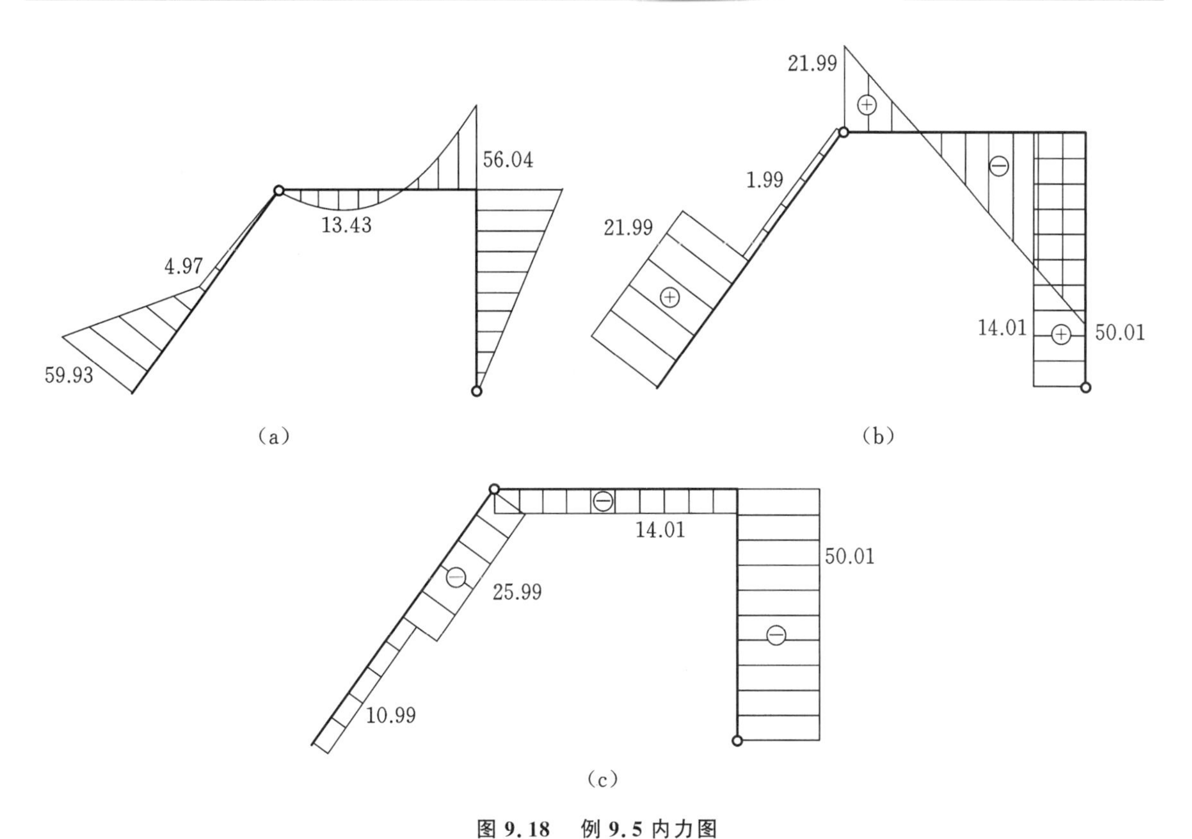

图 9.18　例 9.5 内力图

(a) 弯矩图(单位:kN·m);(b) 剪力图(单位:kN);(c) 轴力图(单位:kN)

$$F_{Peq2}=-(36+6-6)=-36$$

用同样方法可求得其他分量,计算结果与矩阵位移法所算结果完全相同,说明按照矩阵位移法所求得等效结点荷载 F_{Peq} 是正确的。

【例 9.6】　试求图 9.14(a) 所示组合结构的内力,各杆轴向抗拉刚度 EA 和抗弯刚度 EI 与例 9.3 相同。

【解】　(1) 结点编号、单元编号和结点位移分量的编号见图 9.14(b)。

(2) 单元定位向量 $\{\lambda\}^e$、单元刚度矩阵 $[k]^e$、整体刚度矩阵 $[K]$ 见例 9.3。

(3) 求结构的结点总荷载向量 $\{F_P\}$。

单元固端力 $\{\overline{F}\}^{Fe}$ 计算如下:

$$\{\overline{F}\}^{F1}=\begin{Bmatrix}0\\30\\-15\\0\\30\\15\end{Bmatrix},\quad \{\overline{F}\}^{F2}=\{\overline{F}\}^{F3}=\{0\}$$

单元等效结点荷载 $\{F_P\}^e_{eq}$ 按照式(9.40) 计算,并把单元定位向量写在右侧。

$$\{F_P\}_{eq}^1 = -\{\overline{F}\}^{F1} = \begin{Bmatrix} 0 \\ -30 \\ 15 \\ 0 \\ -30 \\ -15 \end{Bmatrix} \begin{matrix} \leftarrow & 1 \\ \leftarrow & 2 \\ \leftarrow & 3 \\ \leftarrow & 4 \\ \leftarrow & 5 \\ \leftarrow & 6 \end{matrix},\quad \{F_P\}_{eq}^2 = \begin{Bmatrix} 0 \\ 0 \\ 0 \\ 0 \\ 0 \\ 5 \end{Bmatrix} \begin{matrix} \leftarrow & 7 \\ \leftarrow & 8 \\ \leftarrow & 9 \\ \leftarrow & 1 \\ \leftarrow & 2 \\ \leftarrow & 3 \end{matrix},\quad \{F_P\}_{eq}^3 = \begin{Bmatrix} 0 \\ 0 \\ 0 \\ 0 \\ 0 \\ 5 \end{Bmatrix} \begin{matrix} \leftarrow & 0 \\ \leftarrow & 0 \\ \leftarrow & 0 \\ \leftarrow & 7 \\ \leftarrow & 8 \\ \leftarrow & 9 \end{matrix}$$

利用单元定位向量由$\{F_P\}_{eq}^e$集成结点总荷载向量$\{F_P\}$为(结点位移总码写在右侧)

$$\{F_P\} = \{F_P\}_j + \{F_P\}_{eq} = \begin{Bmatrix} 0 \\ 0 \\ 0 \\ 0 \\ -12 \\ 0 \\ 0 \\ 0 \\ 0 \end{Bmatrix} + \begin{Bmatrix} 0 \\ -30 \\ 15 \\ 0 \\ -30 \\ -15 \\ 0 \\ 0 \\ 0 \end{Bmatrix} = \begin{Bmatrix} 0 \\ -30 \\ 15 \\ 0 \\ -42 \\ -15 \\ 0 \\ 0 \\ 0 \end{Bmatrix} \begin{matrix} \leftarrow & 1 \\ \leftarrow & 2 \\ \leftarrow & 3 \\ \leftarrow & 4 \\ \leftarrow & 5 \\ \leftarrow & 6 \\ \leftarrow & 7 \\ \leftarrow & 8 \\ \leftarrow & 9 \end{matrix}$$

(4) 解线性方程组:

$$10^3 \times \begin{bmatrix} 1630 & 0 & -60 & -1600 & 0 & 0 & -30 & 0 & -60 \\ 0 & 1271.11 & -106.67 & 0 & -71.11 & -106.67 & 0 & -1200 & 0 \\ -60 & -106.67 & 373.33 & 0 & 106.67 & 106.67 & 60 & 0 & 80 \\ -1600 & 0 & 0 & 1618 & 24 & 0 & -18 & -24 & 0 \\ 0 & -71.11 & 106.67 & 24 & 103.11 & 106.67 & -24 & -32 & 0 \\ 0 & -106.67 & 106.67 & 0 & 106.67 & 213.33 & 0 & 0 & 0 \\ -30 & 0 & 60 & -18 & -24 & 0 & 78 & 24 & 0 \\ 0 & -1200 & 0 & -24 & -32 & 0 & 24 & 2432 & 0 \\ -60 & 0 & 80 & 0 & 0 & 0 & 0 & 0 & 320 \end{bmatrix} \begin{Bmatrix} u_1 \\ v_1 \\ \theta_1 \\ u_2 \\ v_2 \\ \theta_2 \\ u_3 \\ v_3 \\ \theta_3 \end{Bmatrix} = \begin{Bmatrix} 0 \\ -30 \\ 15 \\ 0 \\ -42 \\ -15 \\ 0 \\ 0 \\ 0 \end{Bmatrix}$$

求得结点位移为(结点位移总码标在右侧)

结点位移总码

$$\{\Delta\} = \begin{Bmatrix} u_1 \\ v_1 \\ \theta_1 \\ u_2 \\ v_2 \\ \theta_2 \\ u_3 \\ v_3 \\ \theta_3 \end{Bmatrix} = \begin{Bmatrix} 23.14556 \\ -0.08576 \\ 4.75917 \\ 23.16482 \\ -13.99264 \\ 4.50354 \\ 6.3 \\ -0.06 \\ 3.15 \end{Bmatrix} \times 10^{-3} \begin{matrix} \leftarrow & 1 \\ \leftarrow & 2 \\ \leftarrow & 3 \\ \leftarrow & 4 \\ \leftarrow & 5 \\ \leftarrow & 6 \\ \leftarrow & 7 \\ \leftarrow & 8 \\ \leftarrow & 9 \end{matrix}$$

(5) 求单元杆端力$\{\overline{F}\}^e$。先求各单元在整体坐标系$(x-y)$中的$\{F\}^e$，再求在局部坐标系$(\overline{x}-\overline{y})$中的$\{\overline{F}\}^e$。

$$\{F\}^e = [k]^e \{\Delta\}^e$$

$\{\Delta\}^e$中以局部码排序的6个杆端位移分量，可根据单元定位向量和结点位移分量$\{\Delta\}$总码的对应关系从$\{\Delta\}$中得到。

单元①：$\alpha = 0°$，其坐标转换矩阵是单位矩阵，所以得到

$$[\overline{F}]^1 = [k]^1 \{\Delta\}^1 + \{\overline{F}\}^1$$

$$= 10^3 \times \begin{bmatrix} 1600 & 0 & 0 & -1600 & 0 & 0 \\ 0 & 71.11 & -106.67 & 0 & -71.11 & -106.67 \\ 0 & -106.67 & 213.33 & 0 & 106.67 & 106.67 \\ -1600 & 0 & 0 & 1600 & 0 & 0 \\ 0 & -71.11 & 106.67 & 0 & 71.11 & 106.67 \\ 0 & -106.67 & 106.67 & 0 & 106.67 & 213.33 \end{bmatrix}$$

$$\times \begin{Bmatrix} 23.14556 \\ -0.08576 \\ 4.75917 \\ 23.16482 \\ -13.99264 \\ 4.50354 \end{Bmatrix} \times 10^{-3} + \begin{Bmatrix} 0 \\ 30 \\ -15 \\ 0 \\ 30 \\ 15 \end{Bmatrix} = \begin{Bmatrix} -30.82 \\ 0.91 \\ 12.27 \\ 30.82 \\ -0.91 \\ -15.0 \end{Bmatrix} + \begin{Bmatrix} 0 \\ 30 \\ -15 \\ 0 \\ 30 \\ 15 \end{Bmatrix} = \begin{Bmatrix} -30.82 \\ 30.91 \\ -2.73 \\ 30.82 \\ 29.09 \\ 0 \end{Bmatrix}$$

单元②：$\sin\alpha = 1, \cos\alpha = 0$，在整体坐标系$(x-y)$中，得：

$$[F]^2 = [k]^2 \{\Delta\}^2$$

$$= 10^3 \times \begin{bmatrix} 30 & 0 & 60 & -30 & 0 & 60 \\ 0 & 1200 & 0 & 0 & -1200 & 0 \\ 60 & 0 & 160 & -60 & 0 & 80 \\ -30 & 0 & -60 & 30 & 0 & -60 \\ 0 & -1200 & 0 & 0 & 1200 & 0 \\ 60 & 0 & 80 & -60 & 0 & 160 \end{bmatrix} \begin{Bmatrix} 6.3 \\ -0.06 \\ 3.15 \\ 23.14556 \\ -0.08576 \\ 4.75917 \end{Bmatrix} \times 10^{-3} = \begin{Bmatrix} -30.82 \\ 30.91 \\ -126.0 \\ 30.82 \\ -30.91 \\ 2.73 \end{Bmatrix}$$

在局部坐标系$(\overline{x}-\overline{y})$中，得：

$$[\overline{F}]^2 = [T][F]^2 = \begin{bmatrix} 0 & 1 & 0 & 0 & 0 & 0 \\ -1 & 0 & 0 & 0 & 0 & 0 \\ 0 & 0 & 1 & 0 & 0 & 0 \\ 0 & 0 & 0 & 0 & 1 & 0 \\ 0 & 0 & 0 & -1 & 0 & 0 \\ 0 & 0 & 0 & 0 & 0 & 1 \end{bmatrix} \begin{Bmatrix} -30.82 \\ 30.91 \\ -126.0 \\ 30.82 \\ -30.91 \\ 2.73 \end{Bmatrix} = \begin{Bmatrix} 30.91 \\ 30.82 \\ -126.0 \\ -30.91 \\ -30.82 \\ 2.73 \end{Bmatrix}$$

单元③：$\sin\alpha = 1, \cos\alpha = 0$，在整体坐标系$(x-y)$中，得：

$$[F]^3 = [k]^3 \{\Delta\}^3$$

$$
= 10^3 \times \begin{bmatrix} 30 & 0 & 60 & -30 & 0 & 60 \\ 0 & 1200 & 0 & 0 & -1200 & 0 \\ 60 & 0 & 160 & -60 & 0 & 80 \\ -30 & 0 & -60 & 30 & 0 & -60 \\ 0 & -1200 & 0 & 0 & 1200 & 0 \\ 60 & 0 & 80 & -60 & 0 & 160 \end{bmatrix} \begin{Bmatrix} 0 \\ 0 \\ 0 \\ 6.3 \\ -0.06 \\ 3.15 \end{Bmatrix} \times 10^{-3} = \begin{Bmatrix} 0 \\ 72 \\ -126 \\ 0 \\ -72 \\ 126 \end{Bmatrix}
$$

在局部坐标系($\overline{x}-\overline{y}$)中,得:

$$
[\overline{F}]^3 = [T][F]^3 = \begin{bmatrix} 0 & 1 & 0 & 0 & 0 & 0 \\ -1 & 0 & 0 & 0 & 0 & 0 \\ 0 & 0 & 1 & 0 & 0 & 0 \\ 0 & 0 & 0 & 0 & 1 & 0 \\ 0 & 0 & 0 & -1 & 0 & 0 \\ 0 & 0 & 0 & 0 & 0 & 1 \end{bmatrix} \begin{Bmatrix} 0 \\ 72 \\ -126 \\ 0 \\ -72 \\ 126 \end{Bmatrix} = \begin{Bmatrix} 72 \\ 0 \\ -126 \\ -72 \\ 0 \\ 126 \end{Bmatrix}
$$

单元④:平面桁架单元,$\sin\alpha = \frac{4}{5} = 0.8$,$\cos\alpha = \frac{3}{5} = 0.6$,在整体坐标系($x-y$)中,得:

$$
\{F\}^4 = [k]^4 \{\Delta\}^4 = 10^3 \times \begin{bmatrix} 18 & 24 & -18 & -24 \\ 24 & 32 & -24 & -32 \\ -18 & -24 & 18 & 24 \\ -24 & -32 & 24 & 32 \end{bmatrix} \begin{Bmatrix} 6.3 \\ -0.06 \\ 23.16428 \\ -13.99264 \end{Bmatrix} \times 10^{-3} = \begin{Bmatrix} 30.8263 \\ 41.1018 \\ -30.8263 \\ -41.1018 \end{Bmatrix}
$$

在局部坐标系($\overline{x}-\overline{y}$)中,得:

$$
\{\overline{F}\}^4 = \begin{bmatrix} 0.6 & 0.8 & 0 & 0 \\ -0.8 & 0.6 & 0 & 0 \\ 0 & 0 & 0.6 & 0.8 \\ 0 & 0 & -0.8 & 0.6 \end{bmatrix} \begin{Bmatrix} 30.8263 \\ 41.1018 \\ -30.8263 \\ -41.1018 \end{Bmatrix} = \begin{Bmatrix} 51.38 \\ 0 \\ -51.38 \\ 0 \end{Bmatrix}
$$

(6) 绘制内力图,见图 9.19。

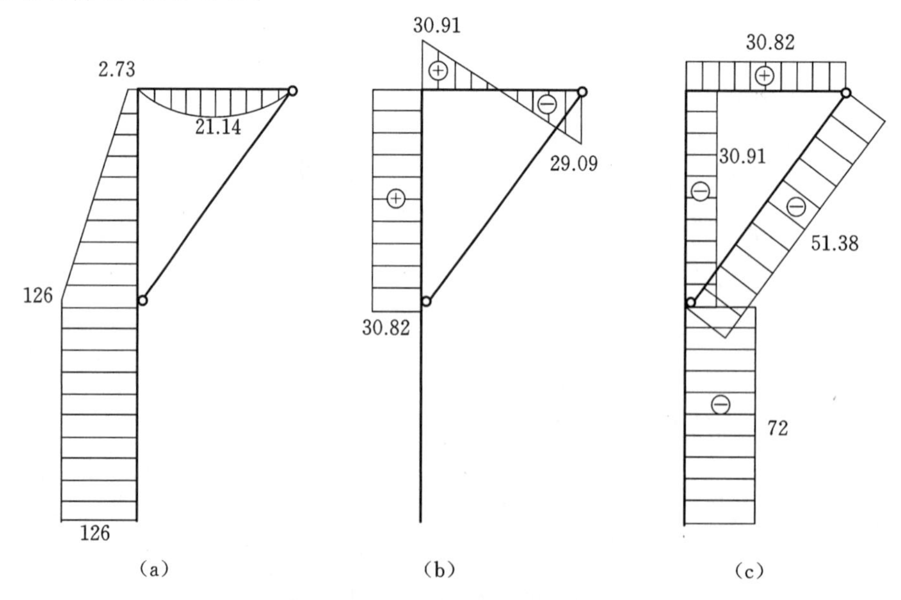

图 9.19 例 9.6 内力图

(a) 弯矩图(单位:kN·m);(b) 剪力图(单位:kN);(c) 轴力图(单位:kN)

【例 9.7】 试求图 9.15(a) 所示连续梁的内力。各杆抗弯刚度 EI 已在图中标出。

【解】 (1) 结点编号、单元编号和结点位移分量的编号见图 9.15(b)。

(2) 单元定位向量$\{\lambda\}^e$、单元刚度矩阵$[k]^e$、整体刚度矩阵$[K]$ 见例 9.4。

(3) 求结构的结点总荷载向量$\{F_P\}$(单元定位向量标记在右侧)。

对于连续梁各单元,$\{F_P\}_{eq}^e = -\{\overline{F}\}^{Fe}$,各单元的等效结点荷载向量为

$$\{F_P\}_{eq}^1 = -\begin{Bmatrix} 81 \\ -81 \\ 81 \\ 81 \end{Bmatrix} = \begin{Bmatrix} -81 \\ 81 \\ -81 \\ -81 \end{Bmatrix} \begin{matrix} \leftarrow & 1 \\ \leftarrow & 0 \\ \leftarrow & 0 \\ \leftarrow & 2 \end{matrix}$$

$$\{F_P\}_{eq}^2 = -\begin{Bmatrix} 54 \\ -36 \\ 54 \\ 36 \end{Bmatrix} = \begin{Bmatrix} -54 \\ 36 \\ -54 \\ -36 \end{Bmatrix} \begin{matrix} \leftarrow & 0 \\ \leftarrow & 2 \\ \leftarrow & 3 \\ \leftarrow & 4 \end{matrix}$$

$$\{F_P\}_{eq}^3 = \begin{Bmatrix} 0 \\ 0 \\ 0 \\ 0 \end{Bmatrix} \begin{matrix} \leftarrow & 3 \\ \leftarrow & 4 \\ \leftarrow & 0 \\ \leftarrow & 5 \end{matrix}$$

利用单元定位向量由$\{F_P\}_{eq}^e$ 集成结点总荷载向量$\{F_P\}$ 为(结点位移总码写在右侧)

$$\{F_P\} = \{F_P\}_{eq} = \begin{Bmatrix} -81 \\ -45 \\ -54 \\ -36 \\ 0 \end{Bmatrix} \begin{matrix} \leftarrow & 1 \\ \leftarrow & 2 \\ \leftarrow & 3 \\ \leftarrow & 4 \\ \leftarrow & 5 \end{matrix}$$

(4) 解线性方程组求结点位移。

$$10^3 \times \begin{bmatrix} 24 & -72 & 0 & 0 & 0 \\ -72 & 720 & 162 & 216 & 0 \\ 0 & 162 & 121.5 & 81 & -81 \\ 0 & 216 & 81 & 648 & 108 \\ 0 & 0 & -81 & 108 & 216 \end{bmatrix} \begin{Bmatrix} v_1 \\ \theta_2 \\ v_3 \\ \theta_3 \\ \theta_4 \end{Bmatrix} = \begin{Bmatrix} -81 \\ -45 \\ -54 \\ -36 \\ 0 \end{Bmatrix}$$

解得位移为(结点位移总码标记在右侧):

$$\{\Delta\} = 10^{-3} \times \begin{Bmatrix} -6.04167 \\ -0.88889 \\ 0.87654 \\ 0.08333 \\ 0.28704 \end{Bmatrix} \begin{matrix} \leftarrow & 1 \\ \leftarrow & 2 \\ \leftarrow & 3 \\ \leftarrow & 4 \\ \leftarrow & 5 \end{matrix}$$

(5) 求单元杆端力$\{\overline{F}\}^e$。各单元局部坐标系和整体坐标系相同，即$\{\overline{F}\}^e = \{F\}^e$。计算得：

单元 ①

$$\{\overline{F}\}^1 = [k]^1\{\Delta\}^1 + \{\overline{F}\}^{F1}$$

$$= 10^3 \times \begin{bmatrix} 24 & -72 & -24 & -72 \\ -72 & 288 & 72 & 144 \\ -24 & 72 & 24 & 72 \\ -72 & 144 & 72 & 288 \end{bmatrix} \begin{Bmatrix} -6.04167 \\ 0 \\ 0 \\ -0.88889 \end{Bmatrix} \times 10^{-3} + \begin{Bmatrix} 81 \\ -81 \\ 81 \\ 81 \end{Bmatrix}$$

$$= \begin{Bmatrix} -81 \\ 307 \\ 81 \\ 179 \end{Bmatrix} + \begin{Bmatrix} 81 \\ -81 \\ 81 \\ 81 \end{Bmatrix} = \begin{Bmatrix} 0 \\ 226 \\ 162 \\ 260 \end{Bmatrix}$$

同理，求得其余单元的杆端力为：

$$\{\overline{F}\}^2 = \begin{Bmatrix} 113.5 \\ -260 \\ -5.5 \\ 22 \end{Bmatrix}, \quad \{\overline{F}\}^3 = \begin{Bmatrix} 5.5 \\ -22 \\ -5.5 \\ 0 \end{Bmatrix}$$

(6) 绘制内力图，见图 9.20。

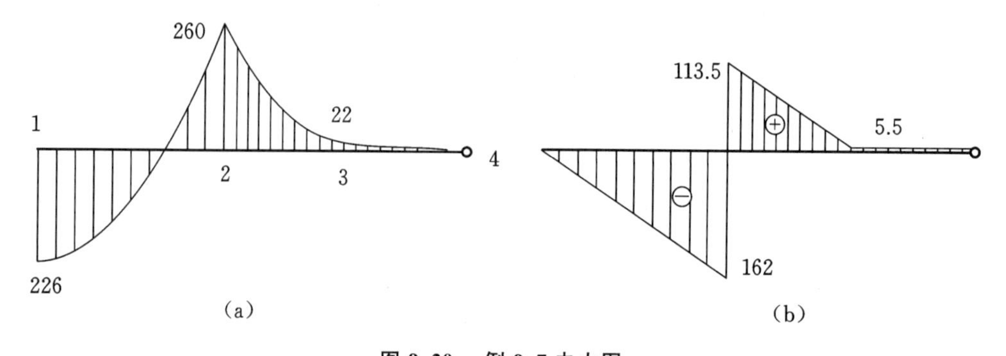

图 9.20　例 9.7 内力图

(a) 弯矩图(单位：kN · m)；(b) 剪力图(单位：kN)

9.11　忽略轴向变形时的矩形刚架的整体分析

实际工程中常遇到由横梁和竖柱组成的矩形刚架，通常轴向变形很小，可以忽略不计。本节以例 9.8 说明这种刚架整体分析的处理方法。

【例 9.8】　试形成忽略轴向变形时的矩形刚架的整体刚度矩阵$[K]$。

图 9.21(a) 所示的矩形刚架，各单元杆长 $l = 4$ m，其他弹性参数如下：

单元 ①：$EA = 6.6 \times 10^5$ kN，$EI = 1.2 \times 10^4$ kN · m²

单元 ②：$EA = 7.2 \times 10^5$ kN，$EI = 1.6 \times 10^4$ kN · m²

单元 ③：$EA = 5.8 \times 10^5$ kN，$EI = 0.96 \times 10^4$ kN · m²

【解】　(1) 结点编码和单元编码

结点编码和单元编码如图 9.21(a) 所示。箭头指向是局部坐标系 $\overline{x}$ 的正方向。在刚架内部铰结

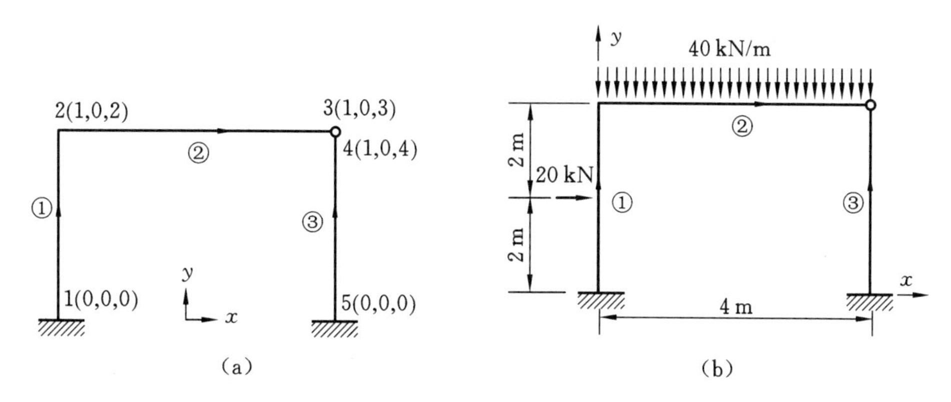

图 9.21　例 9.8 图

(a) 结点、单元、结点位移统一编码；(b) 计算简图

点处编了两个结点号，即结点3(属于单元②的结点)和结点4(属于单元③的结点)，这是因为结点3和结点4的线位移相同而角位移不同。

(2) 结点位移分量的统一编码

在固定端1和5两个结点处，三个位移分量都等于零，总码编为(0,0,0)，因为忽略轴向变形的影响，在刚结点2处，在结点3和结点4处，竖向位移分量都为零。此外，因为忽略轴向变形的影响，结点2、结点3和结点4的水平位移分量都相等，因此，它们的线位移分量应编成相同的码。所以，结点2的总码编为(1,0,2)，结点3的总码编为(1,0,3)，结点4的总码编为(1,0,4)。

(3) 单元定位向量

各单元的定位向量可由图9.21(a)直接得到：

$$\{\lambda\}^1=\begin{Bmatrix}0\\0\\0\\1\\0\\2\end{Bmatrix},\quad \{\lambda\}^2=\begin{Bmatrix}1\\0\\2\\1\\0\\3\end{Bmatrix},\quad \{\lambda\}^3=\begin{Bmatrix}0\\0\\0\\1\\0\\4\end{Bmatrix}$$

(4) 计算各单元在整体坐标系中的单元刚度矩阵

由式(9.21)和式(9.22)计算得(单元定位向量标记在右侧和上方)：

单元①

$$\begin{array}{cccccc} 0 & 0 & 0 & 1 & 0 & 2\\ \downarrow & \downarrow & \downarrow & \downarrow & \downarrow & \downarrow \end{array}$$

$$[k]^1=10^3\times\begin{bmatrix} 2.25 & 0 & 4.5 & -2.25 & 0 & 4.5\\ 0 & 165 & 0 & 0 & -165 & 0\\ 4.5 & 0 & 12 & -4.5 & 0 & 6\\ -2.25 & 0 & -4.5 & 2.25 & 0 & -4.5\\ 0 & -165 & 0 & 0 & 165 & 0\\ 4.5 & 0 & 6 & -4.5 & 0 & 12 \end{bmatrix}\begin{array}{l}\leftarrow 0\\ \leftarrow 0\\ \leftarrow 0\\ \leftarrow 1\\ \leftarrow 0\\ \leftarrow 2\end{array}$$

单元②

$$[k]^2 = 10^3 \times \begin{array}{c} \begin{matrix} 1 & 0 & 2 & 1 & 0 & 3 \\ \downarrow & \downarrow & \downarrow & \downarrow & \downarrow & \downarrow \end{matrix} \\ \begin{bmatrix} 180 & 0 & 0 & -180 & 0 & 0 \\ 0 & 3 & -6 & 0 & -3 & -6 \\ 0 & -6 & 16 & 0 & 6 & 8 \\ -180 & 0 & 0 & 180 & 0 & 0 \\ 0 & -3 & 6 & 0 & 3 & 6 \\ 0 & -6 & 8 & 0 & 6 & 16 \end{bmatrix} \end{array} \begin{matrix} \leftarrow 1 \\ \leftarrow 0 \\ \leftarrow 2 \\ \leftarrow 1 \\ \leftarrow 0 \\ \leftarrow 3 \end{matrix}$$

单元 ③

$$[k]^3 = 10^3 \times \begin{array}{c} \begin{matrix} 0 & 0 & 0 & 1 & 0 & 4 \\ \downarrow & \downarrow & \downarrow & \downarrow & \downarrow & \downarrow \end{matrix} \\ \begin{bmatrix} 1.8 & 0 & 3.6 & -1.8 & 0 & 3.6 \\ 0 & 145 & 0 & 0 & -145 & 0 \\ 3.6 & 0 & 9.6 & -3.6 & 0 & 4.8 \\ -1.8 & 0 & -3.6 & 1.8 & 0 & -3.6 \\ 0 & -145 & 0 & 0 & 145 & 0 \\ 3.6 & 0 & 4.8 & -3.6 & 0 & 9.6 \end{bmatrix} \end{array} \begin{matrix} \leftarrow 0 \\ \leftarrow 0 \\ \leftarrow 0 \\ \leftarrow 1 \\ \leftarrow 0 \\ \leftarrow 4 \end{matrix}$$

(5) 用单元刚度集成法,形成整体刚度矩阵(总码标记在右侧和上方):

原始状态 ↓　　单元 ① 累加 ↓　　单元 ② 累加 ↓

$$[K] \Rightarrow \begin{bmatrix} 0 & 0 & 0 & 0 \\ 0 & 0 & 0 & 0 \\ 0 & 0 & 0 & 0 \\ 0 & 0 & 0 & 0 \end{bmatrix} \Rightarrow 10^3 \times \begin{bmatrix} 2.25 & -4.5 & 0 & 0 \\ -4.5 & 12 & 0 & 0 \\ 0 & 0 & 0 & 0 \\ 0 & 0 & 0 & 0 \end{bmatrix} \Rightarrow 10^3 \times \begin{bmatrix} 2.25 & -4.5 & 0 & 0 \\ -4.5 & 12+16 & 8 & 0 \\ 0 & 8 & 16 & 0 \\ 0 & 0 & 0 & 0 \end{bmatrix}$$

单元 ③ 累加 ↓　　最后结果 ↓

$$\Rightarrow 10^3 \times \begin{bmatrix} 2.25+1.8 & -4.5 & 0 & 0-3.6 \\ -4.5 & 12+16 & 8 & 0 \\ 0 & 8 & 16 & 0 \\ 0-3.6 & 0 & 0 & 0+9.6 \end{bmatrix} \Rightarrow 10^3 \times \begin{bmatrix} 4.05 & -4.5 & 0 & -3.6 \\ -4.5 & 28 & 8 & 0 \\ 0 & 8 & 16 & 0 \\ -3.6 & 0 & 0 & 9.6 \end{bmatrix}$$

【例 9.9】 试求图 9.21(b) 所示刚架的内力(不计轴向变形),其几何尺寸、弹性参数 EA 、EI 和例 9.8 相同。

【解】 (1) 编码

结点编码、单元编码和结点位移分量统一编码见图 9.21(a)。除结点 1、结点 5 为固定端,总码为 0 码外,结点 2、3 和 4 的竖向位移均为零,其总码用 0 码。结点 2、3 和 4 的水平向位移相同,总码同编为 1。

(2) 计算整体坐标系中的单元刚度矩阵$[k]^e$

结果见例 9.8。

(3) 用单元集成法形成整体刚度矩阵$[K]$

结果见例 9.8。

(4) 求等效结点荷载$\{F_P\}_{eq}$及结点总荷载向量$\{F_P\}$

求单元固端力

单元 ①:$F_P = -20\ \text{kN}, a = 2\ \text{m}, l = 4\ \text{m}$

单元 ②:$q = -40\ \text{kN/m}, a = 4\ \text{m}, l = 4\ \text{m}$

查表 9.4 得:

$$\{\overline{F}\}^{F1} = \begin{Bmatrix} 0 \\ 10 \\ -10 \\ 0 \\ 10 \\ 10 \end{Bmatrix}, \{\overline{F}\}^{F2} = \begin{Bmatrix} 0 \\ 80 \\ -53.33 \\ 0 \\ 80 \\ 53.33 \end{Bmatrix}, \{\overline{F}\}^{F3} = \begin{Bmatrix} 0 \\ 0 \\ 0 \\ 0 \\ 0 \\ 0 \end{Bmatrix}$$

求单元等效结点荷载

单元 ①:$\alpha = 90°, \sin\alpha = 1, \cos\alpha = 0$

单元 ②:$\alpha = 0°, \sin\alpha = 0, \cos\alpha = 1$

根据式(9.40),计算得(单元定位向量标记在右侧):

$$\{F_P\}_{eq}^1 = \begin{Bmatrix} 10 \\ 0 \\ 10 \\ 10 \\ 0 \\ -10 \end{Bmatrix} \begin{matrix} \leftarrow & 0 \\ \leftarrow & 0 \\ \leftarrow & 0 \\ \leftarrow & 1 \\ \leftarrow & 0 \\ \leftarrow & 2 \end{matrix}, \{F_P\}_{eq}^2 = \begin{Bmatrix} 0 \\ -80 \\ 53.33 \\ 0 \\ -80 \\ -53.33 \end{Bmatrix} \begin{matrix} \leftarrow & 1 \\ \leftarrow & 0 \\ \leftarrow & 2 \\ \leftarrow & 1 \\ \leftarrow & 0 \\ \leftarrow & 3 \end{matrix}$$

求结构等效结点荷载和结点总荷载向量(结点位移总码标记在右侧):

$$\{F_P\} = \{F_P\}_{eq} = \begin{Bmatrix} 10 \\ -10+53.33 \\ -53.33 \\ 0 \end{Bmatrix} = \begin{Bmatrix} 10 \\ 43.33 \\ -53.33 \\ 0 \end{Bmatrix} \begin{matrix} \leftarrow & 1 \\ \leftarrow & 2 \\ \leftarrow & 3 \\ \leftarrow & 4 \end{matrix}$$

(5) 解方程

$$10^3 \times \begin{bmatrix} 4.05 & -4.5 & 0 & -3.6 \\ -4.5 & 28 & 8 & 0 \\ 0 & 8 & 16 & 0 \\ -3.6 & 0 & 0 & 9.6 \end{bmatrix} \begin{Bmatrix} u_1 \\ \theta_1 \\ \theta_3 \\ \theta_4 \end{Bmatrix} = \begin{Bmatrix} 10 \\ 43.33 \\ -53.33 \\ 0 \end{Bmatrix}$$

求得位移为(结点位移总码标记在右侧):

$$\begin{Bmatrix} u_1 \\ \theta_1 \\ \theta_3 \\ \theta_4 \end{Bmatrix} = 10^{-3} \times \begin{Bmatrix} 12.4579 \\ 5.2525 \\ -5.9596 \\ 4.6717 \end{Bmatrix} \begin{matrix} \leftarrow & 1 \\ \leftarrow & 2 \\ \leftarrow & 3 \\ \leftarrow & 4 \end{matrix}$$

(6) 计算内力

求单元杆端力$\{\overline{F}\}^e$。先求各单元在整体坐标系$(x-y)$中的$\{F\}^e$,再求在局部坐标系$(\overline{x}-\overline{y})$中的$\{\overline{F}\}^e$。

根据$\{F\}^e = [k]^e \{\Delta\}^e$计算$\{F\}^e$。

根据$\{\overline{F}\}^e = [T]\{F\}^e + \{\overline{F}\}^{Fe}$，计算$\{\overline{F}\}^e$。

其中，$\{\Delta\}^e$根据单元定位向量(标记在右侧)和总码的对应关系从$\{\Delta\}$中得到：

单元①：

$$\{\Delta\}^1 = 10^{-3} \times \begin{Bmatrix} 0 \\ 0 \\ 0 \\ 12.4579 \\ 0 \\ 5.2525 \end{Bmatrix} \begin{matrix} \leftarrow 0 \\ \leftarrow 0 \\ \leftarrow 0 \\ \leftarrow 1 \\ \leftarrow 0 \\ \leftarrow 2 \end{matrix}$$

单元②：

$$\{\Delta\}^2 = 10^{-3} \times \begin{Bmatrix} 12.4579 \\ 0 \\ 5.2525 \\ 12.4579 \\ 0 \\ -5.9596 \end{Bmatrix} \begin{matrix} \leftarrow 1 \\ \leftarrow 0 \\ \leftarrow 2 \\ \leftarrow 1 \\ \leftarrow 0 \\ \leftarrow 3 \end{matrix}$$

单元③：

$$\{\Delta\}^3 = 10^{-3} \times \begin{Bmatrix} 0 \\ 0 \\ 0 \\ 12.4579 \\ 0 \\ 4.66717 \end{Bmatrix} \begin{matrix} \leftarrow 0 \\ \leftarrow 0 \\ \leftarrow 0 \\ \leftarrow 1 \\ \leftarrow 0 \\ \leftarrow 4 \end{matrix}$$

用上述公式不难求得$\{F\}^e$和$\{\overline{F}\}^e$。最后的杆端内力为

单元①：

$$\{\overline{F}\}^1 = \begin{Bmatrix} 84.2424 \\ 14.3939 \\ -34.5455 \\ -84.242 \\ 5.6061 \\ 16.9697 \end{Bmatrix}$$

单元②：

$$\{\overline{F}\}^2 = \begin{Bmatrix} 5.6061 \\ 84.2424 \\ -16.9696 \\ -5.6061 \\ 75.7576 \\ 0 \end{Bmatrix}$$

单元③：

$$\{\overline{F}\}^3=\begin{Bmatrix}75.7576\\5.6061\\-22.4242\\-75.7576\\-5.6061\\0\end{Bmatrix}$$

(6) 作内力图

内力图如图 9.22 所示。

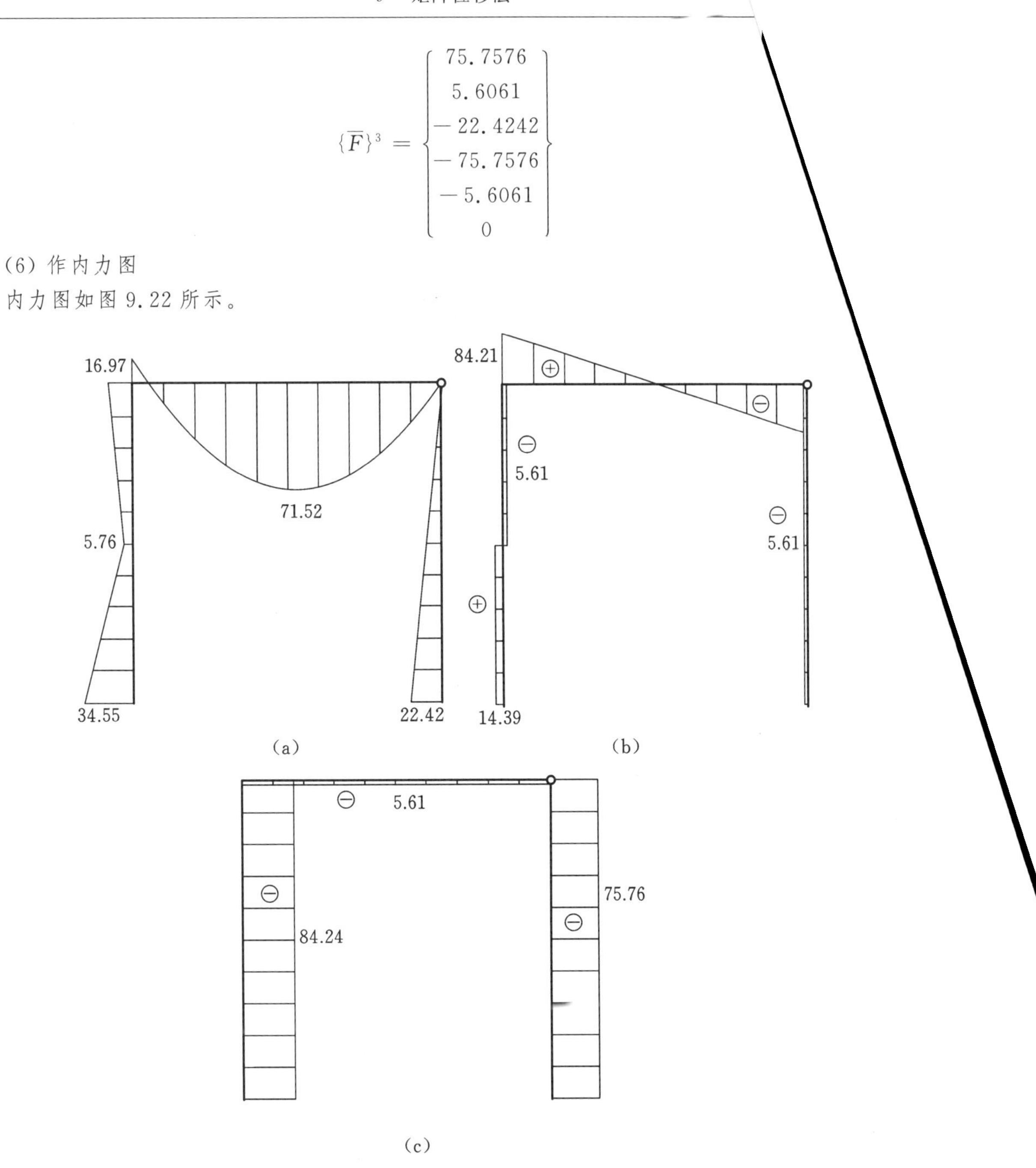

图 9.22　例 9.9 内力图

(a) 弯矩图(单位:kN·m);(b) 剪力图(单位:kN);(c) 轴力图(单位:kN)

9.12　桁架的整体分析

平面桁架的整体分析和刚架的整体分析方法相同,编码规则也相同。不同的是:桁架单元的结点转角不是基本未知量,每个桁架结点只编两个结点位移总码。平面桁架在局部坐标系中的单元刚度矩阵和单元刚度方程分别见式(9.15) 和式(9.16)。在整体坐标系中的单元刚度矩阵可用式(9.24) 和式(9.25) 计算,坐标转换矩阵见式(9.23)。

所示桁架的内力。各杆的 E、A 相同,其中 $E=2.5\times10^{7}$ kN/m,旁边,单位为 m。

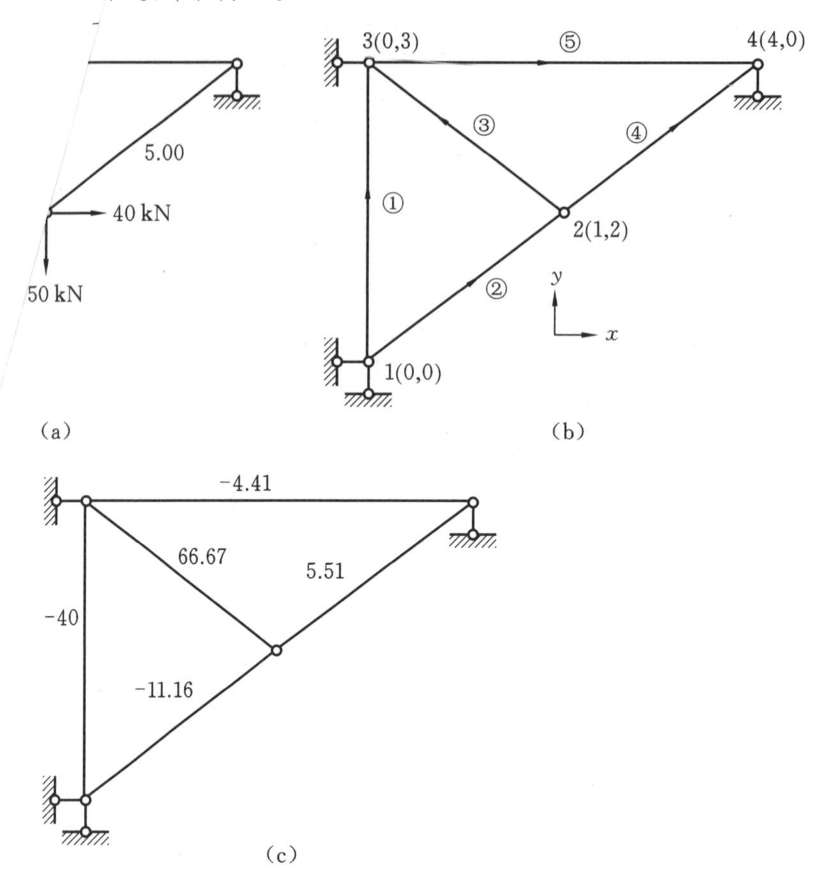

图 9.23 例 9.10 图

(a) 平面桁架;(b) 结点、单元、位移分量统一编码;(c) 各杆轴力(单位:kN)

【解】 (1) 坐标系和编码

结点编码、单元编码和整体坐标系如图 9.23(b) 所示。杆轴上的箭头指向是局部坐标系 $\bar{x}$ 轴的正方向。结点位移分量统一编码:结点 1 为固定铰支座,两个线位移分量都为零,编码为(0,0)。结点 2 编码为(1,2)。结点 3 有一个水平连杆支承,水平位移为零,所以结点 3 编码为(0,3)。结点 4 有一个竖向的连杆支承,竖向位移为零,结点 4 编码为(4,0)。

(2) 单元定位向量

各单元的定位向量可由图 9.23(b) 直接写出:

$$\{\lambda\}^{1}=\begin{Bmatrix}0\\0\\0\\3\end{Bmatrix},\quad \{\lambda\}^{2}=\begin{Bmatrix}0\\0\\1\\2\end{Bmatrix},\quad \{\lambda\}^{3}=\begin{Bmatrix}1\\2\\0\\3\end{Bmatrix}$$

$$\{\lambda\}^{4}=\begin{Bmatrix}1\\2\\4\\0\end{Bmatrix},\quad \{\lambda\}^{5}=\begin{Bmatrix}0\\3\\4\\0\end{Bmatrix}$$

(3) 计算各单元在整体坐标系中的单元刚度矩阵

单元 ①：$\sin\alpha = 1, \cos\alpha = 0, \dfrac{EA}{l} = 0.1 \times 10^{7}$ kN/m

由式(9.24)和式(9.25)计算得(单元定位向量标记在右侧和上方)：

$$
\begin{array}{c}
\begin{matrix} 0 & \quad 0 & \quad 0 & \quad 3 \\ \downarrow & \quad \downarrow & \quad \downarrow & \quad \downarrow \end{matrix} \\
[k]^{1} = 10^{3} \times \begin{bmatrix} 0 & 0 & 0 & 0 \\ 0 & 1000 & 0 & -1000 \\ 0 & 0 & 0 & 0 \\ 0 & -1000 & 0 & 1000 \end{bmatrix} \begin{matrix} \leftarrow 0 \\ \leftarrow 0 \\ \leftarrow 0 \\ \leftarrow 3 \end{matrix}
\end{array}
$$

单元 ②：$\sin\alpha = 0.6, \cos\alpha = 0.8, \dfrac{EA}{l} = 0.12 \times 10^{7}$ kN/m

由式(9.24)和式(9.25)计算得(单元定位向量标记在右侧和上方)：

$$
\begin{array}{c}
\begin{matrix} 0 & \quad 0 & \quad 1 & \quad 2 \\ \downarrow & \quad \downarrow & \quad \downarrow & \quad \downarrow \end{matrix} \\
[k]^{2} = 10^{3} \times \begin{bmatrix} 768 & 576 & -768 & -576 \\ 576 & 432 & -576 & -432 \\ -768 & -576 & 768 & 576 \\ -576 & -432 & 576 & 432 \end{bmatrix} \begin{matrix} \leftarrow 0 \\ \leftarrow 0 \\ \leftarrow 1 \\ \leftarrow 2 \end{matrix}
\end{array}
$$

单元 ③：$\sin\alpha = 0.6, \cos\alpha = -0.8, \dfrac{EA}{l} = 0.12 \times 10^{7}$ kN/m

由式(9.24)和式(9.25)计算得(单元定位向量标记在右侧和上方)：

$$
\begin{array}{c}
\begin{matrix} 1 & \quad 2 & \quad 0 & \quad 3 \\ \downarrow & \quad \downarrow & \quad \downarrow & \quad \downarrow \end{matrix} \\
[k]^{3} = 10^{3} \times \begin{bmatrix} 768 & -576 & -768 & 576 \\ -576 & 432 & 576 & -432 \\ -768 & 576 & 768 & -576 \\ 576 & -432 & -576 & 432 \end{bmatrix} \begin{matrix} \leftarrow 1 \\ \leftarrow 2 \\ \leftarrow 0 \\ \leftarrow 3 \end{matrix}
\end{array}
$$

单元 ④：$\sin\alpha = 0.6, \cos\alpha = 0.8, \dfrac{EA}{l} = 0.12 \times 10^{7}$ kN/m

由式(9.24)和式(9.25)计算得(单元定位向量标记在右侧和上方)：

$$
\begin{array}{c}
\begin{matrix} 1 & \quad 2 & \quad 4 & \quad 0 \\ \downarrow & \quad \downarrow & \quad \downarrow & \quad \downarrow \end{matrix} \\
[k]^{4} = 10^{3} \times \begin{bmatrix} 768 & 576 & -768 & -576 \\ 576 & 432 & -576 & -432 \\ -768 & -576 & 768 & 576 \\ -576 & -432 & 576 & 432 \end{bmatrix} \begin{matrix} \leftarrow 1 \\ \leftarrow 2 \\ \leftarrow 4 \\ \leftarrow 0 \end{matrix}
\end{array}
$$

单元 ⑤：$\sin\alpha = 0, \cos\alpha = 1, \dfrac{EA}{l} = 0.075 \times 10^{7}$ kN/m

由式(9.24)和式(9.25)计算得(单元定位向量标记在右侧和上方)：

$$
[k]^5 = 10^3 \times \begin{bmatrix} 750 & 0 & -750 & 0 \\ 0 & 0 & 0 & 0 \\ -750 & 0 & 750 & 0 \\ 0 & 0 & 0 & 0 \end{bmatrix} \begin{matrix} \leftarrow 0 \\ \leftarrow 3 \\ \leftarrow 4 \\ \leftarrow 0 \end{matrix}
$$

（列总码：0　3　4　0）

(4) 用单元刚度集成法，形成整体刚度矩阵(总码标记在右侧和上方)

按照单元定位向量$\{\lambda\}^e$，将各单元刚度矩阵$[k]^e$中的元素在$[K]$中定位，并与前阶段结果累加，最后得到$[K]$如下：

（列总码：1　2　3　4）

$$
[K] = 10^3 \times \begin{bmatrix} 2304 & 576 & 576 & -768 \\ 576 & 1296 & -432 & -576 \\ 576 & -432 & 1432 & 0 \\ -768 & -576 & 0 & 1518 \end{bmatrix} \begin{matrix} \leftarrow 1 \\ \leftarrow 2 \\ \leftarrow 3 \\ \leftarrow 4 \end{matrix}
$$

(5) 结点荷载向量

由图 9.23 可得：

$$
\{F_P\} = \begin{Bmatrix} 40 \\ -50 \\ 0 \\ 0 \end{Bmatrix}
$$

(6) 解方程

$$
10^3 \times \begin{bmatrix} 2304 & 576 & 576 & -768 \\ 576 & 1296 & -432 & -576 \\ 576 & -432 & 1432 & 0 \\ -768 & -576 & 0 & 1518 \end{bmatrix} \begin{Bmatrix} u_1 \\ v_1 \\ v_3 \\ u_4 \end{Bmatrix} = \begin{Bmatrix} 40 \\ -50 \\ 0 \\ 0 \end{Bmatrix}
$$

求得结点位移为(结点位移总码标记在右侧)：

$$
\{\Delta\} = \begin{Bmatrix} u_1 \\ v_1 \\ v_3 \\ u_4 \end{Bmatrix} = 10^{-4} \times \begin{Bmatrix} 0.439122 \\ -0.74043 \\ -0.4 \\ -0.058789 \end{Bmatrix} \begin{matrix} \leftarrow 1 \\ \leftarrow 2 \\ \leftarrow 3 \\ \leftarrow 4 \end{matrix}
$$

(7) 求单元杆端力$\{\overline{F}\}^e$

先求各单元在整体坐标系$(x-y)$中的$\{F\}^e$，再求在局部坐标系$(\overline{x}-\overline{y})$中的$\{\overline{F}\}^e$。

根据$\{F\}^e = [k]^e\{\Delta\}^e$计算$\{F\}^e$。

根据$\{\overline{F}\}^e = [T]\{F\}^e$计算$\{\overline{F}\}^e$。

其中，$\{\Delta\}^e$根据单元定位向量(标记在右侧)和总码的对应关系得：

单元 ①

$$\{\Delta\}^1 = 10^{-4} \times \begin{Bmatrix} 0 \\ 0 \\ 0 \\ -0.4 \end{Bmatrix}$$

$\{F\}^1 = [k]^1 \{\Delta\}^1$

$$= 10^3 \times \begin{bmatrix} 0 & 0 & 0 & 0 \\ 0 & 1000 & 0 & -1000 \\ 0 & 0 & 0 & 0 \\ 0 & -1000 & 0 & 1000 \end{bmatrix} \begin{Bmatrix} 0 \\ 0 \\ 0 \\ -0.4 \end{Bmatrix} \times 10^{-4} = 10^2 \times \begin{Bmatrix} 0 \\ 0.4 \\ 0 \\ -0.4 \end{Bmatrix}$$

$\{\overline{F}\}^1 = [T] \{F\}^1$

$$= \begin{Bmatrix} \overline{F}_{x1} \\ \overline{F}_{y1} \\ \overline{F}_{x3} \\ \overline{F}_{y3} \end{Bmatrix}^1 = \begin{bmatrix} 0 & 1 & 0 & 0 \\ -1 & 0 & 0 & 0 \\ 0 & 0 & 0 & 1 \\ 0 & 0 & -1 & 0 \end{bmatrix} \begin{Bmatrix} 0 \\ 0.4 \\ 0 \\ -0.4 \end{Bmatrix} \times 10^2 = 10^2 \times \begin{Bmatrix} 0.4 \\ 0 \\ -0.4 \\ 0 \end{Bmatrix} = \begin{Bmatrix} 40 \\ 0 \\ -40 \\ 0 \end{Bmatrix}$$

单元 ②

$$\{\Delta\}^2 = 10^{-4} \times \begin{Bmatrix} 0 \\ 0 \\ 0.439122 \\ -0.74043 \end{Bmatrix}$$

$\{F\}^2 = [k]^2 \{\Delta\}^2$

$$= 10^3 \times \begin{bmatrix} 768 & 576 & -768 & -576 \\ 576 & 432 & -576 & -432 \\ -768 & -576 & 768 & 576 \\ -576 & -432 & 576 & 432 \end{bmatrix} \begin{Bmatrix} 0 \\ 0 \\ 0.439122 \\ -0.74043 \end{Bmatrix} \times 10^{-4} = 10^{-1} \times \begin{Bmatrix} 89.2420 \\ 66.9315 \\ -89.2420 \\ -66.9315 \end{Bmatrix}$$

$\{\overline{F}\}^2 = [T] \{F\}^2$

$$= \begin{Bmatrix} \overline{F}_{x1} \\ \overline{F}_{y1} \\ \overline{F}_{x2} \\ \overline{F}_{y2} \end{Bmatrix}^2 = \begin{bmatrix} 0.8 & 0.6 & 0 & 0 \\ -0.6 & 0.8 & 0 & 0 \\ 0 & 0 & 0.8 & 0.6 \\ 0 & 0 & -0.6 & 0.8 \end{bmatrix} \begin{Bmatrix} 89.2420 \\ 66.9315 \\ -89.2420 \\ -66.9315 \end{Bmatrix} \times 10^{-1} = \begin{Bmatrix} 11.1553 \\ 0 \\ -11.1553 \\ 0 \end{Bmatrix}$$

单元 ③

$$\{\Delta\}^3 = 10^{-4} \times \begin{Bmatrix} 0.439122 \\ -0.74043 \\ 0 \\ -0.4 \end{Bmatrix}$$

$\{F\}^3 = [k]^3 \{\Delta\}^3$

$$= 10^3 \times \begin{bmatrix} 768 & -576 & -768 & 576 \\ -576 & 432 & 576 & -432 \\ -768 & 576 & 768 & -576 \\ 576 & -432 & -576 & 432 \end{bmatrix} \begin{Bmatrix} 0.439122 \\ -0.74043 \\ 0 \\ -0.4 \end{Bmatrix} \times 10^{-4} = 10^{-1} \times \begin{Bmatrix} 533.3334 \\ -400.0000 \\ -533.3334 \\ 400.0000 \end{Bmatrix}$$

$\{\overline{F}\}^3 = [T]\{F\}^3$

$$= \begin{Bmatrix} \overline{F}_{x2} \\ \overline{F}_{y2} \\ \overline{F}_{x3} \\ \overline{F}_{y3} \end{Bmatrix}^3 = \begin{bmatrix} -0.8 & 0.6 & 0 & 0 \\ -0.6 & -0.8 & 0 & 0 \\ 0 & 0 & -0.8 & 0.6 \\ 0 & 0 & -0.6 & -0.8 \end{bmatrix} \begin{Bmatrix} 533.3334 \\ -400.0000 \\ -533.3334 \\ 400.0000 \end{Bmatrix} \times 10^{-1} = \begin{Bmatrix} -66.6667 \\ 0 \\ 66.6667 \\ 0 \end{Bmatrix}$$

单元④

$$\{\Delta\}^4 = 10^{-4} \times \begin{Bmatrix} 0.439122 \\ -0.74043 \\ -0.058789 \\ 0 \end{Bmatrix}$$

$\{F\}^4 = [k]^4\{\Delta\}^4$

$$= 10^3 \times \begin{bmatrix} 768 & 576 & -768 & -576 \\ 576 & 432 & -576 & -432 \\ -768 & -576 & 768 & 576 \\ -576 & -432 & 576 & 432 \end{bmatrix} \begin{Bmatrix} 0.439122 \\ -0.74043 \\ -0.058789 \\ 0 \end{Bmatrix} \times 10^{-4} = 10^{-1} \times \begin{Bmatrix} -44.0920 \\ -33.0690 \\ 44.0920 \\ 33.0690 \end{Bmatrix}$$

$\{\overline{F}\}^4 = [T]\{F\}^4$

$$= \begin{Bmatrix} \overline{F}_{x2} \\ \overline{F}_{y2} \\ \overline{F}_{x4} \\ \overline{F}_{y4} \end{Bmatrix}^4 = \begin{bmatrix} 0.8 & 0.6 & 0 & 0 \\ -0.6 & 0.8 & 0 & 0 \\ 0 & 0 & 0.8 & 0.6 \\ 0 & 0 & -0.6 & 0.8 \end{bmatrix} \begin{Bmatrix} -44.0920 \\ -33.0690 \\ 44.0920 \\ 33.0690 \end{Bmatrix} \times 10^{-1} = \begin{Bmatrix} -5.5115 \\ 0 \\ 5.5115 \\ 0 \end{Bmatrix}$$

单元⑤

$$\{\Delta\}^5 = 10^{-4} \times \begin{Bmatrix} 0 \\ -0.4 \\ -0.058789 \\ 0 \end{Bmatrix}$$

$\{F\}^5 = [k]^5\{\Delta\}^5$

$$= 10^3 \times \begin{bmatrix} 750 & 0 & -750 & 0 \\ 0 & 0 & 0 & 0 \\ -750 & 0 & 750 & 0 \\ 0 & 0 & 0 & 0 \end{bmatrix} \begin{Bmatrix} 0 \\ -0.4 \\ -0.058789 \\ 0 \end{Bmatrix} \times 10^{-4} = 10^{-1} \times \begin{Bmatrix} 44.0918 \\ 0 \\ -44.0918 \\ 0 \end{Bmatrix}$$

$\{\overline{F}\}^5 = [T]\{F\}^5$

$$= \begin{Bmatrix} \overline{F}_{x3} \\ \overline{F}_{y3} \\ \overline{F}_{x4} \\ \overline{F}_{y4} \end{Bmatrix}^5 = \begin{bmatrix} 1 & 0 & 0 & 0 \\ 0 & 1 & 0 & 0 \\ 0 & 0 & 1 & 0 \\ 0 & 0 & 0 & 1 \end{bmatrix} \begin{Bmatrix} 44.0918 \\ 0 \\ -44.0918 \\ 0 \end{Bmatrix} \times 10^{-1} = \begin{Bmatrix} 4.4092 \\ 0 \\ -4.4092 \\ 0 \end{Bmatrix}$$

各杆的内力值标在图9.23(c)中桁架各杆旁边(正的为拉力,负的为压力)。

9.13　支座移动的处理

如果平面刚架的支座发生了移动，结构分析时可以将支座移动转换成单元非结点荷载处理。具体步骤为：

(1) 将支座结点位移转换成与该支座结点连接的各单元在局部坐标系中的杆端位移。

(2) 将单元视为两端固定梁，查表 9.4 求得由给定杆端位移产生的单元固端力，并利用式(9.40)求得单元等效结点荷载。

(3) 利用单元定位向量将单元等效结点荷载叠加到结构的等效结点荷载向量中，然后进行结构分析。

【例 9.11】　试求图 9.24(a)所示结构在支座移动影响下的等效结点荷载向量$\{F_P\}_{eq}$。已知支座结点 1(或 2)下沉 0.2 cm，各单元轴向抗拉刚度为 $EA = 4.2 \times 10^6$ kN，抗弯刚度为 $EI = 1.5 \times 10^5$ kN · m²。

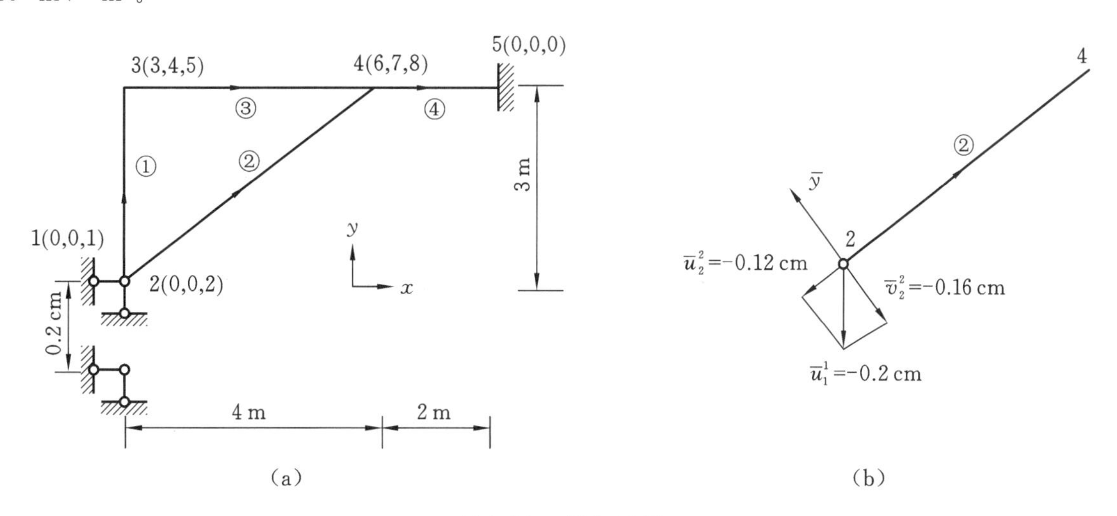

图 9.24　例 9.11 图

(a) 结点、单元、结点位移分量总编码；(b) 位移分解

【解】　(1) 结构的结点、单元、结点位移分量的总编码见图 9.24(a)。在结构的铰结点支座处，因为单元①和单元②的角位移不同，所以编两个结点号 1(属于单元①的)和 2(属于单元②的)。整体坐标系和各单元的局部坐标系如图 9.24(a)所示，杆轴上的箭头指向为 $\bar{x}$ 的正方向。于是，各单元的定位向量可以从图上直接得到：

$$\text{单元①：}\{\lambda\}^1 = \begin{Bmatrix} 0 \\ 0 \\ 1 \\ 3 \\ 4 \\ 5 \end{Bmatrix};\qquad \text{单元②：}\{\lambda\}^2 = \begin{Bmatrix} 0 \\ 0 \\ 2 \\ 6 \\ 7 \\ 8 \end{Bmatrix}$$

$$单元③:\{\lambda\}^3=\begin{Bmatrix}3\\4\\5\\6\\7\\8\end{Bmatrix};\qquad 单元④:\{\lambda\}^4=\begin{Bmatrix}6\\7\\8\\0\\0\\0\end{Bmatrix}$$

(2) 将已知的支座结点位移转换成与该支座结点连接的各单元在局部坐标系中的杆端位移。此时,将单元①和单元②视为两端固定梁,即假设结点3和结点4受附加约束作用,结点位移为零。结点1和结点2有附加转动约束,不能产生角位移。由图9.24(a)可知,由于支座结点1下沉0.2 cm,故单元①的始端沿 $\overline{x}$ 方向产生的杆端位移为 $\overline{u}_1^1=-0.2$ cm;由图9.24(b)可知,单元②的始端沿 $\overline{x}$ 方向和 $\overline{y}$ 方向产生的杆端位移分别为 $\overline{u}_2^2=-0.12$ cm 和 $\overline{v}_2^2=-0.16$ cm。

(3) 求局部坐标系中的单元固端力 $\{\overline{F}\}^{Fe}$(上标 F 代表固端力,e 是单元号)。

将结构各杆均视为两端固定梁,查表9.4可求出各单元固端力。

单元①:

$$\overline{u}_1^1=\Delta=-0.2\times10^{-2}\ \text{m},l=3\ \text{m}$$

单元②:

$$\overline{u}_2^2=\Delta=-0.12\times10^{-2}\ \text{m},\overline{v}_2^2=\Delta=-0.16\times10^{-2}\ \text{m},l=5\ \text{m}$$

$$\{\overline{F}\}^{F1}=\begin{Bmatrix}-2800\\0\\0\\2800\\0\\0\end{Bmatrix},\quad \{\overline{F}\}^{F2}=\begin{Bmatrix}-1008\\-23.04\\57.60\\1008\\23.04\\57.60\end{Bmatrix}$$

单元③和单元④:　$\{\overline{F}\}^{F3}=\{\overline{F}\}^{F4}=\{0\}$

(4) 求整体坐标系中的单元等效结点荷载 $\{F_P\}_{eq}^e$(下脚标 eq 表示等效)。

单元①:

$$\sin\alpha=1,\cos\alpha=0$$

单元②:

$$\sin\alpha=0.6,\cos\alpha=0.8$$

由式(9.40)得:

$$\{F_P\}_{eq}^1=-\begin{bmatrix}0&-1&0&0&0&0\\1&0&0&0&0&0\\0&0&1&0&0&0\\0&0&0&0&-1&0\\0&0&0&1&0&0\\0&0&0&0&0&1\end{bmatrix}\begin{Bmatrix}-2800\\0\\0\\2800\\0\\0\end{Bmatrix}=\begin{Bmatrix}0\\2800\\0\\0\\-2800\\0\end{Bmatrix}\begin{matrix}\leftarrow 0\\\leftarrow 0\\\leftarrow 1\\\leftarrow 3\\\leftarrow 4\\\leftarrow 5\end{matrix}$$

(定位向量)

$$\{F_P\}_{eq}^2=-\begin{bmatrix}0.8 & -0.6 & 0 & 0 & 0 & 0\\ 0.6 & 0.8 & 0 & 0 & 0 & 0\\ 0 & 0 & 1 & 0 & 0 & 0\\ 0 & 0 & 0 & 0.8 & -0.6 & 0\\ 0 & 0 & 0 & 0.6 & 0.8 & 0\\ 0 & 0 & 0 & 0 & 0 & 1\end{bmatrix}\begin{Bmatrix}-1008\\ -23.04\\ 57.60\\ 1008\\ 23.04\\ 57.60\end{Bmatrix}=\begin{Bmatrix}792.6\\ 623.2\\ -57.6\\ -792.6\\ -623.2\\ -57.6\end{Bmatrix}\begin{matrix}\leftarrow 0\\ \leftarrow 0\\ \leftarrow 2\\ \leftarrow 6\\ \leftarrow 7\\ \leftarrow 8\end{matrix}$$

（右侧箭头列标注：定位向量）

$$\{F_P\}_{eq}^3=\{F_P\}_{eq}^4=\{0\}$$

(5) 利用定位向量集成$\{F_P\}_{eq}$。

由图 9.24(a) 所示的结点位移总码可知，该刚架共有 8 个未知结点位移分量。将单元定位向量写在$\{F_P\}_{eq}$的右侧，根据单元定位向量指明的位置，就可以正确地由$\{F_P\}_{eq}^e$求得$\{F_P\}_{eq}$。

$$\{F_P\}_{eq}=\begin{Bmatrix}0\\ -57.6\\ 0\\ -2800\\ 0\\ -792.6\\ -623.2\\ -57.6\end{Bmatrix}\begin{matrix}\leftarrow 1\\ \leftarrow 2\\ \leftarrow 3\\ \leftarrow 4\\ \leftarrow 5\\ \leftarrow 6\\ \leftarrow 7\\ \leftarrow 8\end{matrix}$$

本章小结

矩阵位移法是最常用的计算机分析方法之一，这是一种以传统位移法为力学原理、以矩阵组织数据和数学运算、以计算机作为计算工具的三位一体的分析方法。学习时，应将矩阵位移法和传统位移法对照比较，以便理解和掌握矩阵位移法中用矩阵符号表示的各种物理量的意义。

矩阵位移法计算的基本步骤是：结构离散化，建立单元刚度方程；集成结构，建立整体刚度方程，求解位移法方程得结点位移；用单元刚度方程计算杆件内力。

(1) 结构离散化

离散化就是将结构拆散成一个个单元。因为单元总与结点相连，在结点确定后，两个结点之间就是一个单元。离散化的表示，本章用自然数对结点和单元进行编码来实现。连续梁的结点和单元约定从左向右顺序编码，其他结构的结点和单元编码顺序可以任意选择。

(2) 建立单元刚度方程

建立单元刚度方程是单元分析的主要内容，特别是单元刚度矩阵。单元刚度矩阵反映的是杆端力和杆端位移之间的关系，求单元刚度矩阵是单元分析的主要任务。本章主要讨论一般平面刚架单元的单元刚度矩阵，对其他单元的单元刚度矩阵，如平面桁架单元、连续梁单元等，可看成是一般单元刚度矩阵的特例。单元刚度矩阵分局部坐标系中和整体坐标系中两种。局部坐标系中的单元刚度矩阵容易求出，整体坐标系中的单元刚度矩阵可通过局部坐标系中的单元刚度矩阵和坐标转换求得。重点是要理解单元刚度矩阵的物理意义。

(3) 建立整体刚度方程

建立整体刚度方程是整体分析的主要内容，特别是整体刚度矩阵。整体刚度矩阵反映的是结构的结点力和结点位移之间的关系，求整体刚度矩阵是整体分析的核心内容。用结点荷载代换结点

力,则得到位移法基本方程。其矩阵形式是

$$[K]\{\Delta\}=\{F_P\}$$

利用它则可求出全部未知结点位移。

建立位移法基本方程主要解决两个问题:一是形成整体刚度矩阵;二是形成结点总荷载向量。

在形成整体刚度矩阵$[K]$时,采用的是单元刚度集成法。首先,在单元分析求得单元刚度矩阵的基础上,根据单元定位向量,依此将单元刚度矩阵中以局部码定位的元素,换成总码在整体刚度矩阵中定位。然后,将各单元刚度矩阵中的元素按总码确定的位置累加到同一位置的其他单元刚度矩阵的元素上。对所有单元循环一遍以后,整体刚度矩阵就形成了。

在形成结点总荷载向量$\{F_P\}$时,应先将非结点荷载转换成单元等效结点荷载向量$\{F_P\}_{eq}^e$,再根据单元定位向量$\{\lambda\}^e$,将$\{F_P\}_{eq}^e$中的元素定位并累加到结点等效荷载向量$\{F_P\}_{eq}$中。如有直接结点荷载$\{F_P\}_j$作用,将$\{F_P\}_{eq}^e$和$\{F_P\}_j$相加,则得结点总荷载向量$\{F_P\}$。若没有直接结点荷载$\{F_P\}_j$作用,则结点等效荷载向量$\{F_P\}_{eq}$就是结点总荷载向量$\{F_P\}$。

整体分析有两种方法:"先处理法"和"后处理法"。本章在对连续梁作整体分析时,采用的是后处理法,其特点是:在建立结构位移法方程时,先不考虑支承条件(即已知的结点位移条件),将已知给定的结点位移也作为未知量对待,而在结构位移法方程建立后,再根据支承条件对方程进行修改。在对连续梁除外的刚架、组合结构和桁架的分析中,采用的是支承条件先处理法,即计算开始时,便引进给定的位移约束。先处理是通过对结构的结点位移分量统一编总码来实现的。编总码的基本要领是:已知为零的位移分量编为0码,相同的位移分量编为同码,对未知的位移分量按自然数顺序编码。

传统位移法是一种"人"算方法,为了减少计算工作量,讲究灵活性、巧妙性、简便性,以尽量减轻计算负担。矩阵位移法是一种"机"算方法,也即"程序"计算法,讲究规范化、规格化、程序化。为此,从一开始就要制定一些规则,计算中要遵守这些规则。这些规则包括:结构离散化编码、局部坐标系和整体坐标系的选择、结构的结点位移分量统一编码、单元定位向量、单元杆端位移分量的排序和结构的结点位移分量排序、位移和力的正负号规定等。结点位移分量统一编码和单元定位向量尤为重要。这样做的目的是:使数据组织排列有序;数据检索快而正确;数据意义明确好记;计算过程统一规范;宜于编程实现机算。如此,就是采用手工计算,尽管可能麻烦一些,但由于计算规范,有一定规律,对于未知量少的问题也容易算得结果。

思　考　题

9.1　矩阵位移法与传统位移法的计算过程有何异同?

9.2　一般单元的单元刚度矩阵中的元素的意义是什么?

9.3　为什么有的特殊单元其单元刚度矩阵是可逆的?

9.4　单元定位向量由什么组成的?分析中有哪些方面用到它?

9.5　刚架内部铰结点和组合结构的组合结点应该怎样处理?这样处理的理由是什么?

9.6　整体刚度方程和位移法方程有什么关系?

9.7　在忽略轴向变形计算刚架时,单元定位向量会有怎样的改变?

9.8　说明组合结构和桁架单元定位向量的特点。

9.9　什么叫等效结点荷载?如何求出它?

9.10　支承条件"先处理法"和"后处理法"其含义各是什么?

习　　题

9.1　试给图9.25所示各结构的结点和结点位移分量编号,并确定各单元定位向量(支承条件先处理法)。

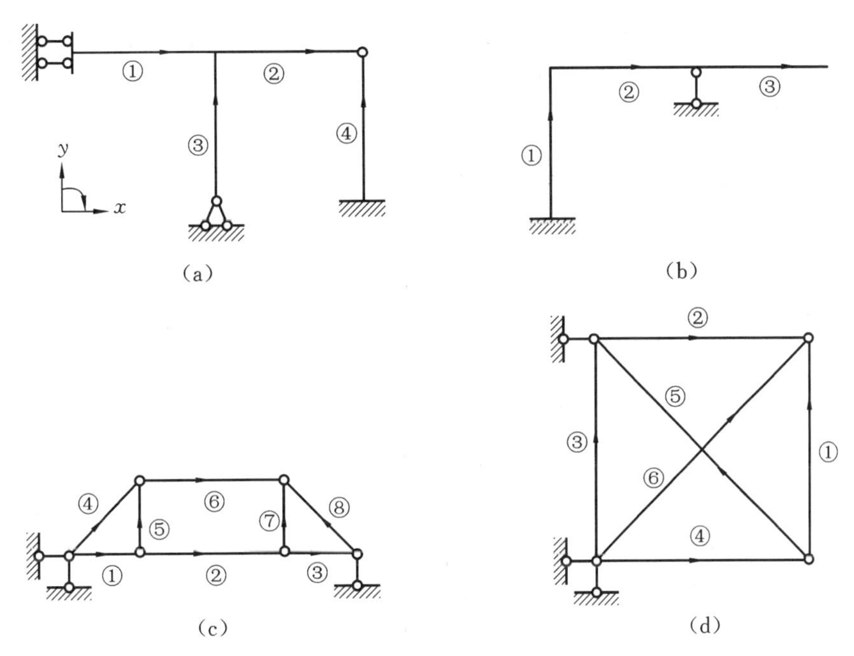

图 9.25　习题 9.1 图

9.2　用支承条件先处理法计算图 9.26 所示连续梁的结点转角和杆端弯矩。单元 ①、单元 ② 抗弯刚度均为 $EI=12.5\times10^{5}$ kN·m²。

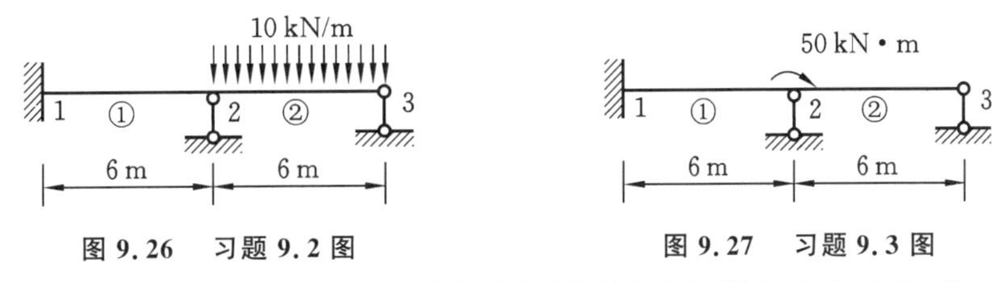

图 9.26　习题 9.2 图　　**图 9.27　习题 9.3 图**

9.3　用支承条件后处理法计算图 9.27 所示连续梁的结点转角和杆端弯矩。单元 ①、单元 ② 抗弯刚度均为 $EI=12.5\times10^{5}$ kN·m²。

9.4　用支承条件先处理法计算图 9.28 所示连续梁，并画弯矩图。EI 为常数，$L=4$ m。

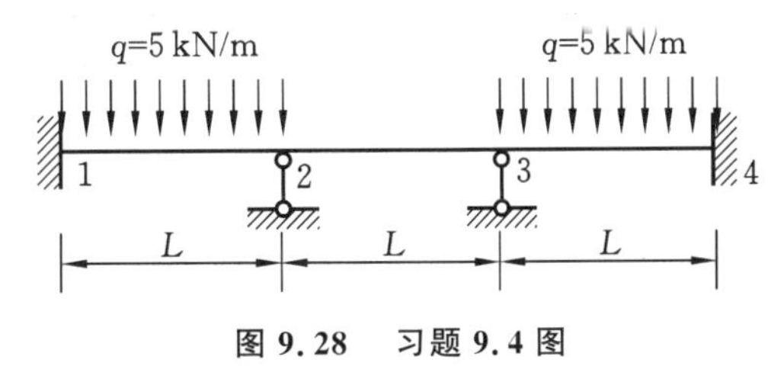

图 9.28　习题 9.4 图

9.5　图 9.29 所示为一等截面连续梁，设支座 3 下沉 $\Delta=0.005l$，用矩阵位移法(采用支承条件先处理法)计算内力并画弯矩图。设 $E=3\times10^{7}$ kN/m²，$I=\dfrac{1}{24}$ m⁴。

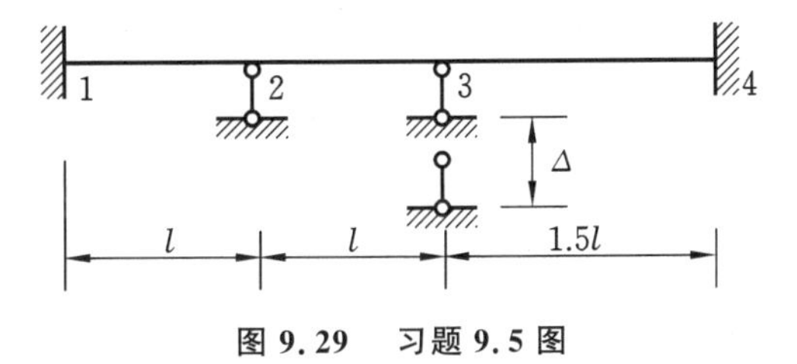

图 9.29　习题 9.5 图

9.6　求图 9.30 所示连续梁的整体刚度矩阵[K](不计轴向变形的影响),各跨度长均为 l,线刚度已标于各跨下方。

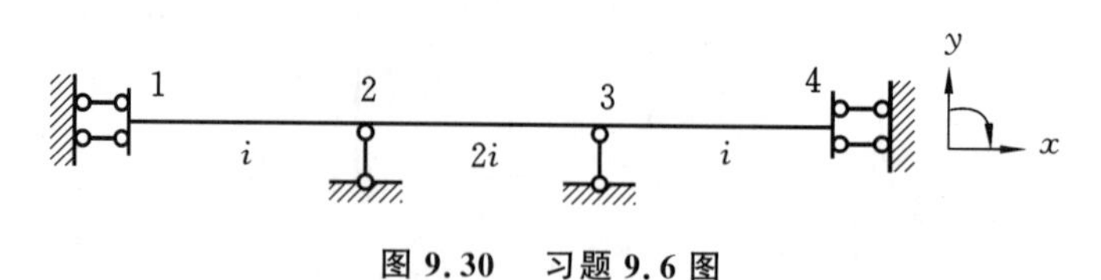

图 9.30　习题 9.6 图

9.7　求图 9.31 所示梁结构的整体刚度矩阵[K]、等效结点荷载向量$\{F_P\}_{eq}$ 和结点位移向量$\{\Delta\}$(不计轴向变形的影响)。

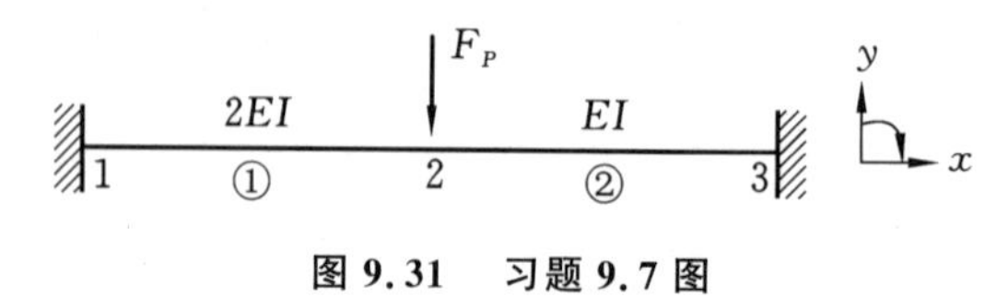

图 9.31　习题 9.7 图

9.8　求图 9.32 所示刚架的内力,并画弯矩图(忽略轴向变形的影响)。各杆长度均为 l, EI 为常量。

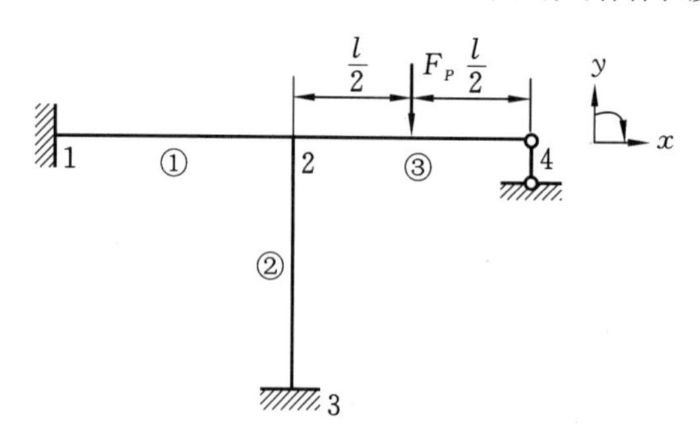

图 9.32　习题 9.8 图

9.9　求图 9.33 所示刚架的整体刚度矩阵[K]和等效结点荷载向量$\{F_P\}_{eq}$。

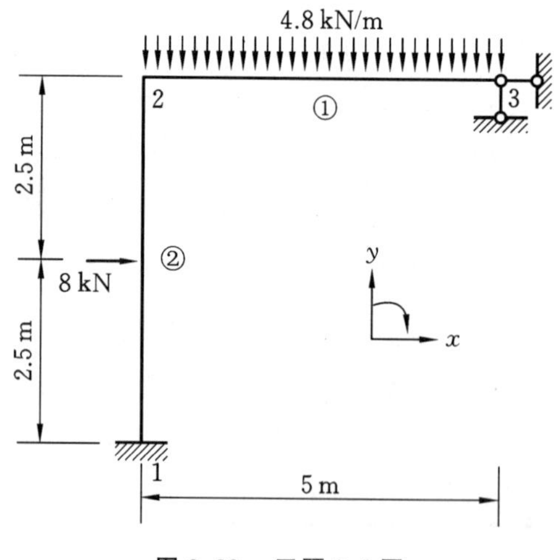

图 9.33　习题 9.9 图

9.10　设图 9.34 所示桁架各杆 E、A 相同，求各杆的轴力。

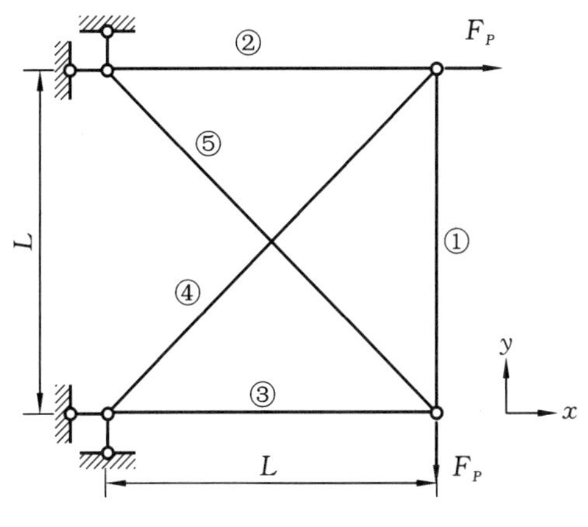

图 9.34　习题 9.10 图

9.11　设图 9.35 所示桁架各杆 E、A 相同，形成整体刚度矩阵[K]、结点荷载向量{F_P}，并求结点位移向量{Δ}，从小结点号到大结点号是局部坐标系 $\bar{x}$ 的正方向。

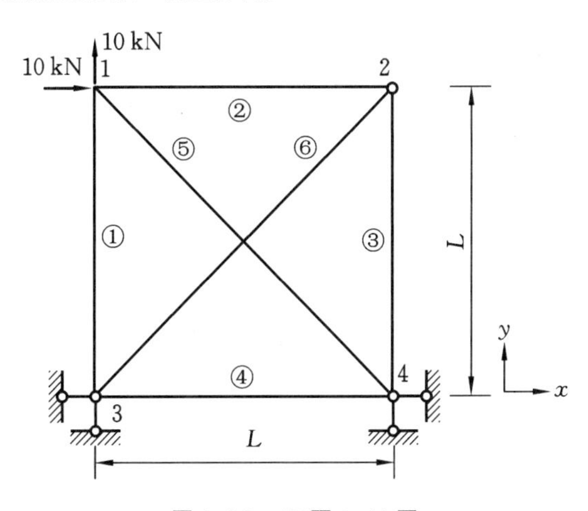

图 9.35　习题 9.11 图

9.12　试求图 9.36 所示特殊单元的单元刚度矩阵[$\bar{k}$]（忽略轴向变形的影响）。

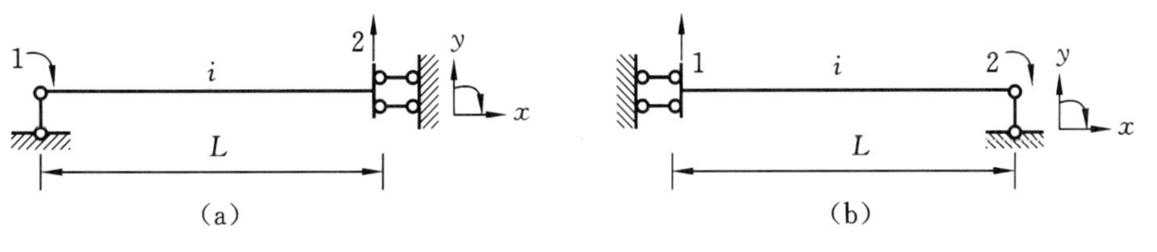

图 9.36　习题 9.12 图

10　结构的动力分析

提要

本章讨论结构在动力荷载作用下的振动问题。主要内容包括：动力分析的特点；计算简图以及动力计算自由度的概念；单自由度体系的自由振动；强迫振动；阻尼对振动的影响；两个自由度及多自由度体系结构的自由振动和强迫振动；自振频率的近似求解方法 —— 能量法和集中质量法。单自由度体系振动的有关概念和分析方法是多自由度体系振动分析的基础，自振频率、主振型等动力特性是重要概念，要深入理解和掌握。

10.1　结构动力分析的基本概念

10.1.1　结构动力分析特点

相对于静荷载而言，动荷载大小、方向和作用点不仅随时间变化，而且加载速度的变化率较大，由此产生的惯性力在结构计算中不容忽视，考虑惯性力的作用就成为动力分析区别于静力分析的基本特征。

惯性力的大小与结构位移加速度的大小有关，而位移值的大小又受惯性力的影响。所以，动荷载问题需通过建立微分方程进行求解。

根据达朗贝尔原理，建立包含惯性力的平衡方程，这样就把动力学问题化成瞬间的静力学问题。与静力平衡方程不同，动力平衡方程是微分方程，其解答，即因动力作用而产生的动位移、动内力和结构振动的速度、加速度等动力反应是随时间变化的。动力分析的任务，主要是分析动力反应的规律，研究动力反应的分析方法，为结构设计提供可靠的依据。动力分析与静力分析有关，但比静力分析复杂。

10.1.2　动力荷载的分类

根据动力荷载按时间的变化规律可以分为以下几类：

(1) 周期荷载　这类荷载随时间呈周期性的变化。周期荷载中最简单也是最重要的一种称为简谐荷载，如图 10.1(a) 所示，荷载 $F_P(t)$ 随时间 t 的变化规律可用正弦或余弦函数表示。机器转动部分引起的荷载常属于这一类。其他的周期荷载可称为非简谐性的周期荷载，如图 10.1(b) 所示。

(2) 冲击荷载　荷载作用时间很短且荷载值急剧减小(或增加)，如爆炸时产生的荷载(图 10.2)。

(3) 突加常量荷载　荷载突然作用于结构并且在较长时间内保持不变，如起重机起吊重物时所产生的荷载(图 10.3)。

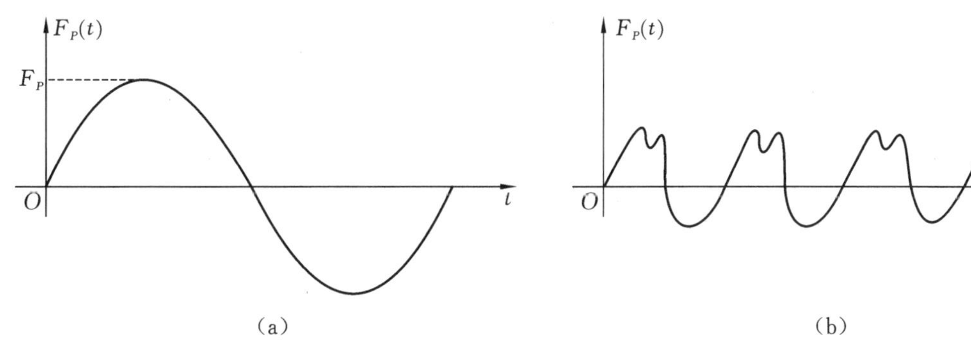

图 10.1　周期荷载

(a) 简谐荷载;(b) 非简谐周期荷载

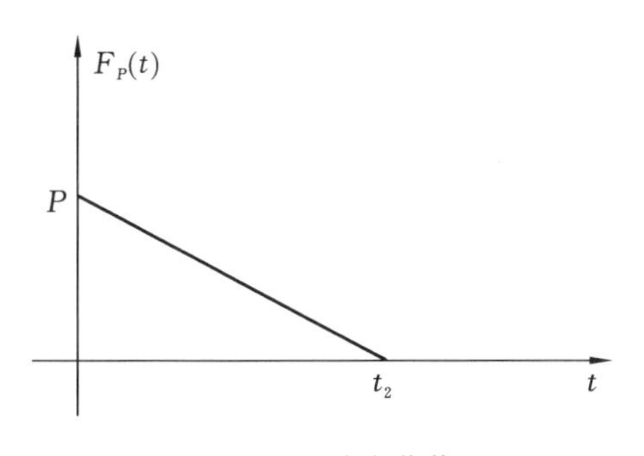

图 10.2　冲击荷载

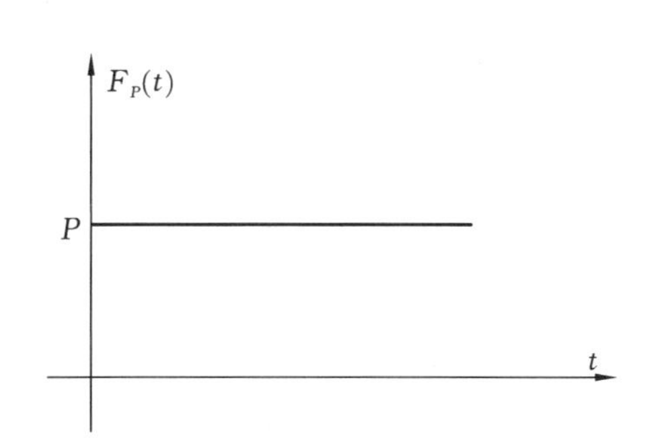

图 10.3　突加常量荷载

(4) 随机荷载　前述三类荷载在任一时刻的荷载值都是确定的,也称为确定性动力荷载。但是,如地震、风和波浪作用所产生的荷载毫无规律,无法事先确定任一时刻的荷载值,这类荷载称为非确定荷载或随机荷载(图 10.4)。

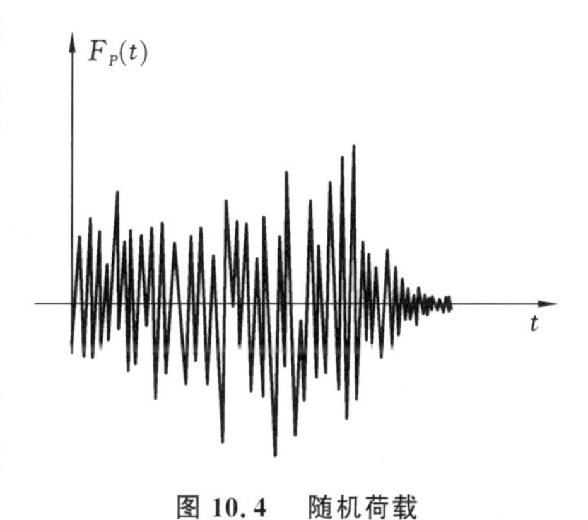

图 10.4　随机荷载

10.1.3　动力自由度

与静力计算类似,在动力计算中也需要事先选取一个合理的计算简图。二者选取的原则基本相同,但在动力计算中,由于要考虑惯性力的作用,因此,还需要研究质量在运动过程中的自由度问题。

惯性力是随运动体系的质量而分布的,大小等于质量与其运动加速度的乘积,方向与加速度的方向相反。由此可见,体系质量的分布及其运动方向(即位置变化的特征)是决定结构动力特性的关键因素之一。在动力计算中,将确定体系上全部质量位置所需的独立变量的数目,称为体系的动力自由度,简称为自由度。这些变量通常称为坐标(也称为几何参数),它们代表质量的位移或转角。当它们代表抽象的量,如级数的系数等时,称它们为广义坐标。

由于实际结构的质量都是连续分布的,任何一个实际结构都应按无限自由度体系进行分析,这样不仅十分困难,而且也没有必要,因此,通常需要对结构加以简化。常用的简化方法主要有以下三种:

1. 集中质量法

把体系连续分布的质量集中为几个质点,这样就可以把一个原来是无限自由度的问题简化为有限自由度的问题。下面举几个例子加以说明。

图 10.5(a) 所示为一简支梁，在跨中放置一重物 W。当梁本身质量远小于重物的质量时，可取图 10.5(b) 所示计算简图。这时体系由无限自由度简化为一个自由度。

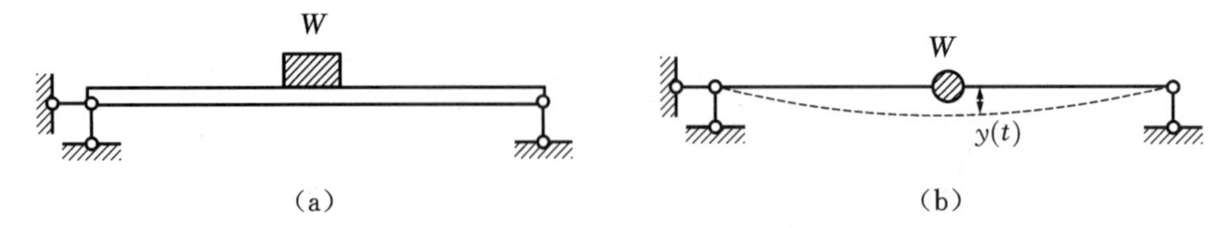

图 10.5 集中质量法

(a) 结构原型；(b) 计算简图

图 10.6(a) 所示为三层平面刚架。在水平力作用下计算刚架的侧向振动时，一种常用的简化计算方法是将柱的分布质量化为作用于上下横梁处的集中质量，每个横梁上各点的水平位移可认为彼此相等，因而横梁上的分布质量可用一个集中质量来代替。最后，可取图 10.6(b) 所示的计算简图，该体系只有三个自由度。

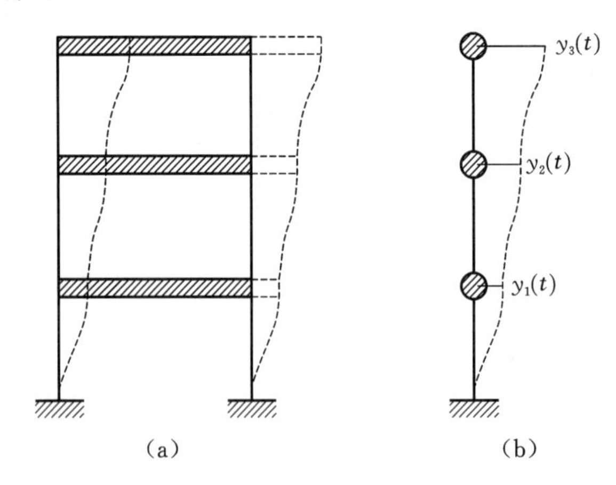

图 10.6 三自由度体系

(a) 结构原型；(b) 计算简图

对于较复杂的体系，可以反过来用限制集中质量运动的办法确定体系的自由度。图 10.7(a) 所示的结构具有两个集中质量，为了限制它们的运动，至少要在集中质量上增设三个附加链杆[图 10.7(b)]，才能将它们完全固定，因此其具有三个自由度。又如图 10.8(a) 所示的结构具有三个集中质量，只要加两个附加链杆[图 10.8(b)]，就可将它们完全固定，因而其有两个自由度。

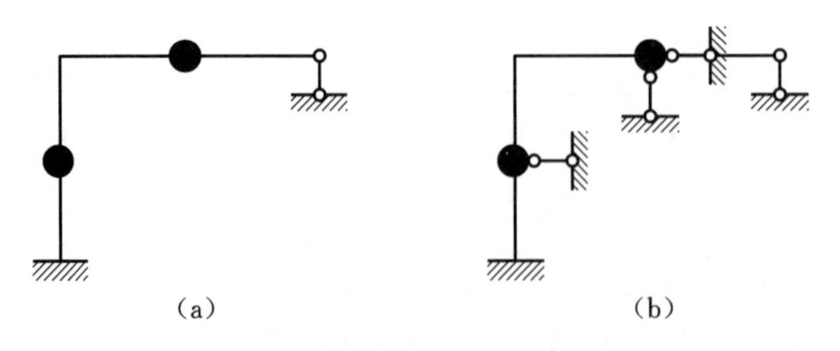

图 10.7 复杂情况的自由度确定(一)

(a) 两个集中质量体系；(b) 加链杆确定自由度

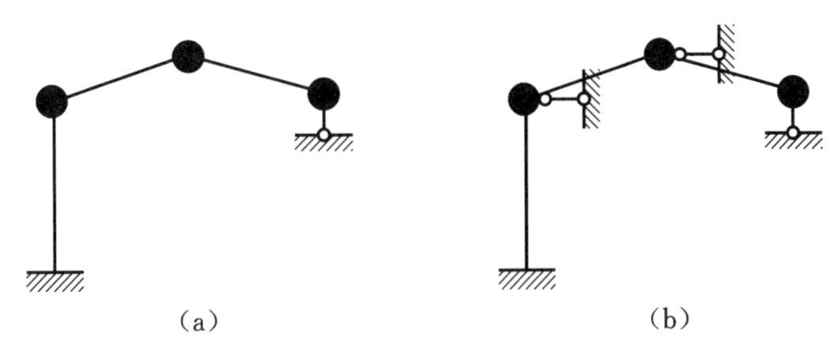

(a)　　(b)

图 10.8　复杂情况的自由度确定(二)

(a) 三个集中质量体系;(b) 加链杆确定自由度

2. 广义坐标法

集中质量法是从物理角度提供一个减少动力自由度的简化方法。此外,也可以从数学角度提供一个减少动力自由度的简化方法。这个方法是假定体系的振动曲线为

$$y(x)=\sum_{k=1}^{n}a_k\varphi_k(x)$$

式中,$\varphi_k(x)$ 为满足位移边界条件的给定函数;a_k 为未知数,称为广义坐标。从上式可以看出:体系的振动曲线 $y(x)$ 完全由 n 个待定的广义坐标所确定,也就是说,可使体系的动力自由度减为 n 个。

3. 有限元法

有限元法可看作广义坐标法的一种特殊应用。下面以图 10.9(a) 所示两端固定梁为例加以说明。首先,把结构分为若干单元。在图 10.9(a) 中,梁被分为五个单元。

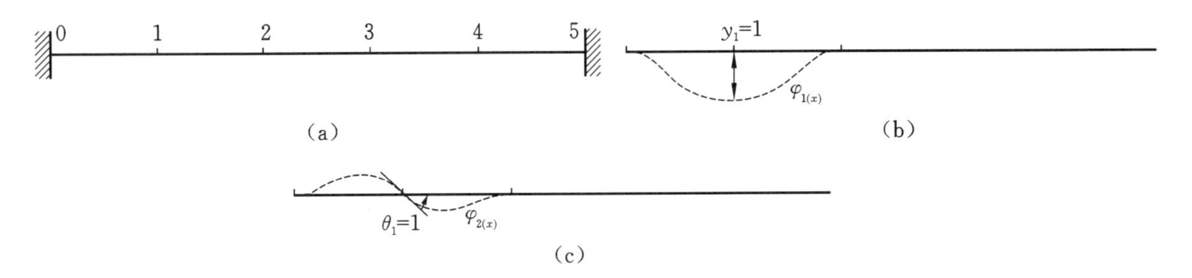

(a)　　(b)

(c)

图 10.9　两端固定梁的有限元法

(a) 两端固定梁;(b) 结点位移参数 y_1 形状函数 $\varphi_1(x)$;(c) 结点位移参数 θ_1 形状函数 $\varphi_2(x)$

然后,取结点位移参数(挠度 y 和转角 θ) 作为广义坐标。在图 10.9(a) 中,取中间四个结点的八个位移参数 y_1、θ_1、y_2、θ_2、y_3、θ_3、y_4、θ_4 作为广义坐标。

每个结点位移参数只在相邻两个单元内引起挠度。在图 10.9(b) 和图 10.9(c) 中分别给出结点位移参数 y_1 和 θ_1 相应的形状函数 $\varphi_1(x)$ 和 $\varphi_2(x)$。

梁的挠度可用八个广义坐标及其形状函数表示:

$$y(x)=y_1\varphi_1(x)+\theta_1\varphi_2(x)+\cdots+y_4\varphi_7(x)+\theta_4\varphi_8(x)$$

通过以上步骤,梁即转化为具有八个自由度的体系。可以看出,有限元法综合了集中质量法和广义坐标法的某些特点。

10.2　单自由度体系的自由振动

结构的动力反应除与外部的作用有关外，还与结构本身的动力特性密切相关。动力特性包括自振频率、振型和阻尼。因此，了解和掌握自由振动的规律便成为动力分析的基础。单自由度体系的动力分析非常重要，因为：第一，很多实际的动力问题常可简化成单自由度体系进行分析或初步估算。第二，单自由度体系的动力分析是多自由度体系动力分析的基础，只有牢固地掌握，才能顺利地进行后面内容的学习。

10.2.1　自由振动微分方程的建立

在动力学中，用来描述体系质点位置随时间变化的运动方程，称为体系的振动方程。在没有外力作用时，即 $F_P(t)=0$ 情况下发生的振动称为自由振动。

以图 10.10 所示的体系为例探讨单自由度体系的自由振动。

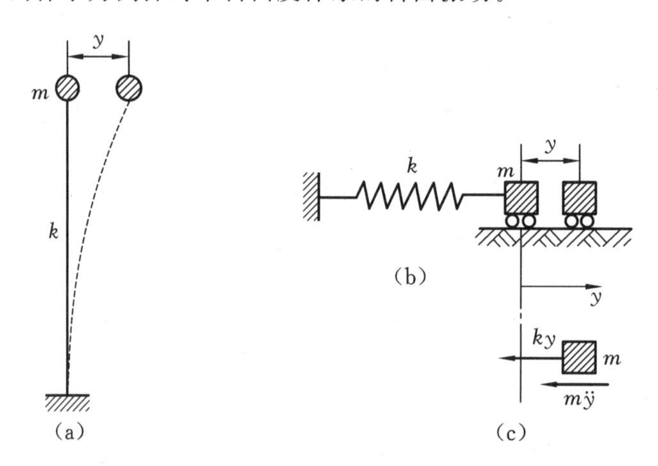

图 10.10　单自由度体系的自由振动

(a) 顶部有一重物的悬臂立柱体系；(b) 弹簧模型；(c) 质量为 m 的隔离体

图 10.10(a) 所示的悬臂立柱在顶部有一重物，质量为 m。若柱本身的质量比 m 小得多，可以忽略不计。因此，该体系只有一个自由度。

假设由于外界的干扰，质点 m 离开了静止平衡位置，干扰消失后，由于立柱弹性力(也称弹性恢复力)的影响，质点 m 沿水平方向产生自由振动，在任一时刻 t，质点的水平位移为 $y(t)$。

在建立自由振动微分方程之前，先把图 10.10(a) 中的体系用图 10.10(b) 所示的弹簧模型来表示。原来由立柱对重物所提供的弹性力可改用弹簧来提供。因此，弹簧的刚度系数 k 应与立柱水平方向的刚度系数相等。

1. 根据力的平衡条件建立振动方程 —— 刚度法

基于力系平衡建立自由振动微分方程。这种推导方法称为刚度法。

为了建立自由振动的微分方程，以静平衡位置为原点，取重物在振动中位置为 y 时的状态作隔离体，如图 10.10(c) 所示。如果忽略振动过程中所受到的阻力，则隔离体所受的力有下列两种：

(1) 弹性力 $-ky$，与位移 y 的方向相反；

(2) 惯性力 $-m\ddot{y}$，与加速度 $\ddot{y}$ 的方向相反。

根据达朗贝尔原理可列出隔离体的平衡方程(即振动微分方程) 如下：

$$m\ddot{y} + ky = 0 \tag{10.1}$$

动平衡条件所涉及力，如弹性力、惯性力、阻尼力等，均是作用在质量块上的，并且是沿着质量块运动方向的力。

2. 根据位移协调条件建立振动方程 —— 柔度法

自由振动微分方程也可从位移协调角度来推导。用 F_I 表示惯性力，即 $F_I = -m\ddot{y}$；用 δ 表示弹簧的柔度系数，即在单位力作用下所产生的位移，其值与刚度系数互为倒数：

$$\delta = \frac{1}{k}$$

则质量块的位移为

$$y = F_I\delta = (-m\ddot{y})\delta$$

上式表示质量块在运动过程中任一时刻的位移等于在当时惯性力作用下的静力位移。将该式整理后与式(10.1) 完全相同。这种从位移协调的角度建立自由振动微分方程的方法称为柔度法。

10.2.2　自由振动微分方程的解

单自由度体系自由振动微分方程可改写为

$$\ddot{y} + \omega^2 y = 0 \tag{10.2}$$

其中

$$\omega = \sqrt{\frac{k}{m}}$$

式(10.2) 是一个齐次方程，其通解为

$$y(t) = C_1 \sin\omega t + C_2 \cos\omega t$$

其中，系数 C_1 和 C_2 可由初始条件确定。设在初始时刻 $t = 0$ 时质点有初始位移 y_0 和初始速度 v_0，即

$$y(0) = y_0,\quad \ddot{y}(0) = v_0$$

解得

$$C_1 = \frac{v_0}{\omega},\quad C_2 = y_0$$

代入式(10.2) 的通解式，即得

$$y(t) = y_0 \cos\omega t + \frac{v_0}{\omega}\sin\omega t \tag{10.3}$$

由式(10.3) 看出，振动由两部分组成：

一部分是由初始位移 y_0(没有初始速度) 引起的，质点按 $y_0 \cos\omega t$ 的规律振动，如图 10.11(a) 所示。另一部分是单独由初始速度(没有初始位移) 引起的，质点按 $\frac{v_0}{\omega}\sin\omega t$ 的规律振动，如图 10.11(b) 所示。

式(10.3) 还可改写为：

$$y(t) = a\sin(\omega t + \alpha) \tag{10.4}$$

其图形如图 10.11(c) 所示。其中：参数 a 称为振幅，α 称为初始相位角。参数 a、α 与参数 y_0、v_0 之间的关系可导出如下：

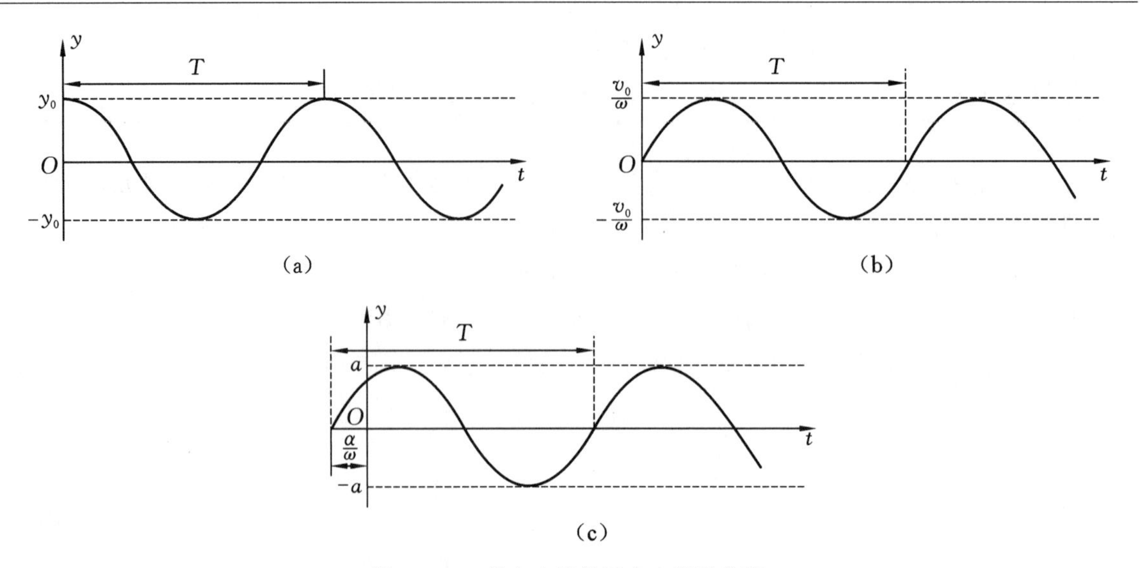

图 10.11　单自由度体系自由振动位移

(a) 由初始位移引起的振动;(b) 由初始速度引起的振动;(c) 自由振动总位移

先将式(10.4)的右边展开,得

$$y(t)=a\sin\alpha\cos\omega t+a\cos\alpha\sin\omega t$$

再与式(10.3)比较,即得

$$\left.\begin{aligned}y_0&=a\sin\alpha\\\frac{v_0}{\omega}&=a\cos\alpha\end{aligned}\right\}$$

或

$$\left.\begin{aligned}a&=\sqrt{y_0^2+\frac{v_0^2}{\omega^2}}\\\alpha&=\arctan\frac{y_0\omega}{v_0}\end{aligned}\right\}\tag{10.5}$$

由式(10.4)可知,质量块是以其平衡位置为中心做往复的简谐振动。

10.2.3　结构的自振周期

式(10.4)的等号右边是一个周期性的简谐函数,其周期 T,即质量块完成一次简谐运动所需要的时间为

$$T=\frac{2\pi}{\omega}\tag{10.6}$$

可以验证,式(10.4)中的位移 $y(t)$ 确实满足周期运动的下列条件:

$$y(t+T)=y(t)$$

自振周期的单位为 s,它的倒数称为工程频率,记作 f,则有:

$$f=\frac{1}{T}=\frac{\omega}{2\pi}\tag{10.7}$$

工程频率 f 表示单位时间内的振动次数,其常用单位为 s^{-1},或 Hz。

此外,ω 可称为圆频率或角频率:

$$\omega=\frac{2\pi}{T}=2\pi f\tag{10.8}$$

ω也表示在2π个单位时间内的振动次数，称为自振频率，可得

$$\omega=\sqrt{\frac{k}{m}}=\frac{1}{\sqrt{m\delta}}=\sqrt{\frac{g}{W\delta}}=\sqrt{\frac{g}{\Delta_{st}}} \tag{10.9}$$

其中，δ是沿质点振动方向的结构柔度系数，因此$W\delta=\Delta_{st}$，Δ_{st}表示在质点上沿振动方向施加数值为W的荷载时质点沿振动方向产生的静位移。

同样，利用式(10.9)可得出自振周期的计算公式如下：

$$T=2\pi\sqrt{\frac{m}{k}}=2\pi\sqrt{m\delta}=2\pi\sqrt{\frac{W\delta}{g}}=2\pi\sqrt{\frac{\Delta_{st}}{g}} \tag{10.10}$$

由上面的分析可以看出结构自振周期T的一些重要性质：

(1) 自振周期只与结构的质量和结构的刚度有关，与外界的干扰因素无关。干扰力的大小只能影响振幅a的大小，而不能影响结构自振周期T的大小。

(2) 自振周期与质量的平方根成正比，质量越大，则周期越大；自振周期与刚度的平方根成反比，刚度越大，则周期越小；要改变结构的自振周期，只有从改变结构的质量或刚度着手。

(3) 自振周期是结构动力性能的一个重要参数，因体系的动力反应与自振周期(或自振频率)有关，所以，在结构设计时可以利用这种规律通过调整自振周期(或频率)以达到减振的目的。

【例10.1】 图10.12所示为一等截面简支梁，截面抗弯刚度为EI，跨度为l。在梁的跨度中点有一个集中质量块m。如果忽略梁本身的质量，试求梁的自振周期T和圆频率ω。

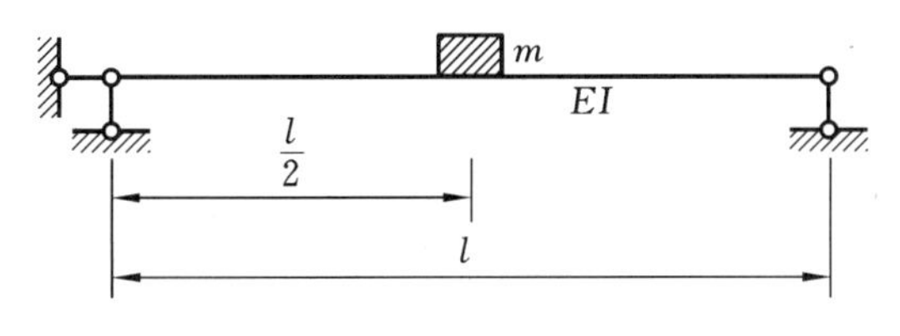

图10.12　例10.1图

【解】 对于简支梁跨中质量块的竖向振动来说，柔度系数为

$$\delta=\frac{l^3}{48EI}$$

因此，由式(10.9)和式(10.10)得：

$$T=2\pi\sqrt{m\delta}=2\pi\sqrt{\frac{ml^3}{48EI}}$$

$$\omega=\frac{1}{\sqrt{m\delta}}=\sqrt{\frac{48EI}{ml^3}}$$

【例10.2】 图10.13所示为一等截面竖直悬臂杆，长度为l，截面面积为A，惯性矩为I，弹性模量为E。杆顶有重物，其质量为W。设杆件本身质量可忽略不计。试求水平振动和竖向振动时的自振周期。

【解】 (1) 水平振动

当杆顶作用水平力W时，杆顶的水平位移为

$$\Delta_{st}=\frac{Wl^3}{3EI}$$

所以

$$T=2\pi\sqrt{\frac{Wl^3}{3EIg}}$$

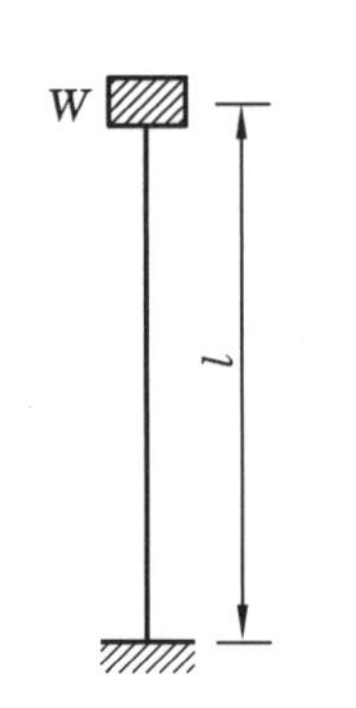

图 10.13　例 10.2 图

(2) 竖向振动

当杆顶作用水平力 W 时,杆顶的水平位移为

$$\Delta_{st} = \frac{Wl}{EA}$$

所以

$$T = 2\pi\sqrt{\frac{Wl}{EAg}}$$

【例 10.3】 图 10.14(a) 所示为一单自由度体系,四根横梁的抗弯刚度均为 $EI = 432\ \text{kN}\cdot\text{m}^2$, $l = 2\ \text{m}$;三根立柱的轴向刚度 $EA\to\infty$;顶端重物 $W = 9.8\ \text{kN}$。试求此体系的自振频率和自振周期。

【解】 (1) 体系的并、串联关系分析

以质点为界,可以把质点以下的杆 1、2、3 三根横杆看作合成杆,此合成杆与横杆 4 有相同的竖向位移,而剪力 W 则由二者分担,所以二者成并联关系。根据并、串联的基本特征进一步分析可知,合成杆是由横杆 1、2 并联后再与横杆 3 串联而成的。原体系的组成关系可用图 10.14(b) 简化表示。

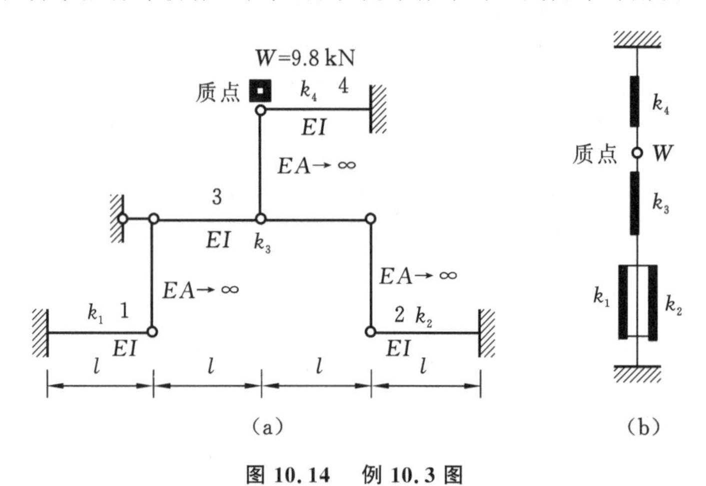

图 10.14　例 10.3 图

(a) 原振动体系;(b) 等效刚度体系

(2) 等效刚度计算

各横杆的移动刚度分别为

$$k_1 = k_2 = k_4 = \frac{3EI}{l^3}, k_3 = \frac{48EI}{(2l)^3} = \frac{6EI}{l^3}$$

根据图 10.14(b) 表示的并、串联关系,合成刚度的计算如下:

合成杆的合成刚度为

$$k_{312} = \left(\frac{1}{k_3} + \frac{1}{k_1 + k_2}\right)^{-1}$$

体系总的合成刚度为

$$K = k_{312} + k_4 = \frac{6EI}{l^3}$$

于是,此体系的自振频率为

$$\omega = \sqrt{\frac{K}{m}} = \sqrt{\frac{Kg}{W}} = 18\ \text{rad/s}$$

自振周期为

$$T=\frac{2\pi}{\omega}=0.35\ \mathrm{s}$$

思考：如果在例 10.1 中的质量块下再搁置一个刚度系数为 k 的弹簧垫，自振周期或圆频率又如何计算？

从以上例题可以看出：对静定结构来说，因单位荷载作用下的内力容易求得，求柔度系数相对容易；而对于超静定结构来说，大多数情况下求刚度系数比较方便。对复杂的体系来说，借助杆件系统的并、串联分析来求合成刚度系数显得比较容易。

10.3　单自由度体系的强迫振动

10.3.1　单自由度体系的强迫振动微分方程

强迫振动是指体系在动力荷载作用下所产生的振动，也称受迫振动。

图 10.15(a) 所示为单自由度体系的振动模型，质量为 m，弹簧刚度系数为 k，承受动荷载 $F_P(t)$。取质量块作隔离体，如图 10.15(b) 所示，其受到弹簧力 $-ky$、惯性力 $-m\ddot{y}$ 和动荷载 $F_P(t)$ 作用，根据达朗贝尔原理可建立平衡方程，即

$$m\ddot{y}+ky=F_P(t)$$

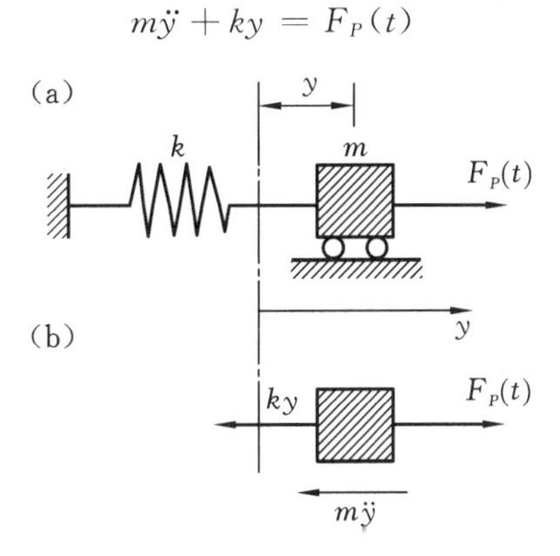

图 10.15　单自由度体系强迫振动

(a) 单自由度体系的振动模型；(b) 隔离体

可以写成

$$\ddot{y}+\omega^2y=\frac{F_P(t)}{m} \tag{10.11}$$

其中，ω 仍为$\sqrt{\dfrac{k}{m}}$。

式(10.11) 就是单自由度体系受动力荷载 $F_P(t)$ 时强迫振动的微分方程。

10.3.2　简谐荷载

简谐荷载是一种常见的动力作用，如机械的转动部件因偏心所产生的离心力便是简谐荷载，简谐荷载的一般表达式为

$$F_P(t)=F_P\sin\theta t$$

其中,F_P 是荷载的最大值,称为幅值。将上式代入式(10.11),即得运动方程如下:

$$\ddot{y}+\omega^2 y=\frac{F_P}{m}\sin\theta t$$

先求方程的特解,设特解为

$$y(t)=A\sin\theta t$$

将特解代入运动方程,得:

$$(-\theta^2+\omega^2)A\sin\theta t=\frac{F_P}{m}\sin\theta t$$

由此得

$$A=\frac{F_P}{m(\omega^2-\theta^2)}$$

因此,特解为

$$y(t)=\frac{F_P}{m\omega^2\left(1-\dfrac{\theta^2}{\omega^2}\right)}\sin\theta t$$

如令

$$y_{st}=\frac{F_P}{m\omega^2}=F_P\delta$$

则 y_{st} 可称为最大静位移(即把荷载最大值当作静荷载作用时结构所产生的位移),则有:

$$y(t)=y_{st}\frac{1}{1-\dfrac{\theta^2}{\omega^2}}\sin\theta t$$

微分方程的通解为

$$y(t)=C_1\sin\omega t+C_2\cos\omega t+y_{st}\frac{1}{1-\dfrac{\theta^2}{\omega^2}}\sin\theta t$$

积分常数 C_1 和 C_2 由初始条件决定。设在 $t=0$ 时的初始位移和初始速度均为零,则得:

$$C_1=-y_{st}\frac{\dfrac{\theta}{\omega}}{1-\dfrac{\theta^2}{\omega^2}},\quad C_2=0$$

代入微分方程的通解,即得:

$$y(t)=y_{st}\frac{1}{1-\dfrac{\theta^2}{\omega^2}}\left(\sin\theta t-\frac{\theta}{\omega}\sin\omega t\right) \tag{10.12}$$

由此可知,强迫振动由按荷载频率(θ)振动和按自振频率(ω)振动两部分组成。但是,实际振动过程中存在着阻尼力,按自振频率振动的部分将会逐渐消失,最后只剩下按荷载频率振动的部分。我们把刚开始两种振动同时存在的阶段称为“过渡阶段”,而把后来只按荷载频率振动的阶段称为“平稳阶段”。由于过渡阶段延续的时间较短,因此在实际问题中平稳阶段的振动较为重要。

下面讨论平稳阶段的振动。质点任一时刻的位移为

$$y(t)=y_{st}\frac{1}{1-\dfrac{\theta^2}{\omega^2}}\sin\theta t$$

最大位移(即振幅)为

$$[y(t)]_{max} = y_{st}\frac{1}{1-\dfrac{\theta^2}{\omega^2}}$$

最大动位移$[y(t)]_{max}$与最大静位移y_{st}的比值称为动力系数，用β表示，即

$$\beta = \frac{[y(t)]_{max}}{y_{st}} = \frac{1}{1-\dfrac{\theta^2}{\omega^2}} \tag{10.13}$$

由此看出，动力系数β与频率比值$\dfrac{\theta}{\omega}$的关系如图10.16所示，横坐标为$\dfrac{\theta}{\omega}$，纵坐标为β的绝对值（注意：当$\dfrac{\theta}{\omega}>1$时，β为负值。β的正负号实际意义不大）。动力系数反映了惯性力的影响。

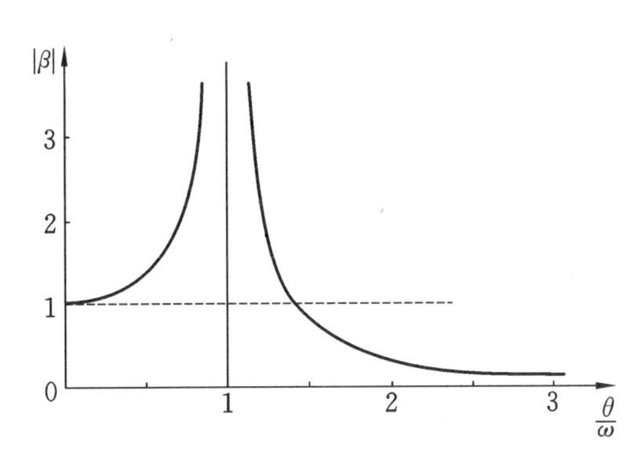

图10.16　动力系数

由图10.16可看出：

当$\dfrac{\theta}{\omega}\to 0$时，动力系数$\beta\to 1$。这时简谐荷载的数值虽然随时间变化，但变化得非常慢（与结构的自振频率相比），因而可按静荷载处理。通常，当$\dfrac{\theta}{\omega}\leqslant\dfrac{1}{5}$时，可按静力方法计算振幅。

当$0<\dfrac{\theta}{\omega}<1$时，动力系数$\beta>1$，且$\beta$随$\dfrac{\theta}{\omega}$的增大而增大。

当$\dfrac{\theta}{\omega}\to 1$时，$|\beta|\to\infty$。即当荷载频率$\theta$接近于结构自振频率$\omega$时，振幅会无限增大。这种现象称为"共振"。实际上由于阻尼力的影响，共振时也不会出现振幅为无限大的情况，但是共振时振幅往往比静位移大很多倍。在工程设计中，应尽量避免共振现象发生，一般应控制$\dfrac{\theta}{\omega}$的值避开0.75～1.25的共振区段。

当$\dfrac{\theta}{\omega}\gg 1$时，$\left(\dfrac{\theta}{\omega}\right)^2\to\infty$，$\beta\to 0$，这表明当干扰力的频率远大于自振频率时，动位移趋近于零。

关于动内力的计算，对于单自由度体系，当动力荷载作用在质点时，体系各处的动位移及动内力均可以看作是由质量位移引起的，因此都具有相同的动力系数。动内力幅值也可以根据动荷载幅值乘以动力系数β后按作用在结构上静荷载用静力方法求出。

【例10.4】　设有一跨度$l=4$ m的简支钢梁，采用型号为I28 b的工字钢，惯性矩$I=7480\ \text{cm}^4$，截面系数$W=534\ \text{cm}^3$，弹性模量$E=2.1\times10^5$ MPa。在跨中点有电动机，重量$G=35$ kN，转速$n=500$ r/min。由于偏心，电动机转动时产生离心力$F_P=10$ kN，离心力的竖向分力为$F_P\sin\theta t$。忽略梁本身的质量，试求钢梁在上述竖向简谐荷载作用下强迫振动的动力系数和最大正

应力。

【解】 (1) 钢梁的自振频率

$$\omega=\sqrt{\frac{g}{\Delta_{st}}}=\sqrt{\frac{48EIg}{Gl^3}}=\sqrt{\frac{48\times 2.1\times 10^4\times 7480\times 980}{35\times(400)^3}}=57.4\ \mathrm{s}^{-1}$$

(2) 荷载的频率

$$\theta=\frac{2\pi n}{60}=2\times 3.1416\times\frac{500}{60}=52.3\ \mathrm{s}^{-1}$$

(3) 求动力系数

由式(10.13)得：

$$\beta=\frac{1}{1-\left(\frac{\theta}{\omega}\right)^2}=\frac{1}{1-\left(\frac{52.3}{57.4}\right)^2}=5.88$$

即动力位移和动力应力的最大值为静力值的5.88倍。

(4) 求跨中最大正应力

$$\sigma_{\max}=\frac{Gl}{4W}+\beta\frac{F_Pl}{4W}=\frac{(G+\beta F_P)l}{4W}=\frac{(35+5.88\times 10)\times 400}{4\times 534}=175.6\ \mathrm{MPa}$$

式中，$\frac{Gl}{4W}$ 是电动机重量 G 产生的正应力，$\beta\frac{F_Pl}{4W}$ 是动荷载 $F_P\sin\theta t$ 产生的最大正应力。

如果动荷载不作用在质点 m 上，这时动力反应的计算会有变化。如图10.17所示简支梁，动荷载 $F_{P2}(t)$ 的作用点2与质点1的位置并不重合。

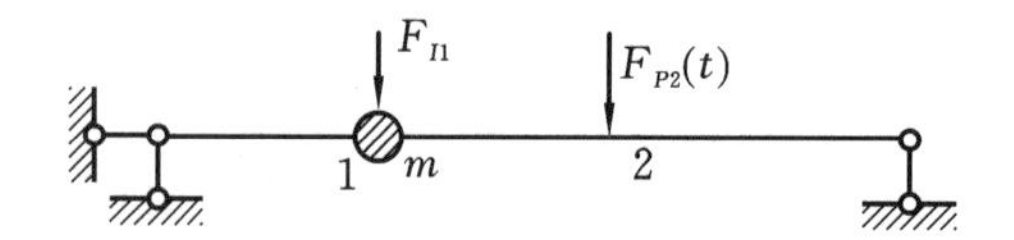

图10.17　简支梁受动荷载作用

在这种情况下，质点的动位移是在动荷载 $F_{P2}(t)$ 和惯性力 F_{I1} 共同作用下产生的。按照叠加原理，有：

$$y=\delta_{11}F_{I1}+\delta_{12}F_{P2}(t)=\delta_{11}(-m\ddot{y})+\delta_{12}F_{P2}(t)$$

或

$$m\ddot{y}\delta_{11}+y=\delta_{12}F_{P2}(t)$$

即

$$m\ddot{y}+k_{11}y=\frac{\delta_{12}}{\delta_{11}}F_{P2}(t)$$

可见，这种情况时的运动微分方程形式与一般方程[即式(10.11)]相同，只不过要把动荷载乘以系数 δ_{12}/δ_{11} 而已。

【例10.5】 简支梁跨中作用集中质量 m，另外还受均布动荷载 $F_{P2}(t)=q\sin\theta t$ 作用，已知动荷载频率与自振频率之比为 $\theta/\omega=0.5$。试求梁跨中弯矩和质点的动位移幅值。

【解】 (1) 计算系数 δ_{12}/δ_{11}

由 $F_{P2}(t)=1$ 引起跨中位移 $\delta_{12}=\frac{5l^4}{384EI}$，由 $F_{I1}(t)=1$ 引起跨中位移 $\delta_{11}=\frac{l^3}{48EI}$，所以

$$\frac{\delta_{12}}{\delta_{11}}=\frac{5}{8}l$$

(2) 计算动力系数

$$\beta=\frac{1}{1-\frac{\theta^2}{\omega^2}}=\frac{1}{1-0.5^2}=\frac{4}{3}$$

(3) 计算跨中弯矩

$$M=\frac{1}{4}mg\cdot l\pm\frac{1}{4}\left(\beta\frac{\delta_{12}}{\delta_{11}}q\right)l=\frac{1}{4}mgl\pm\frac{1}{4}\left(\frac{4}{3}\cdot\frac{5l}{8}\cdot q\right)l=\frac{1}{4}mgl\pm\frac{5}{24}ql^2$$

(4) 质点的动位移幅值为

$$y_{\mathrm{d}}=\beta y_{st}=\beta\delta_{11}\frac{\delta_{12}}{\delta_{11}}q=\beta\delta_{12}q=\frac{9l^4}{288EI}q$$

由例10.5的分析应了解以下基本概念：对于单自由度体系受迫振动，当动荷载不作用在质点上时，对于求质点的动位移来说，只需将原荷载 $F_P(t)$ 用沿自由度方向作用于质点上的动荷载 $\frac{\delta_{12}}{\delta_{11}}F_P(t)$ 代替。此时，质点位移的动力系数仍与原动荷载作用于质点上时相同，但体系其他部位的位移以及内力的动力系数不再相同，这点要注意。

10.3.3 瞬时冲击荷载

瞬时冲击荷载的特点是其作用时间与体系的自振周期相比非常短。假定单自由度体系处于静止状态，在极短的时间 Δt 内作用一冲击荷载 F_P 于质点上，如图10.18所示。

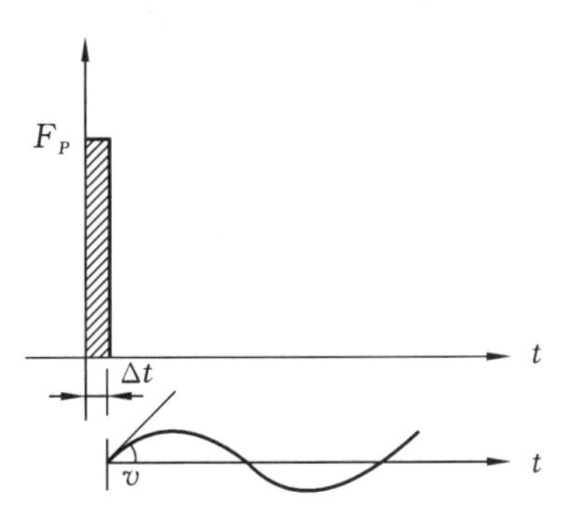

图10.18 瞬时冲击荷载

瞬时冲击荷载 F_P 与其作用时间 Δt 的乘积称为瞬时冲量，以图中阴影的面积表示。

根据动量定律，体系的质点在时间 $(t-t_0)$ 内的动量变化等于冲量，即

$$mv-mv_0=F_P(t-t_0)$$

式中，t_0、v_0 分别表示初始时间和初始速度。由于体系 $t_0=0$ 时处于静止状态，于是得到：

$$v=\frac{F_Pt}{m}$$

将上式对时间从0到 t 积分，得：

$$y=\frac{1}{2}\frac{F_P}{m}t^2$$

当荷载作用时间 $t=\Delta t$ 时，可得：

$$v=\frac{F_P\Delta t}{m}$$

$$y = \frac{1}{2}\frac{F_P}{m}(\Delta t)^2$$

体系在移去瞬时冲击荷载后，运动成为自由振动。上两式即此时的初始速度和初始位移。由于荷载作用时间 Δt 很短，初始位移 y 是一个二阶微量，因此，可以看作 $y = 0$。这样，体系在瞬时冲击荷载作用下无阻尼自由振动的初始条件为 $y = 0, v = \frac{F_P \Delta t}{m}$。它的解可从式(10.3)得到：

$$y(t) = \frac{v}{\omega}\sin\omega t = \frac{F_P \Delta t}{m\omega}\sin\omega t \tag{10.14}$$

质点振动的位移-时程曲线与图 10.16 相似。式(10.14)中瞬时冲击荷载是从 $t = 0$ 开始作用的。如果瞬时冲击荷载不是从 $t = 0$ 开始作用，而是从 $t = \tau$ 开始，那么式(10.14)中的位移反应时间 t 应改为 $(t - \tau)$，即式(10.14)应改为

$$\left.\begin{aligned} y(t) &= \frac{F_P \Delta t}{m\omega}\sin\omega(t-\tau) \quad (t > \tau) \\ y(t) &= 0 \quad (t < \tau) \end{aligned}\right\} \tag{10.15}$$

10.3.4　一般动力荷载

在一般动力荷载 $F_P(\tau)$ 作用下，如图 10.19 所示，可以把整个荷载看成是无数的瞬时冲击荷载 $F_P(\tau)$ 的连续作用之和。在极小的时间间隔 $d\tau$ 内，由瞬时冲击荷载 $F_P(\tau)$ 引起的位移为

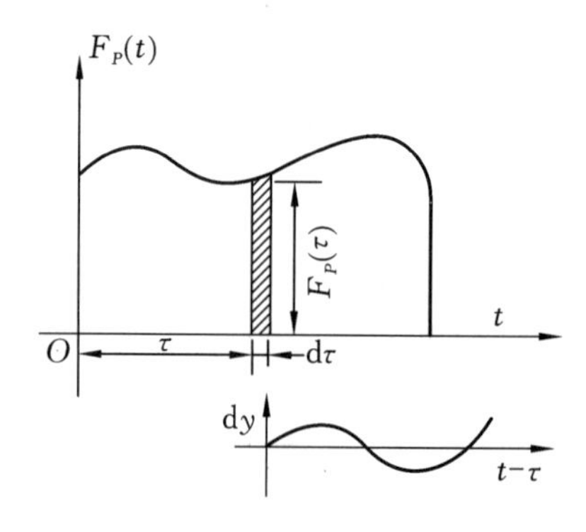

图 10.19　一般动力荷载

$$dy(t) = \frac{F_P(\tau)d\tau}{m\omega}\sin\omega(t-\tau) \tag{10.16}$$

将式(10.16)从 0 到 t 进行积分，即

$$y(t) = \int_0^t \frac{F_P \Delta t}{m\omega}\sin\omega(t-\tau)d\tau \tag{10.17}$$

上式为单自由度体系在一般动力荷载作用于质点时，产生无阻尼振动的位移反应计算式。式中 τ 是积分过程中的时间变量，经积分后便消失了。

式(10.17)中的重积分在动力学中称为杜哈梅积分。这是初始处于静止状态的单自由度体系在任意动荷载 $F_p(t)$ 作用下的位移计算公式，它是运动微分方程[式(10.11)]的一个特解。

如果初始位移 y_0 和初始速度 v_0 不为零，则位移反应为

$$y(t) = y_0\cos\omega t + \frac{v_0}{\omega}\sin\omega t + \frac{1}{m\omega}\int_0^t F_P(\tau)\sin\omega(t-\tau)d\tau \tag{10.18}$$

这就是运动微分方程的全解。

(1) 突加长期荷载

当 $t=0$ 时,在体系上突然施加常量荷载 F_P,而且一直保持不变。将 $F_P(t)=F_P$ 代入式(10.18)中,经积分,即得位移反应的算式为

$$y(t)=\frac{F_P}{m\omega}(1-\cos\omega t)=F_P f_{11}(1-\cos\omega t)=y_s(1-\cos\omega t)=y_s\left(1-\cos\frac{2\pi t}{T}\right) \tag{10.19}$$

式中,y_s 为静荷载 F_P 作用下的静位移。

根据式(10.19)绘出的位移-时程曲线如图 10.20 所示。

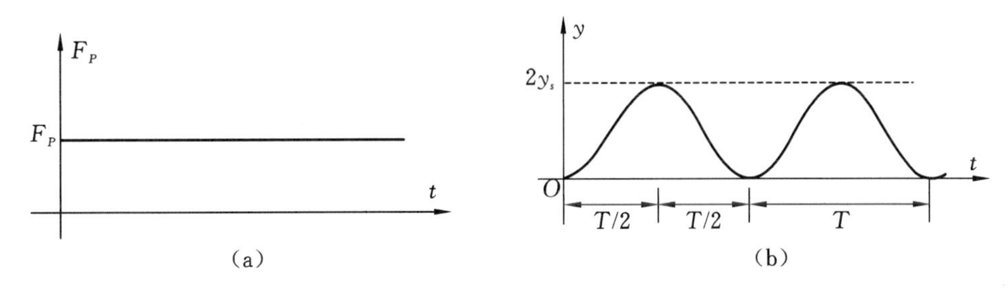

图 10.20 突加长期荷载的位移-时程曲线

(a) 突加长期荷载;(b) 位移-时程曲线

根据式(10.19)可知,最大的动力位移 $y_{\max}$ 发生在 $t=\dfrac{T}{2}$ 时,其值为 $2y_s$。最大动力位移与静位移之比称为动力系数,记作 μ。可见突加长期荷载的动力系数为

$$\mu=\frac{y_{\max}}{y_s}=2$$

即突加长期荷载产生的最大动位移要比相应的静位移大一倍,这反映了惯性力的影响。

(2) 突加短期荷载

这种荷载的特点是当 $t=0$ 时,在质点上突加常量荷载 F_P,而且一直保持不变,直到 $t=t_1$ 时突然卸去。

体系在这种荷载作用下的位移反应,需按两个阶段分别计算。

第一阶段($0\leqslant t<t_1$):此阶段与突加长期荷载相同,因此动力位移反应仍按式(10.19)计算,即

$$y(t)=y_s(1-\cos\omega t)$$

第二阶段($t\geqslant t_1$):此阶段的动力位移反应用叠加原理求解最为方便。此阶段的荷载可看作突加长期荷载(F_P)叠加上 $t=t_1$ 时的负突加长期荷载($-F_P$)。故当 $t\geqslant t_1$ 时,利用式(10.19)可得:

$$\begin{aligned} y(t)&=y_s(1-\cos\omega t)-y_s[1-\cos\omega(t-t_1)] \\ &=y_s[\cos\omega(t-t_1)-\cos\omega t] \\ &=2y_s\sin\frac{\omega t_1}{2}\sin\omega\left(t-\frac{t_1}{2}\right) \end{aligned} \tag{10.20}$$

当 $t_1\geqslant\dfrac{T}{2}$ 时,最大动力位移反应发生在第一阶段,此时动力系数为

$$\mu=2$$

当 $t_1 < \frac{T}{2}$ 时,最大动力位移反应发生在第二阶段,由式(10.20)得最大动力位移反应为

$$y_{\max} = 2y_s \sin\frac{\omega t_1}{2} = 2y_s \sin\frac{\pi t_1}{T}$$

因此,动力系数为

$$\mu = 2\sin\frac{\pi t_1}{T}$$

第二阶段的动力位移反应除了由上述叠加原理推导外,还可以直接利用式(10.18)积分得到,或者利用第一阶段终了时刻($t = t_1$)的位移和速度作为第二阶段的初始条件,按自由振动求解。

由此可以看出,动力系数的值与加载持续时间 t_1 相对于自振周期 T 的长短有关。当$\frac{t_1}{T} > \frac{1}{2}$ 时,突加短时荷载作用下的动力系数与长期荷载作用时相同。这也就是工程上将吊车制动力对厂房的水平作用视为突加荷载处理的原因。

(3) 线性渐增荷载

线性渐增荷载指在一定时间($0 \leqslant t \leqslant t_1$),荷载由0增至 F_{P0},然后荷载值保持不变。荷载表达式为

$$F_P(t) = \begin{cases} \dfrac{F_{P0}}{t_r}t, & 0 \leqslant t \leqslant t_r \\ F_{P0}, & t > t_r \end{cases}$$

这种荷载引起的动力反应同样可利用杜哈梅公式求解,结果如下:

$$y(t) = \begin{cases} y_{st}\dfrac{1}{t_r}\left(t - \dfrac{\sin\omega t}{\omega}\right), t \leqslant t_r \\ y_{st}\left\{1 - \dfrac{1}{\omega t_r}[\sin\omega t - \sin\omega(t - t_r)]\right\}, t > t_r \end{cases}$$

对于这种线性渐增荷载,其动力反应与升载时间 t_r 的长短有很大关系。图10.21所示曲线表示动力系数 β 随升载时间比值$\frac{t_r}{T}$ 而变化的情形,即动力系数的反应谱曲线。

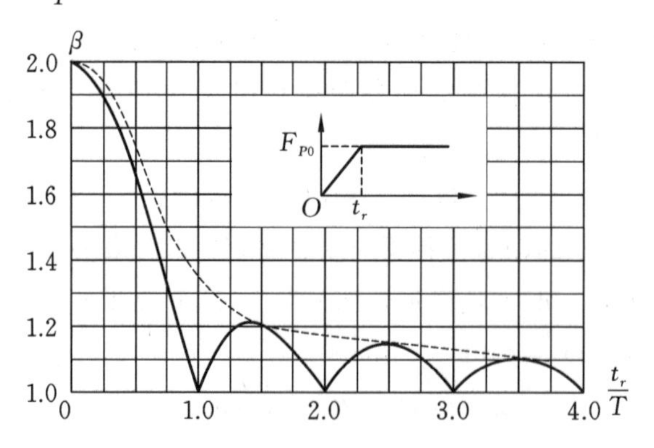

图10.21　线性渐增荷载的动力系数反应谱

由图10.21看出,动力系数β介于1与2之间。如果升载时间很短,例如 $t_r < \frac{T}{4}$,则动力系数β接近于2.0,即相当于静荷载的情况。在设计工作中,常以图10.21中所示外包虚线作为设计依据。

（4）三角形冲击荷载

三角形冲击荷载的变化规律为

$$F_P(t)=\begin{cases}F_P\left(1-\dfrac{t}{t_1}\right), & t\leqslant t_1\\ 0 & t>t_1\end{cases}$$

在三角形冲击荷载作用下单自由度体系的质点位移反应可分为两个阶段：

第一阶段（$0\leqslant t\leqslant t_1$）

$$\begin{aligned}y(t)&=\frac{1}{m\omega}\int_0^t F_P\left(1-\frac{\tau}{t_1}\right)\sin\omega(t-\tau)\mathrm{d}\tau=\frac{F_P}{m\omega^2}\left[(1-\cos\omega t)+\frac{1}{t_1}\left(\frac{\sin\omega t}{\omega}-t\right)\right]\\&=y_s\left[1-\cos\omega t+\frac{1}{t_1}\left(\frac{\sin\omega t}{\omega}-t\right)\right]\\&=y_s\left[1-\cos2\pi\left(\frac{t}{T}\right)+\frac{1}{2\pi}\left(\frac{T}{t_1}\right)\sin2\pi\left(\frac{t}{T}\right)-\frac{t}{t_1}\right]\end{aligned}$$

第二阶段（$t>t_1$）

$$\begin{aligned}y(t)&=\frac{1}{m\omega}\int_0^{t_1}F_P\left(1-\frac{\tau}{t_1}\right)\sin\omega(t-\tau)\mathrm{d}\tau\\&=y_s\left\{\frac{1}{\omega t_1}[\sin\omega t-\sin\omega(t-t_1)]-\cos\omega t\right\}\\&=y_s\left\{\frac{1}{2\pi}\left(\frac{T}{t_1}\right)\left[\sin2\pi\left(\frac{t}{T}\right)-\sin2\pi\left(\frac{t}{T}-\frac{t_1}{T}\right)\right]-\cos2\pi\left(\frac{t}{T}\right)\right\}\end{aligned}$$

式中，y_{st} 为将 F_p 作为静力荷载作用时的静位移。

对于三角形冲击荷载，最大位移反应可用速度为零（即位移的一阶导数）条件下的时间值来计算。最大位移反应在哪个阶段出现，这与$\dfrac{t_1}{T}$（荷载持续时间与自振周期之比）有关。计算表明，当$\dfrac{t_1}{T}>0.4$时，最大位移反应在第一阶段出现，否则，就在第二阶段出现。

表10.1给出了三角形冲击荷载作用下不同$\dfrac{t_1}{T}$值时的位移动力系数。当$\dfrac{t_1}{T}\to\infty$时，$\beta\to2$，相当于突加荷载作用时的情况。

表 10.1　三角形冲击荷载作用下的动力系数

$\frac{t_1}{T}$	0.125	0.20	0.25	0.371	0.40	0.50	0.75	1.00	1.50	2.00	$\to\infty$
β	0.39	0.60	0.73	1.00	1.05	1.20	1.42	1.55	1.69	1.76	2.00

10.4　阻尼对振动的影响

无阻尼自由振动仅仅是一种理想情况，由于不消耗体系的振动能量，所以，振动会无休止地持续下去。但是，任何结构体系均存在阻尼，体系的振动能量不断消耗，最后会停止振动。

阻尼力对质点运动起阻碍作用，它总是与质点的速度方向相反。阻尼力有如下几种情况：阻尼力与质点的速度成正比时，称为黏滞阻尼力；阻尼力与质点速度的平方成正比，固体在流体中运动受到的阻力属于这一类；阻尼力的大小与质点速度无关，如摩擦力。

下面对比较简单的黏滞阻尼力的情形加以讨论。

具有阻尼的单自由度体系的振动模型如图 10.22(a) 所示，体系的阻尼性质用阻尼减震器表示，阻尼常数为 c。取质量为 m 的物体为隔离体，如图 10.22(b) 所示，弹性力 $-ky$、阻尼力 $-c\dot{y}$、惯性力 $-m\ddot{y}$ 和动荷载 $F_P(t)$ 满足平衡方程：

$$m\ddot{y}+c\dot{y}+ky=F_P(t) \tag{10.21}$$

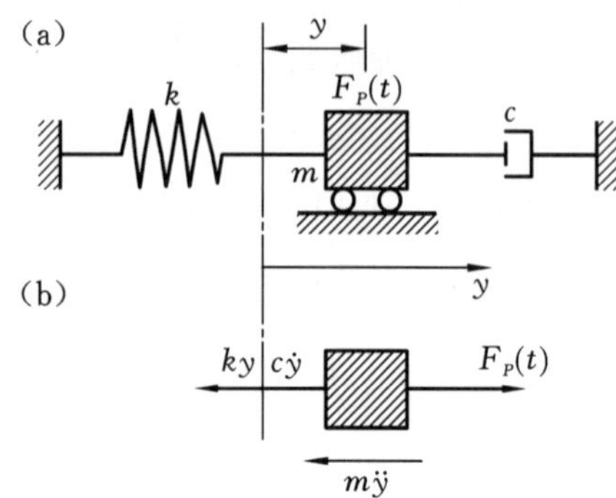

图 10.22　有阻尼单自由度体系强迫振动

(a) 有阻尼单自由度体系的振动模型；(b) 隔离体

10.4.1　有阻尼自由振动

若 $F_P(t)=0$，即为自由振动的方程：

$$\ddot{y}+2\xi\omega\dot{y}+\omega^2 y=0 \tag{10.22}$$

其中

$$\left.\begin{aligned}&\omega=\sqrt{\frac{k}{m}}\\&\text{阻尼比}\ \xi=\frac{c}{2m\omega}\end{aligned}\right\} \tag{10.23}$$

设微分方程式(10.22) 的解为

$$y(t)=Ce^{\lambda t}$$

则 λ 可根据特征方程确定：

$$\lambda^2+2\xi\omega\lambda+\omega^2=0$$

即

$$\lambda=\omega(-\xi\pm\sqrt{\xi^2-1}) \tag{10.24}$$

下面分别对 $\xi<1$、$\xi=1$、$\xi>1$ 三种情况的振动规律进行讨论。

(1) $\xi<1$，即为弱阻尼。

$$\omega_r=\omega\sqrt{1-\xi^2} \tag{10.25}$$

则

$$\lambda=-\xi\omega\pm i\omega_r$$

此时，微分方程式(10.22) 的解为

$$y(t)=e^{-\xi\omega t}(C_1\cos\omega_r t+C_2\sin\omega_r t)$$

C_1、C_2 可由初始条件 $y(0)=y_0$，$\dot{y}(0)=v_0$ 求得，解为

$$y(t)=e^{-\xi\omega t}\left(y_0\cos\omega_r t+\frac{v_0+\xi\omega y_0}{\omega_r}\sin\omega_r t\right) \tag{10.26}$$

可写成

$$y(t)=e^{-\xi\omega t}a\sin(\omega_r t+\alpha) \tag{10.27}$$

其中

$$a=\sqrt{y_0^2+\frac{(v_0+\xi\omega y_0)^2}{\omega_r^2}}$$

$$\tan\alpha=\frac{y_0\omega_r}{v_0+\xi\omega y_0}$$

振动特性函数 $y(t)$ 相应的 y-t 曲线如图10.23所示，可以看出弱阻尼体系中阻尼对自振频率和振幅的影响。

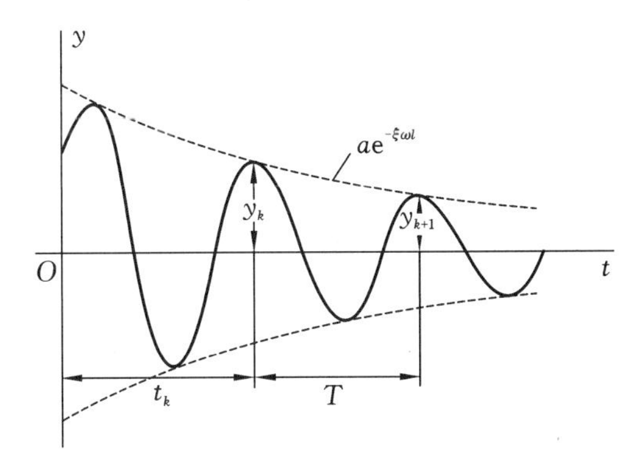

图 10.23　弱阻尼体系振动特性函数 y-t 曲线

(a) 阻尼对自振频率的影响。式(10.27)中的 ω_r 是低阻尼体系的自振圆频率。ω_r 和 ω 的关系如式(10.25)所示。由此可知，在 $\xi<1$ 的弱阻尼情况下，ω_r 恒小于 ω，而且 ω_r 随 ξ 值的增大而减小。如果 $\xi<0.2$，则$\frac{\omega_r}{\omega}\approx 1$，$\omega_r$ 与 ω 的值很接近。因此，当 $\xi<0.2$ 时，可以忽略阻尼对自振频率的影响。钢筋混凝土结构的阻尼比为5%，而钢结构的阻尼比为1%～2%，属于弱阻尼。

(b) 阻尼对振幅的影响。在式(10.27)中，振幅为 $ae^{-\xi\omega t}$，由于阻尼的影响，振幅随时间而逐渐衰减，ξ 值越大，衰减越快。即，经过一个周期 T 后，相邻两个振幅 y_{k+1} 与 y_k 的比值为

$$\frac{y_{k+1}}{y_k}=\frac{e^{-\xi\omega(t_k+T)}}{e^{-\xi\omega t_k}}=e^{-\xi\omega T}$$

由此可得

$$\ln\frac{y_k}{y_{k+1}}=\xi\omega T=\xi\omega\frac{2\pi}{\omega_r}$$

因此

$$\xi=\frac{1}{2\pi}\frac{\omega_r}{\omega}\ln\frac{y_k}{y_{k+1}}$$

因为阻尼比 $\xi<0.2$，则$\frac{\omega_r}{\omega}\approx 1$，所以

$$\xi\approx\frac{1}{2\pi}\ln\frac{y_k}{y_{k+1}}$$

其中，$\ln\frac{y_k}{y_{k+1}}$ 称为振幅的对数递减率。y_k 和 y_{k+n} 表示两个相隔 n 个周期的振幅，可得

$$\xi = \frac{1}{2\pi n}\frac{\omega_r}{\omega}\ln\frac{y_k}{y_{k+n}}$$

当$\frac{\omega_r}{\omega} \approx 1$时，有：

$$\xi \approx \frac{1}{2\pi n}\ln\frac{y_k}{y_{k+n}} \tag{10.28}$$

(2) $\xi = 1$，即为临界阻尼。

根据式(10.23)可知

$$\lambda = -\omega$$

则微分方程(10.22)的解为

$$y = (C_1 + C_2 t)e^{-\omega t}$$

考虑初始条件，得：

$$y = [y_0(1 + \omega t) + v_0 t]e^{-\omega t}$$

y-t 曲线如图 10.24 所示，这条曲线不具有图 10.23 所示曲线那样的波动性质，衰减加快且不引起振动。

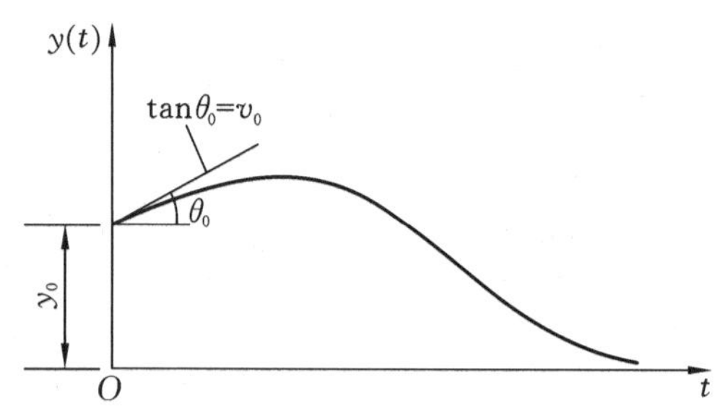

图 10.24　临界阻尼体系振动特性函数 y-t 曲线

综合以上讨论可知：当$\xi < 1$时，体系在自由反应中是会引起振动的，而当阻尼比$\xi = 1$时，是不会引起振动的，这时的阻尼常数称为临界阻尼常数，用c_r表示。令式(10.23)中$\xi = 1$，可得临界阻尼常数为

$$c_r = 2m\omega = 2\sqrt{mk} \tag{10.29}$$

由式(10.23)和式(10.29)得：

$$\xi = \frac{c}{c_r}$$

参数ξ称为阻尼比。阻尼比可以较好地反映阻尼情况，它的数值可以通过实测得到。

(3) $\xi > 1$，即为强阻尼。

体系在自由反应中不出现振动现象，设计工作中较少遇到这种情况。

10.4.2　有阻尼强迫振动

当体系有阻尼且$\xi < 1$时，式(10.22)的解可表示为杜哈梅积分，推导过程与无阻尼体系相似。

首先，根据式(10.26)可知，单独由初始速度v_0(初始位移y_0为零)或初始冲量$S(S = mv_0)$所引起的振动可以表示为

$$\left.\begin{aligned} y(t) &= e^{-\xi\omega t}\frac{v_0}{\omega_r}\sin\omega_r t \\ y(t) &= e^{-\xi\omega t}\frac{S}{m\omega_r}\sin\omega_r t \end{aligned}\right\}$$

其次，考虑任意荷载 $F_P(t)$ 引起的振动。$F_P(t)$ 的作用可看作一系列连续的瞬时冲量。$t=\tau$ 到 $t=\tau+\mathrm{d}\tau$ 的荷载的微冲量为 $\mathrm{d}S=F_P(\tau)\mathrm{d}\tau$，则微冲量引起的振动反应：

$$\mathrm{d}y=\frac{F_P(\tau)\mathrm{d}\tau}{m\omega_r}\mathrm{e}^{-\xi\omega(t-\tau)}\sin\omega_r(t-\tau)$$

对上式进行积分得

$$y(t)=\int_0^t\frac{F_P(\tau)\mathrm{d}\tau}{m\omega_r}\mathrm{e}^{-\xi\omega(t-\tau)}\sin\omega_r(t-\tau)\mathrm{d}\tau \tag{10.30}$$

式(10.30)即初始为静止状态的单自由度体系在任意荷载 $F_P(t)$ 作用下产生的有阻尼的强迫振动的位移公式。

若有初始位移 y_0 和初始速度 v_0，则总位移为

$$y(t)=\mathrm{e}^{-\xi\omega t}\left(y_0\omega_r t+\frac{v_0+\xi\omega y_0}{\omega_r}\sin\omega_r t\right)+\int_0^t\frac{F_P(\tau)}{m\omega_r}\mathrm{e}^{-\xi\omega(t-\tau)}\sin\omega_r(t-\tau)\mathrm{d}\tau \tag{10.31}$$

下面对简谐荷载进行着重讨论。

设简谐荷载为 $F_P(t)=F\sin\theta t$，将其代入式(10.21)，可得振动微分方程：

$$\ddot{y}+2\xi\omega\dot{y}+\omega^2 y=\frac{F_P}{m}\sin\theta t \tag{10.32}$$

特解为

$$y=A\sin\theta t+B\cos\theta t$$

代入式(10.32)，得：

$$A=\frac{F_P}{m}\frac{\omega^2-\theta^2}{(\omega^2-\theta^2)^2+4\xi^2\omega^2\theta^2}$$

$$B=\frac{F_P}{m}\frac{-2\xi\omega\theta}{(\omega^2-\theta^2)^2+4\xi^2\omega^2\theta^2}$$

再叠加方程的齐次解，得方程全解：

$$y(t)=\{\mathrm{e}^{-\xi\omega t}(C_1\cos\omega_r t+C_2\sin\omega_r t)\}+\{A\sin\theta t+B\cos\theta t\}$$

其中，常数 C_1 和 C_2 由初始条件确定。

根据上式可知体系由两个具有不同频率 ω_r 和 θ 的振动组成。式中第一部分含有因子 $\mathrm{e}^{-\xi\omega t}$，逐渐衰减至最后消失，即为过渡态。第二部分受到荷载的周期影响而不衰减，这部分振动称为平稳振动，也称稳态。

平稳振动的动力位移可表示为

$$y(t)=y_P\sin(\theta t-\alpha) \tag{10.33a}$$

其中

$$\left.\begin{aligned}y_P&=y_{st}\left[\left(1-\frac{\theta^2}{\omega^2}\right)^2+4\xi^2\frac{\theta^2}{\omega^2}\right]^{-\frac{1}{2}}\\ \alpha&=\arctan\frac{2\xi\left(\dfrac{\theta}{\omega}\right)}{1-\left(\dfrac{\theta}{\omega}\right)^2}\end{aligned}\right\} \tag{10.33b}$$

y_P 表示振幅，y_{st} 表示荷载最大值 F 作用下的静力位移。动力系数为：

$$\beta=\frac{y_P}{y_{st}}=\left[\left(1-\frac{\theta^2}{\omega^2}\right)^2+4\xi^2\frac{\theta^2}{\omega^2}\right]^{-\frac{1}{2}} \tag{10.34}$$

上式表明动力系数 β 与频率 ω 比值 $\dfrac{\theta}{\omega}$ 和阻尼比 ξ 有关。ξ 取不同的值时 β 与 $\dfrac{\theta}{\omega}$ 之间的关系曲线，

如图 10.25 所示。

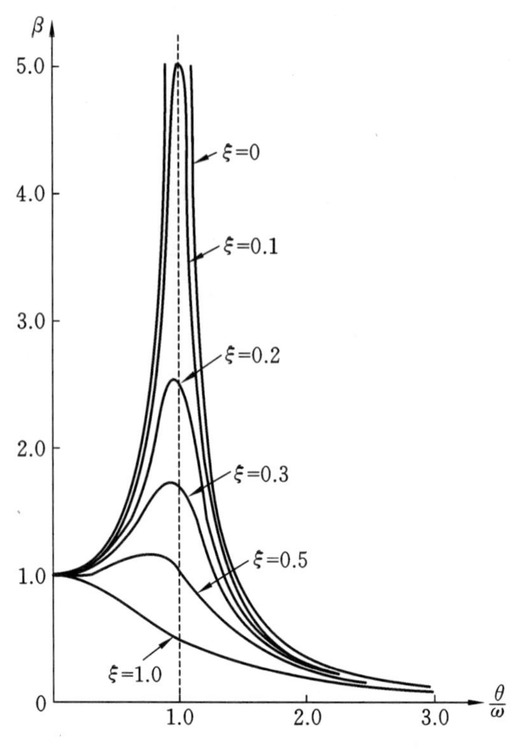

图 10.25　有阻尼时简谐荷载的动力系数

根据图 10.25 可得出以下结论：

第一，阻尼比ξ对动力系数β的影响较大，ξ值越大（在$0<\xi<1$的范围内），相应的曲线渐趋平缓，特别是在$\dfrac{\theta}{\omega}=1$附近，β的峰值下降得最为显著。

第二，当$\dfrac{\theta}{\omega}=1$时，体系共振，动力系数为

$$\beta\Big|_{\frac{\theta}{\omega}=1}=\frac{1}{2\xi} \tag{10.35}$$

如果忽略阻尼的影响，当$\xi\rightarrow 0$时，无阻尼体系共振时动力系数趋于无穷大。

第三，在阻尼体系中，$\dfrac{\theta}{\omega}=1$时的动力系数并不等于最大的动力系数$\beta_{\max}$。求β对参数$\dfrac{\theta}{\omega}$的导数，可得$\beta_{\max}$。对于$\xi<\dfrac{1}{\sqrt{2}}$的实际结构，可得：

$$\frac{\theta}{\omega}=\sqrt{1-2\xi^2}$$

代入式(10.34)，可得：

$$\beta_{\max}=\frac{1}{2\xi\sqrt{1-\xi^2}}$$

由此看出，对于$\xi\neq 0$的阻尼体系，有：

$$\frac{\theta}{\omega}\neq 1,\quad \beta_{\max}\neq\beta\Big|_{\frac{\theta}{\omega}=1}$$

但是，由于通常情况下的 ξ 值很小，因此可近似地认为

$$\left(\frac{\theta}{\omega}\right)\approx 1,\quad \beta_{\max}\approx\beta\,|_{\frac{\theta}{\omega}=1}$$

第四，比较式(10.33a) 及荷载特性可知，阻尼体系的位移比荷载滞后一个相位角 α。α 值可由式(10.31b) 求出。存在三个典型情况的相位角：

当 $\dfrac{\theta}{\omega}\to 0$ 时($\theta\ll\omega$)，$\alpha\to 0°$($y(t)$ 与 $F_P(t)$ 同步)；

当 $\dfrac{\theta}{\omega}\to 1$ 时($\theta\approx\omega$)，$\alpha\to 90°$；

当 $\dfrac{\theta}{\omega}\to\infty$ 时($\theta\gg\omega$)，$\alpha\to 180°$($y(t)$ 与 $F_P(t)$ 方向相反)。

上面三种典型情况的受力特点：

当荷载频率很小($\theta\ll\omega$) 时，体系振动很慢，因此惯性力和阻尼力都很小，动荷载主要与弹性力平衡。由于弹性力与位移成正比，但方向相反，故荷载与位移基本上是同步的。

当荷载频率很大($\theta\gg\omega$) 时，体系振动很快，因此惯性力很大，弹性力和阻尼力相对较小，动荷载主要与惯性力平衡。由于惯性力与位移是同相位的，因此荷载与位移的相位角相差180°，即方向彼此相反。

当荷载频率接近自振频率($\theta\approx\omega$) 时，$y(t)$ 与 $F_P(t)$ 相差的相位角接近90°。因此，当荷载值为最大时，位移和加速度趋近于零，因而弹性力和惯性力都趋近于零，这时动荷载主要与阻尼力相平衡。因此，共振时阻尼力不能忽视，对振动有重要作用。

10.5　多自由度体系的自由振动

实际结构并不都能简化成单自由度体系来计算，常需简化为多自由度体系，且还涉及体系的主振型(或主模态) 分析。因此，下面介绍多自由度体系的自由振动。

10.5.1　刚度法

刚度法是根据平衡条件建立运动方程。下面先介绍两个自由度体系，继而推广到 n 个自由度体系。

1. 两个自由度体系

如图 10.26 所示，根据达朗贝尔原理可得平衡方程

$$\left.\begin{aligned}-m_1\ddot{y}_1-F_{s1}=0\\-m_2\ddot{y}_2-F_{s2}=0\end{aligned}\right\}\tag{10.36}$$

式中，F_{s1} 和 F_{s2} 分别为隔离体 m_1 和 m_2 上的弹性力(即恢复力)，其大小与隔离体的位移 y_1 和 y_2 有关。由于所考虑的振动体系是线性的，因而，F_{s1} 和 F_{s2} 可以用叠加原理表示为

$$\left.\begin{aligned}F_{s1}=k_{11}y_1+k_{12}y_2\\F_{s2}=k_{21}y_1+k_{22}y_2\end{aligned}\right\}\tag{10.37}$$

式中，k_{11}、k_{12}、k_{21}、k_{22} 为刚度系数，如图 10.26(c) 和图 10.26(d) 所示。

将式(10.37) 代入式(10.36) 中，则得：

$$\left.\begin{aligned}m_1\ddot{y}_1+k_{11}y_1+k_{12}y_2=0\\m_2\ddot{y}_2+k_{21}y_1+k_{22}y_2=0\end{aligned}\right\}\tag{10.38}$$

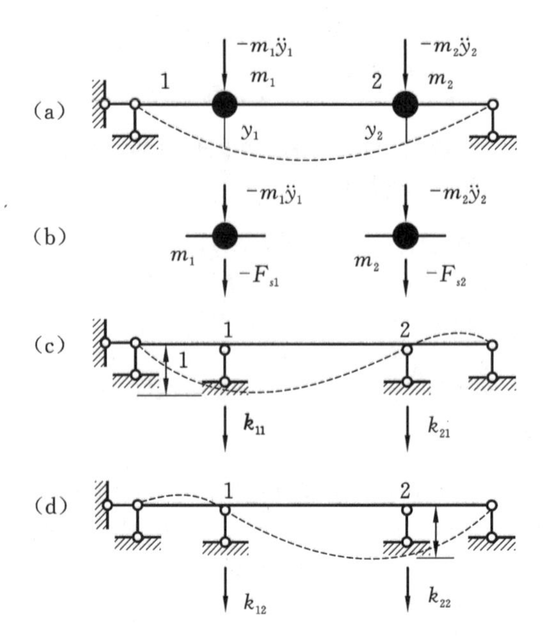

图 10.26　两个自由度体系自由振动(刚度法)

(a) 两个自由度体系；(b) 隔离体(m_1、m_2)；

(c) 刚度系数 k_{11}、k_{21}；(d) 刚度系数 k_{12}、k_{22}

上式即为按刚度法建立的运动微分方程。假定微分方程组特解的形式仍和单自由度体系自由振动时一样，即为

$$\left.\begin{aligned} y_1(t) &= Y_1\sin(\omega t+\varphi) \\ y_2(t) &= Y_2\sin(\omega t+\varphi) \end{aligned}\right\} \tag{10.39}$$

将上式及其对时间 t 的二阶导数代入式(10.38)中，消去公因子 $\sin(\omega t+\varphi)$ 后，经整理得

$$\left.\begin{aligned} (k_{11}-\omega^2 m_1)Y_1+k_{12}Y_2 &= 0 \\ k_{21}Y_1+(k_{22}-\omega^2 m_2)Y_2 &= 0 \end{aligned}\right\} \tag{10.40}$$

式(10.40)所表示的运动具有以下特点：

(1) 在振动过程中，两个质点具有相同的频率 ω 和相同的相位角 α，Y_1 和 Y_2 是位移幅值。

(2) 在振动过程中，两个质点的位移在数值上随时间而变化，但二者的比值始终保持不变，即

$$\frac{y_1(t)}{y_2(t)}=\frac{Y_1}{Y_2}=\text{常数}$$

这种结构的位移形状保持不变的振动形式称为主振型或振型。

式(10.40)是以质点位移振幅 Y_1 和 Y_2 为未知量的齐次线性方程组，称它为主振型方程(数学上称为广义特征向量方程)。方程组有非零解的必要充分条件是方程组的系数行列式为零，即

$$\boldsymbol{D}=\begin{vmatrix} (k_{11}-\omega^2 m_1) & k_{12} \\ k_{21} & (k_{22}-\omega^2 m_2) \end{vmatrix}=0 \tag{10.41}$$

上式即为频率方程或特征方程。将上式展开并整理可得

$$(\omega^2)^2-\left(\frac{k_{11}}{m_1}+\frac{k_{22}}{m_2}\right)\omega^2+\frac{k_{11}k_{22}-k_{12}k_{21}}{m_1 m_2}=0$$

由此可解出 ω^2 的两个根：

$$\omega^2=\frac{1}{2}\left(\frac{k_{11}}{m_1}+\frac{k_{22}}{m_2}\right)\pm\sqrt{\left[\frac{1}{2}\left(\frac{k_{11}}{m_1}+\frac{k_{22}}{m_2}\right)\right]^2-\frac{k_{11}k_{22}-k_{12}k_{21}}{m_1 m_2}} \tag{10.42}$$

可以证明两个根均为正，即两个自由度体系共有两个自振频率，用 ω_1 表示其中最小的圆频率，称为第一圆频率或基本圆频率。另一个圆频率 ω_2 称为第二圆频率。

求出 ω_1 和 ω_2 之后，再确定它们各自相应的主振型。

将第一圆频率 ω_1 代入式(10.40)。由于行列式 $\boldsymbol{D}=0$，方程组中的两个方程是线性相关的，实际上只有一个独立的方程。由式(10.40)的任一个方程可求出比值 Y_1/Y_2，这个比值所确定的振动形式就是与第一圆频率 ω_1 相对应的主振型，称为第一主振型或基本振型。例如由式(10.40)中的第一式可得：

$$\frac{Y_{11}}{Y_{21}}=-\frac{k_{12}}{k_{11}-\omega_1^2 m_1}$$

这里，Y_{11} 和 Y_{21} 分别表示第一主振型中质点 1 和 2 的振幅。

同理，将第二圆频率 ω_2 代入式(10.40)，可以求出 Y_1/Y_2 的另一个比值。这个比值所确定的另一个振动形式称为第二主振型。例如由式(10.40)的第一式可得：

$$\frac{Y_{12}}{Y_{22}}=-\frac{k_{12}}{k_{11}-\omega_2^2 m_1}$$

这里，Y_{12} 和 Y_{22} 分别表示第二主振型中质点 1 和 2 的振幅。

上面求出的两个主振型分别如图 10.27(a)、图 10.27(b) 所示。

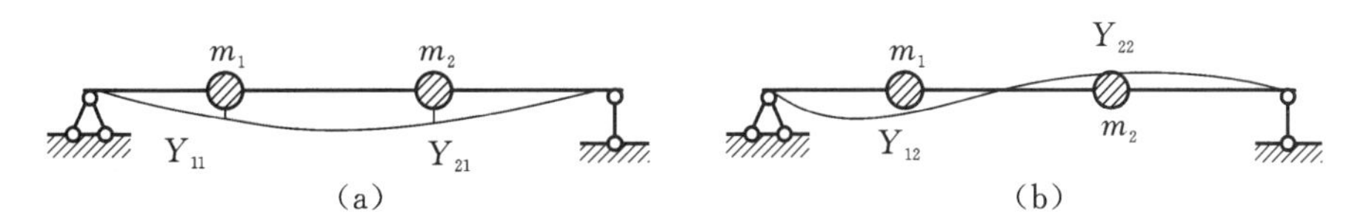

图 10.27　两个自由度体系自由振动的主振型

(a) 第一主振型；(b) 第二主振型

两个自由度体系如果按某个主振型自由振动时，由于它的振动形式保持不变，因此这两个自由度体系实际上是像一个单自由度体系那样振动。两个自由度体系能够按某个主振型自由振动的条件是：初始位移和初始速度应当与该主振型相对应。

在一般情形下，两个自由度体系的自由振动可看作是两个频率及其主振型的组合振动，即

$$\left.\begin{aligned}y_1(t)&=A_1Y_{11}\sin(\omega_1 t+\alpha_1)+A_2Y_{12}\sin(\omega_2 t+\alpha_2)\\y_2(t)&=A_1Y_{21}\sin(\omega_1 t+\alpha_1)+A_2Y_{22}\sin(\omega_2 t+\alpha_2)\end{aligned}\right\}$$

上式是微分方程(10.38)的全解。其中两对待定常数 A_1、α_1 和 A_2、α_2 可由初始条件来确定。

由上面的讨论可归纳出几点：

(1) 在多自由度体系自由振动问题中，主要问题是确定体系的全部自振频率及其相应的主振型；

(2) 多自由度体系自振频率不止一个，其个数与自由度个数相等，自振频率可由特征方程求出；

(3) 每个自振频率有自己相应的主振型，主振型就是多自由度体系能够按单自由度振动时所具有的特定形式；

(4) 与单自由度体系相同，多自由度体系的自振频率和主振型也是体系本身的固有性质。由式(10.42)看出，自振频率只与体系本身的刚度系数及其质量的分布情形有关，而与外部荷载无关。

【例 10.6】　图 10.28(a) 所示刚架，横梁为无限刚性，柱子的刚度为 EI，柱顶 B、C 上有集中质量 m，试用刚度法求自振频率和主振型。

【解】 (1) 求刚度系数

体系有两个自由度。先在质点 m 的运动方向上增设限制运动的附加链杆，然后令链杆分别移动单位位移，并绘出相应的弯矩图，如图 10.28(b) 所示。

由此，根据截面的静力平衡条件不难求得：

$$k_{11}=\frac{3i}{l^2},k_{12}=k_{21}=\frac{3i}{l^2},k_{22}=\frac{27i}{l^2}$$

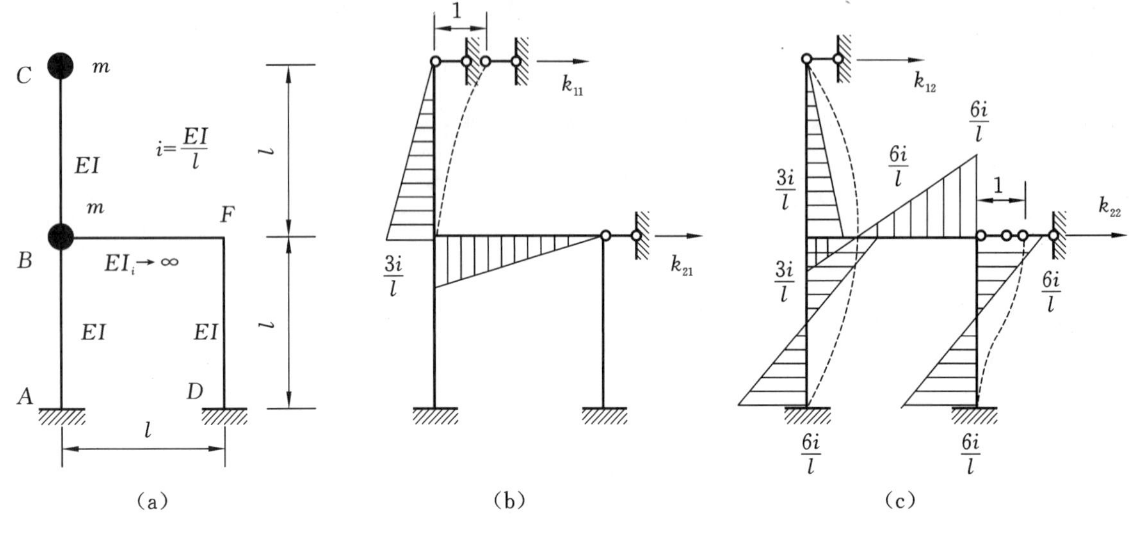

图 10.28　例 10.6 图

(a) 两自由度刚架模型；(b) $\overline{M}_1$ 图；(c) $\overline{M}_2$ 图

(2) 列主振型方程

将所求得的刚度系数代入主振型方程式(10.38)中，经整理后得：

$$\left.\begin{aligned}(3-\eta)A_1-3A_2&=0\\-3A_1+(27-\eta)A_2&=0\end{aligned}\right\}$$

式中

$$\eta=\frac{ml^3}{EI}\omega^2$$

(3) 列频率方程并求解

令主振型方程组的系数行列式为零，即为频率方程

$$\boldsymbol{D}=\begin{vmatrix}(3-\eta) & -3\\ -3 & (27-\eta)\end{vmatrix}=0$$

其展开式为

$$\eta^2-30\eta+72=0$$

其解自小到大排列为

$$\eta_1=2.6307$$

$$\eta_2=27.3693$$

利用 η 的表达式可求得

$$\omega_1=\sqrt{\frac{EI}{ml^3}\eta_1}=1.622\sqrt{\frac{EI}{ml^3}};\omega_2=\sqrt{\frac{EI}{ml^3}\eta_2}=5.232\sqrt{\frac{EI}{ml^3}}$$

(4) 求主振型

先求第一主振型。现将 $\eta=\eta_1, Y_{11}=1$ 代入主振型方程组的第一个方程中，得：

$$Y_{21}=\frac{3-\eta_1}{3}=0.1231$$

后求第二主振型。将 $\eta=\eta_2, Y_{12}=1$ 代入主振型方程组的第一个方程中，得：

$$Y_{22}=\frac{3-\eta_2}{3}=-8.1231$$

将求得的主振型表示为向量形式，即

$$\boldsymbol{Y}^{(1)}=\begin{Bmatrix}1\\0.1231\end{Bmatrix};\ \boldsymbol{Y}^{(2)}=\begin{Bmatrix}1\\-8.1231\end{Bmatrix}$$

它们对应的主振型如图 10.29 所示。

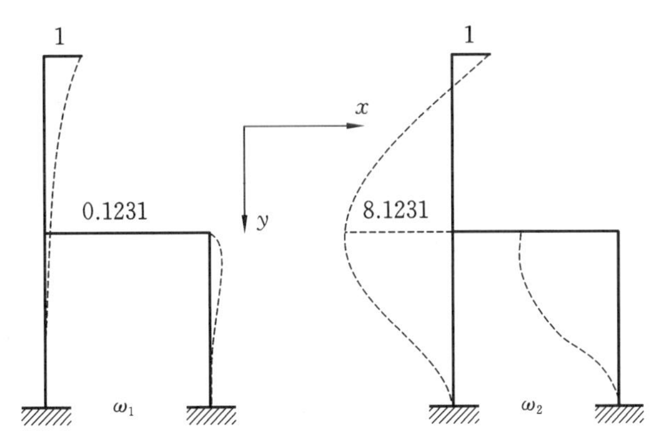

图 10.29 例 10.6 主振型图

(a) 第一主振型；(b) 第二主振型

2. n 个自由度体系

图 10.30(a) 所示为一具有 n 个自由度的体系。按照上面的方法将微分方程推广如下。

取各质点作隔离体，如图 10.30(b) 所示。质点 m_i 所受的力包括惯性力 $m_i\ddot{y}_i$ 和弹性力 F_{si}，其平衡方程为：

$$m_i\ddot{y}_i+F_{Si}=0\ (i=1,2,\cdots,n)$$

弹性力 F_{si} 是质点 m_i 与结构之间的相互作用力。图 10.30(b) 中的 F_{si} 是质点 m_i 所受的力，图 10.30(c) 中的 F_{si} 是结构所受的力，二者的方向相反。在图 10.30(c) 中，结构所受的力 F_{si} 与结构的位移 $y_1, y_2, \cdots, y_n$ 之间应满足刚度方程：

$$F_{si}=k_{i1}y_1+k_{i2}y_2+\cdots+k_{in}y_n\quad(i=1,2,\cdots,n)$$

这里，k_{ij} 是结构的刚度系数，即使点 j 产生单位位移（其他各点的位移保持为零）时在点 i 所需施加的力。

将刚度方程式代入平衡方程式，即得自由振动微分方程组如下：

$$\left.\begin{array}{l}m_1\ddot{y}_1+k_{11}y_1+k_{12}y_2+\cdots+k_{1n}y_n=0\\m_2\ddot{y}_2+k_{21}y_1+k_{22}y_2+\cdots+k_{2n}y_n=0\\\quad\vdots\qquad\vdots\qquad\vdots\qquad\qquad\vdots\quad\vdots\\m_n\ddot{y}_n+k_{n1}y_1+k_{n2}y_2+\cdots+k_{nn}y_n=0\end{array}\right\}\tag{10.43a}$$

表示成矩阵形式如下：

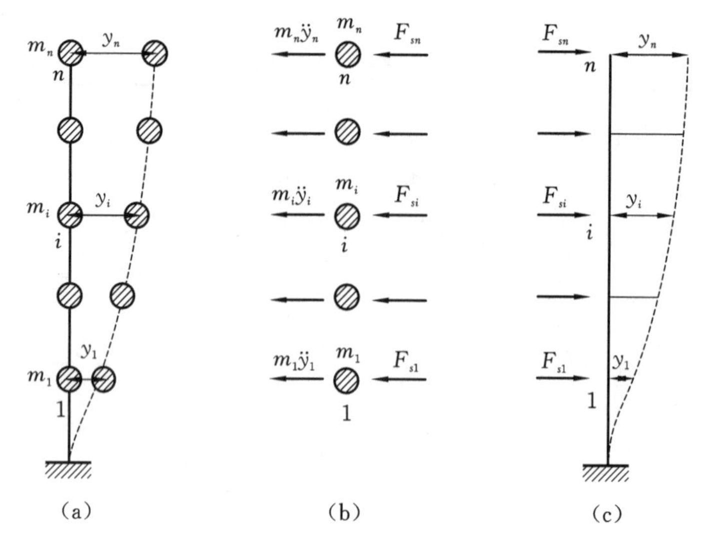

图 10.30　n 个自由度的体系自由振动

(a) n 个自由度的振动体系模型;(b) m_i 隔离体受力图;(c) 结构体系受力图

$$\begin{pmatrix} m_1 & & & \\ & m_2 & & \\ & & \ddots & \\ & & & m_n \end{pmatrix}\begin{pmatrix} \ddot{y}_1 \\ \ddot{y}_2 \\ \vdots \\ \ddot{y}_n \end{pmatrix}+\begin{pmatrix} k_{11} & k_{12} & \cdots & k_{1n} \\ k_{21} & k_{22} & \cdots & k_{2n} \\ \vdots & \vdots & & \vdots \\ k_{n1} & k_{n2} & \cdots & k_{nn} \end{pmatrix}\begin{pmatrix} y_1 \\ y_2 \\ \vdots \\ y_n \end{pmatrix}=\begin{pmatrix} 0 \\ 0 \\ \vdots \\ 0 \end{pmatrix}$$

即

$$\boldsymbol{M}\ddot{\boldsymbol{y}}+\boldsymbol{K}\boldsymbol{y}=\boldsymbol{0} \tag{10.43b}$$

其中,$\boldsymbol{y}$ 和 $\ddot{\boldsymbol{y}}$ 分别是位移向量和加速度向量:

$$\boldsymbol{y}=\begin{pmatrix} y_1 \\ y_2 \\ \vdots \\ y_n \end{pmatrix},\quad \ddot{\boldsymbol{y}}=\begin{pmatrix} \ddot{y}_1 \\ \ddot{y}_2 \\ \vdots \\ \ddot{y}_n \end{pmatrix}$$

$\boldsymbol{M}$ 和 $\boldsymbol{K}$ 分别是质量矩阵和刚度矩阵:

$$\boldsymbol{M}=\begin{pmatrix} m_1 & & & \\ & m_2 & & \\ & & \ddots & \\ & & & m_n \end{pmatrix},\quad \boldsymbol{K}=\begin{pmatrix} k_{11} & k_{12} & \cdots & k_{1n} \\ k_{21} & k_{22} & \cdots & k_{2n} \\ \vdots & \vdots & & \vdots \\ k_{n1} & k_{n2} & \cdots & k_{nn} \end{pmatrix}$$

可见,$\boldsymbol{K}$ 是对称方阵;$\boldsymbol{M}$ 是对角矩阵。

下面求方程式(10.43b)的解。设解为如下形式:

$$\boldsymbol{y}=\boldsymbol{Y}\sin(\omega t+\alpha)$$

其中,$\boldsymbol{Y}$ 是位移幅值向量,即

$$\boldsymbol{Y}=\begin{pmatrix} Y_1 \\ Y_2 \\ \vdots \\ Y_n \end{pmatrix}$$

将解代入式(10.43b)，消去公因子，即得：

$$(\boldsymbol{K}-\omega^2\boldsymbol{M})\boldsymbol{Y}=\boldsymbol{0} \tag{10.44}$$

上式是位移幅值$\boldsymbol{Y}$的齐次方程。要保证$\boldsymbol{Y}$有非零解，则系数行列式为零，即

$$|\boldsymbol{K}-\omega^2\boldsymbol{M}|=0 \tag{10.45a}$$

式(10.45a)为多自由度体系的频率方程。其展开形式如下：

$$\boldsymbol{D}=\begin{vmatrix} k_{11}-\omega^2 m_1 & k_{12} & \cdots & k_{1n} \\ k_{21} & k_{22}-k_{11}-\omega^2 m_2 & \cdots & k_{2n} \\ \vdots & \vdots & & \vdots \\ k_{n1} & k_{n2} & \cdots & k_{nn} \end{vmatrix}=0 \tag{10.45b}$$

展开行列式可得到一个关于频率参数ω^2的n次代数方程(n是体系自由度的次数)。求出这个方程n个根$\omega_1^2,\omega_2^2,\cdots,\omega_n^2$，即可得到体系的$n$个自振频率$\omega_1,\omega_2,\cdots,\omega_n$。把全部自振频率按照从小到大的顺序排列而成的向量称为频率向量$\boldsymbol{\omega}$，其中最小的频率称为基频，即第一频率。

令$\boldsymbol{Y}^{(i)}$表示与频率ω_i相应的主振型向量：

$$\boldsymbol{Y}^{(i)\mathrm{T}}=(Y_{1i}\quad Y_{2i}\quad \cdots \quad Y_{ni})$$

将ω_i和$Y^{(i)}$代入式(10.44)，得：

$$(\boldsymbol{K}-\omega_i^2\boldsymbol{M})\boldsymbol{Y}^{(i)}=\boldsymbol{0} \tag{10.46}$$

令$i=1,2,\cdots,n$，可得出n个向量方程，由此可求出n个主振型向量$\boldsymbol{Y}^{(1)},\boldsymbol{Y}^{(2)},\cdots,\boldsymbol{Y}^{(n)}$。

每一个向量方程都代表n个联立代数方程，以$Y_{1i},Y_{2i},\cdots,Y_{ni}$为未知数。根据齐次方程的特性，如果$Y_{1i},Y_{2i},\cdots,Y_{ni}$是方程组的解，则$CY_{1i},CY_{2i},\cdots,CY_{ni}$也是方程组的解(这里$C$是任一常数)。可知，由式(10.46)可唯一地确定主振型$\boldsymbol{Y}^{(i)}$的形状，但不能唯一地确定其振幅。

为了使主振型$\boldsymbol{Y}^{(i)}$也具有确定值，需要另外补充条件。这样得到的主振型称为标准化主振型。进行标准化的方法有多种。一种方法是规定主振型$\boldsymbol{Y}^{(i)}$中的某个元素为某个给定值。另一种方法是规定主振型$\boldsymbol{Y}^{(i)}$满足下式：

$$\boldsymbol{Y}^{(i)\mathrm{T}}\boldsymbol{M}\boldsymbol{Y}^{(i)}=1$$

【例 10.7】　试求图 10.31 所示刚架的自振频率和主振型。设横梁的变形略去不计，第一、二、三层的层间刚度系数分别为k、$\dfrac{k}{3}$、$\dfrac{k}{5}$。刚架的质量都集中在楼板上，第一、二、三层楼板处的质量分别为$2m$、m、m。

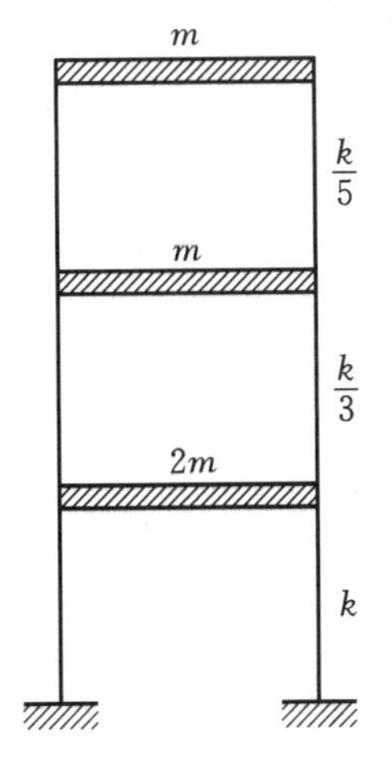

图 10.31　例 10.7 图

【解】 (1) 求自振频率

刚架的刚度系数如图10.32所示,刚度矩阵和质量矩阵分别为

$$\boldsymbol{K}=\frac{k}{15}\begin{bmatrix}20 & -5 & 0\\ -5 & 8 & -3\\ 0 & -3 & 3\end{bmatrix},\quad \boldsymbol{M}=m\begin{bmatrix}2 & 0 & 0\\ 0 & 1 & 0\\ 0 & 0 & 1\end{bmatrix}$$

因此

$$\boldsymbol{K}-\omega^2\boldsymbol{M}=\frac{k}{15}\begin{bmatrix}20-2\eta & -5 & 0\\ -5 & 8-\eta & -3\\ 0 & -3 & 3-\eta\end{bmatrix}$$

式中

$$\eta=\frac{15m}{k}\omega^2$$

频率方程为

$$|\boldsymbol{K}-\omega^2\boldsymbol{M}|=0$$

其展开式为

$$\eta^3-42\eta^2+225\eta-225=0$$

用试算法求得方程的三个根为

$$\eta_1=1.293,\quad \eta_2=6.680,\quad \eta_3=13.027$$

可求得

$$\omega_1^2=0.0862\frac{k}{m},\quad \omega_2^2=0.4453\frac{k}{m},\quad \omega_3^2=0.8685\frac{k}{m}$$

因此,三个自振频率为

$$\omega_1=0.2936\sqrt{\frac{k}{m}},\quad \omega_2=0.6673\sqrt{\frac{k}{m}},\quad \omega_3=0.9319\sqrt{\frac{k}{m}}$$

(2) 求主振型

主振型$\boldsymbol{Y}^{(i)}$由式(10.45)求解。在标准化振型中,规定第三个元素$Y_{3i}=1$。

先求第一主振型。将ω_1和η_1代入主振型方程,得:

$$\boldsymbol{K}-\omega_1^2\boldsymbol{M}=\frac{k}{15}\begin{bmatrix}17.414 & -5 & 0\\ -5 & 6.707 & -3\\ 0 & -3 & 1.707\end{bmatrix}$$

代入式(10.45)中并展开,保留后两个方程,得:

$$\left.\begin{aligned}-5Y_{11}+6.707Y_{21}-3Y_{31}=0\\ -3Y_{21}+1.707Y_{31}=0\end{aligned}\right\}$$

令$Y_{31}=1$,故上式的解为

$$\boldsymbol{Y}^{(1)}=\begin{bmatrix}Y_{11}\\ Y_{21}\\ Y_{31}\end{bmatrix}=\begin{bmatrix}0.163\\ 0.569\\ 1\end{bmatrix}$$

再求第二主振型。将ω_2和η_2代入主振型方程,得:

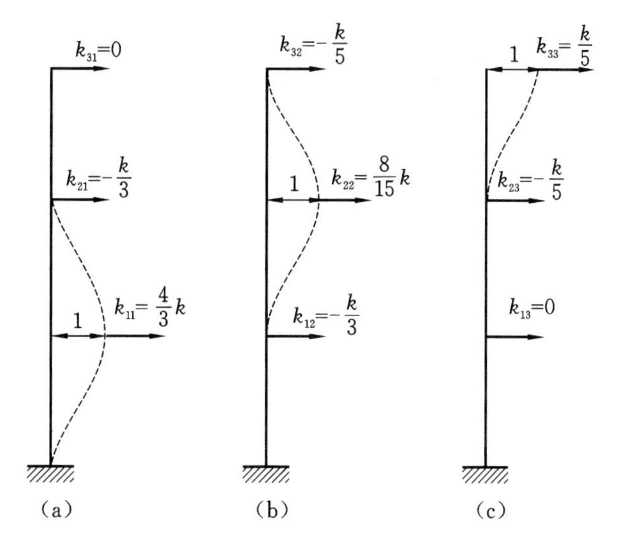

图 10.32　例 10.7 刚架的刚度系数

(a) 刚度系数 k_{11}、k_{21}、k_{31}；(b) 刚度系数 k_{12}、k_{22}、k_{32}；(c) 刚度系数 k_{13}、k_{23}、k_{33}

$$\boldsymbol{K}-\omega_2^2\boldsymbol{M}=\frac{k}{15}\begin{bmatrix}6.640 & -5 & 0\\ -5 & 1.320 & -3\\ 0 & -3 & -3.680\end{bmatrix}$$

代入式(10.45)，后两个方程为

$$\left.\begin{array}{l}-5Y_{12}+1.320Y_{22}-3Y_{32}=0\\ -3Y_{22}-3.680Y_{32}=0\end{array}\right\}$$

令 $Y_{32}=1$，上式的解为

$$\boldsymbol{Y}^{(2)}=\begin{bmatrix}Y_{12}\\ Y_{22}\\ Y_{32}\end{bmatrix}=\begin{bmatrix}-0.924\\ -1.227\\ 1\end{bmatrix}$$

最后求第三主振型。将 ω_3 和 η_3 代入主振型方程，得

$$\boldsymbol{K}-\omega_3^2\boldsymbol{M}=\frac{k}{15}\begin{bmatrix}-6.054 & -5 & 0\\ -5 & -5.027 & -3\\ 0 & -3 & -10.027\end{bmatrix}$$

代入式(10.45)，后两个方程为

$$\left.\begin{array}{l}5Y_{13}+5.027Y_{23}+3Y_{33}=0\\ 3Y_{23}+10.027Y_{33}=0\end{array}\right\}$$

令 $Y_{33}=1$，上式的解为

$$\boldsymbol{Y}^{(3)}=\begin{bmatrix}Y_{13}\\ Y_{23}\\ Y_{33}\end{bmatrix}=\begin{bmatrix}2.760\\ -3.342\\ 1\end{bmatrix}$$

三个主振型的大致形状如图 10.33 所示。

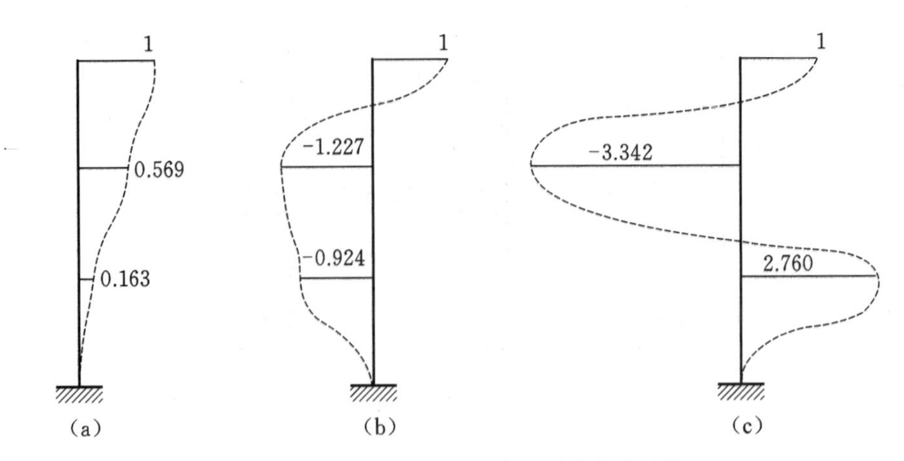

图 10.33 例 10.7 三个主振型的大致形状

(a) 第一主振型;(b) 第二主振型;(c) 第三主振型

10.5.2 柔度法

1. 两个自由度体系

图 10.34(a) 所示为两个自由度体系模型。在自由振动过程中,任一瞬时,质点 m_1 和 m_2 的位移 $y_1(t)$ 和 $y_2(t)$,可以看作是惯性力 $-m_1\ddot{y}_1(t)$ 和 $-m_2\ddot{y}_2(t)$ 共同作用下产生的位移。因此,利用叠加原理可得:

$$\left.\begin{aligned}y_1(t) &= -m_1\ddot{y}_1(t)f_{11} - m_2\ddot{y}_2(t)f_{12}\\ y_2(t) &= -m_1\ddot{y}_1(t)f_{21} - m_2\ddot{y}_2(t)f_{22}\end{aligned}\right\} \tag{10.47}$$

其中,f_{11}、f_{12}、f_{21}、f_{22} 为柔度系数,其物理意义如图 10.34(b)、图 10.34(c) 所示。

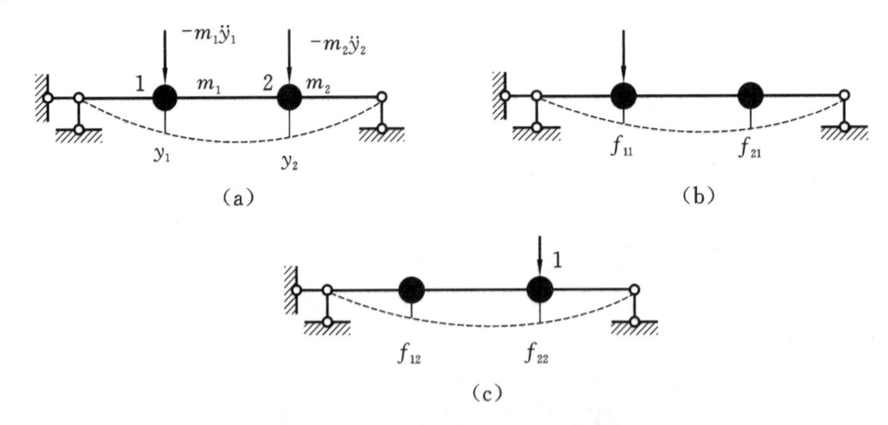

图 10.34 两自由度体系自由振动(柔度法)

(a) 两自由度体系模型;(b) 柔度系数 f_{11}、f_{21};(c) 柔度系数 f_{12}、f_{22}

假定微分方程组[式(10.47)]特解的形式与单自由度体系自由振动的相同,为简谐振动,即

$$\left.\begin{aligned}y_1(t) &= Y_1\sin(\omega t+\varphi)\\ y_2(t) &= Y_2\sin(\omega t+\varphi)\end{aligned}\right\} \tag{10.48}$$

式(10.48) 对时间 t 求二阶导数,得:

$$\left.\begin{aligned}\ddot{y}_1(t) &= -Y_1\omega^2\sin(\omega t+\varphi)\\ \ddot{y}_2(t) &= -Y_2\omega^2\sin(\omega t+\varphi)\end{aligned}\right\} \tag{10.49}$$

将式(10.48)、式(10.49)代入式(10.47)中，同时消去公因子后整理得：

$$\left.\begin{aligned}\left(f_{11}m_1-\frac{1}{\omega^2}\right)Y_1+(f_{12}m_2)Y_2=0\\(f_{21}m_1)Y_1+\left(f_{22}m_2-\frac{1}{\omega^2}\right)Y_2=0\end{aligned}\right\}\tag{10.50}$$

式(10.50)是以质点位移振幅 Y_1 和 Y_2 为未知量的齐次线性方程组，称它为振型方程(数学上称为特征向量方程)。其中 $Y_1=Y_2=0$ 是一组解，它表明体系不发生振动；若要体系发生自由振动，应使方程有非零解，它的充分必要条件是主振型方程的系数行列式等于零，即

$$\boldsymbol{D}=\begin{vmatrix}\left(f_{11}m_1-\frac{1}{\omega^2}\right) & f_{12}m_2\\ f_{21}m_1 & \left(f_{22}m_2-\frac{1}{\omega^2}\right)\end{vmatrix}=0\tag{10.51}$$

由式(10.51)可以确定体系的自振频率 ω。因此，式(10.50)又称为频率方程或特征方程。

令 $\lambda=\frac{1}{\omega^2}$ 并代入行列式(10.51)中，展开得：

$$\lambda^2-(f_{11}m_1+f_{22}m_2)\lambda+(f_{11}f_{22}-f_{12}^2)m_1m_2=0\tag{10.52}$$

可解得两个正实根：λ_1(大值)和 λ_2(小值)，相应得到两个自振频率为

$$\left.\begin{aligned}\omega_1=\sqrt{\frac{1}{\lambda_1}}\\\omega_2=\sqrt{\frac{1}{\lambda_2}}\end{aligned}\right\}\tag{10.53}$$

同样，可得两个自由度体系共有两个自振频率，其中最小的一个 ω_1 称为基本频率或第一频率，较大的 ω_2 称为第二频率。

自振频率确定后，可根据式(10.50)来求质点位移幅值。由于式(10.50)的行列式 $\boldsymbol{D}=0$，因此两个方程不是独立的，只能由其中任一方程求出 Y_1 和 Y_2 的比值。例如对应于 ω_1，由式(10.50)的第一式可得：

$$\frac{Y_{21}}{Y_{11}}=\frac{\left(\frac{1}{\omega_1^2}-f_{11}m_1\right)}{f_{12}m_2}=\rho_1\tag{10.54}$$

式中，质点振幅 Y 的第一下标表示质点的序号；第二个下标表示频率的序数。

由式(10.48)可得相应的质点运动，即

$$\left.\begin{aligned}y_1(t)=Y_{11}\sin(\omega_1t+\varphi_1)\\y_2(t)=Y_{21}\sin(\omega_1t+\varphi_1)\end{aligned}\right\}\tag{10.55}$$

式(10.55)是微分方程组[式(10.47)]的一个特解。其振型如图 10.27(a)所示。

同样，对于 ω_2 有：

$$\frac{Y_{22}}{Y_{12}}=\frac{\frac{1}{\omega_2^2}-f_{11}m_1}{f_{12}m_2}=\rho_2$$

和

$$\left.\begin{aligned}y_1(t)=Y_{12}\sin(\omega_2t+\alpha_2)\\y_2(t)=Y_{22}\sin(\omega_2t+\alpha_2)\end{aligned}\right\}$$

上式是微分方程组[式(10.47)]的另一个特解。其振型如图 10.27(b)所示。

【例 10.8】 如图 10.35(a) 所示结构，在梁跨中 D 处和柱顶 A 处有大小相等的集中质量 m；支座 C 处为弹性支承，弹簧的刚性系数 $k=\dfrac{3EI}{l^3}$。试求自振频率和主振型。

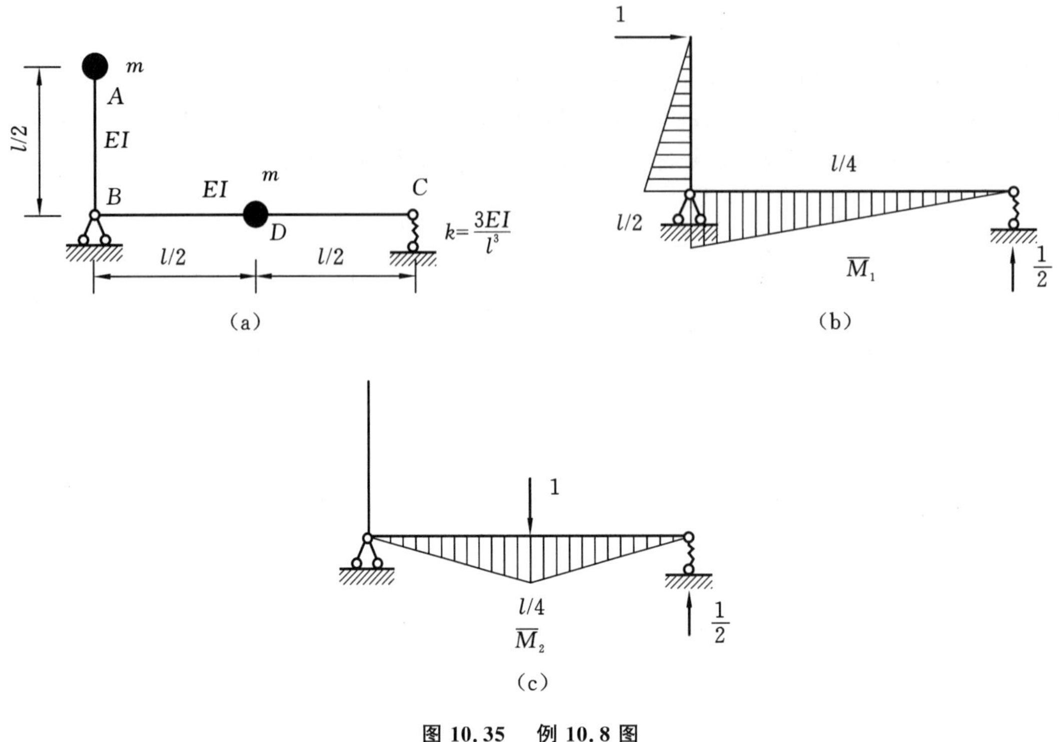

图 10.35　例 10.8 图

(a) 结构原型；(b) $\overline{M}_1$ 图；(c) $\overline{M}_2$ 图

【解】 体系有两个自由度，质点运动方向不同。

(1) 求柔度系数

绘制$\overline{M}_1$、$\overline{M}_2$ 图，如图 10.35(b)、图 10.35(c) 所示。由图形相乘及弹簧内力虚功计算得：

$$f_{11}=\frac{1}{EI}\left(\frac{1}{2}\cdot\frac{l}{2}\cdot\frac{l}{2}\cdot\frac{2}{3}\cdot\frac{l}{2}+\frac{1}{2}\cdot\frac{l}{2}\cdot l\cdot\frac{2}{3}\cdot\frac{l}{2}\right)+\frac{1}{2}\cdot\frac{1}{2}\cdot\frac{1}{k}=\frac{20l^3}{96EI}$$

$$f_{12}=f_{21}=\frac{1}{EI}\left(\frac{1}{2}\cdot\frac{l}{4}\right)\cdot\frac{l}{4}+\frac{1}{2}\cdot\frac{1}{2}\cdot\frac{1}{k}=\frac{11l^3}{96EI}$$

$$f_{22}=\frac{2}{EI}\left(\frac{1}{2}\cdot\frac{l}{2}\cdot\frac{l}{4}\cdot\frac{2}{3}\cdot\frac{l}{4}\right)+\frac{1}{2}\cdot\frac{1}{2}\cdot\frac{1}{k}=\frac{10l^3}{96EI}$$

(2) 写出主振型方程

将上述柔度系数代入式(10.50) 中，得主振型方程：

$$\left(\frac{20l^3}{96EI}m-\frac{1}{\omega^2}\right)Y_1+\frac{11l^3}{96EI}mY_2=0$$

$$\frac{11l^3}{96EI}mY_1+\left(\frac{10l^3}{96EI}m-\frac{1}{\omega^2}\right)Y_2=0$$

令 $\lambda=\dfrac{96EI}{ml^3\omega^2}$，则主振型方程可简化为

$$(20-\lambda)Y_1 + 11Y_2 = 0$$

$$11Y_1 + (10-\lambda)Y_2 = 0$$

(3) 写出频率方程，求频率

令简化后的主振型方程的系数行列式等于零，得频率方程：

$$\boldsymbol{D} = \begin{vmatrix} (20-\lambda) & 11 \\ 11 & (10-\lambda) \end{vmatrix} = 0$$

上式的展开式为

$$\lambda^2 - 30\lambda + 79 = 0$$

解得：

$$\lambda_1 = 27.083;\quad \lambda_2 = 2.917$$

由此可得相应的频率

$$\omega_1 = \sqrt{\frac{96EI}{ml^3\lambda_1}} = 1.883\sqrt{\frac{EI}{ml^3}}$$

$$\omega_2 = \sqrt{\frac{96EI}{ml^3\lambda_2}} = 5.737\sqrt{\frac{EI}{ml^3}}$$

(4) 求主振型并绘主振型图

当 $\lambda = \lambda_1 = 27.083$ 时，设 $Y_{11} = 1$，将它代入简化后的主振型方程第一式中，则得：

$$Y_{21} = -\frac{20-\lambda_1}{11} = 0.644$$

当 $\lambda = \lambda_2 = 2.917$ 时，设 $Y_{12} = 1$，将它代入简化后的主振型方程第一式中，则得：

$$Y_{22} = -\frac{20-\lambda_2}{11} = -1.553$$

将结果绘制成主振型图，如图 10.36 所示。

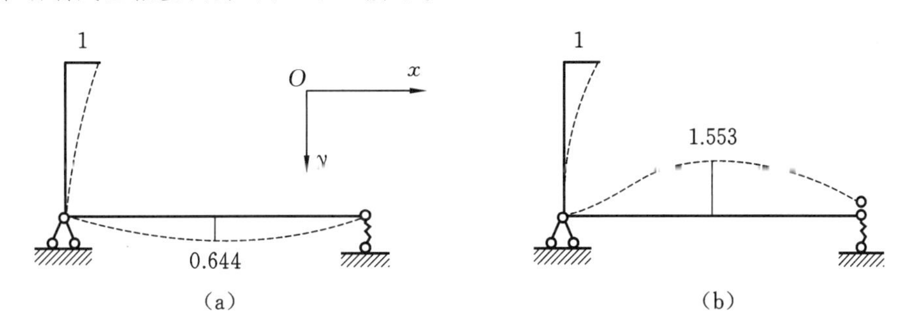

图 10.36　例 10.8 主振型图

(a) 第一主振型；(b) 第二主振型

2. n 个自由度体系

将刚度方程

$$(\boldsymbol{K} - \omega^2\boldsymbol{M})\boldsymbol{Y} = \boldsymbol{0} \tag{10.56}$$

等式左乘$\boldsymbol{K}^{-1}$，并利用刚度与柔度矩阵之间的关系

$$\boldsymbol{\delta} = \boldsymbol{K}^{-1}$$

即得

$$(\boldsymbol{I} - \omega^2\boldsymbol{\delta M})\boldsymbol{Y} = \boldsymbol{0}$$

再令 $\lambda=\dfrac{1}{\omega^2}$,可得:

$$(\boldsymbol{\delta M}-\lambda\boldsymbol{I})\boldsymbol{Y}=\boldsymbol{0} \tag{10.57}$$

由此可得出频率方程如下:

$$|\boldsymbol{\delta M}-\lambda\boldsymbol{I}|=0 \tag{10.58a}$$

其展开形式如下:

$$\begin{vmatrix}(\delta_{11}m_1-\lambda) & \delta_{12}m_2 & \cdots & \delta_{1n}m_n \\ \delta_{21}m_1 & (\delta_{22}m_2-\lambda) & \cdots & \delta_{2n}m_n \\ \vdots & \vdots & & \vdots \\ \delta_{n1}m_1 & \delta_{n2}m_2 & \cdots & (\delta_{nn}m_n-\lambda)\end{vmatrix}=0 \tag{10.58b}$$

由此得到关于 λ 的 n 次代数方程,可解出 n 个根 $\lambda_1,\lambda_2,\cdots,\lambda_n$。因此,可求得 n 个频率 $\omega_1,\omega_2,\cdots,\omega_n$。

最后求与频率 ω_i 相应的主振型 $\boldsymbol{Y}^{(i)}$。为此,将 $\lambda_i=\dfrac{1}{\omega_i^2}$ 和 $\boldsymbol{Y}^{(i)}$ 代入式(10.57),得:

$$(\boldsymbol{\delta M}-\lambda_i\boldsymbol{I})\boldsymbol{Y}^{(i)}=\boldsymbol{0} \tag{10.59}$$

令 $i=1,2,\cdots,n$,可得出 n 个向量方程,由此可求出 n 个主振型 $\boldsymbol{Y}^{(1)},\boldsymbol{Y}^{(2)},\cdots,\boldsymbol{Y}^{(n)}$。

【例 10.9】 试用柔度法解例 10.7。设第一层的层间柔度系数为 $\delta_1=\delta=\dfrac{1}{k}$,即单位层间力引起的层间位移;第二、第三层的层间柔度系数分别为 $\delta_2=\dfrac{3}{k}$,$\delta_3=\dfrac{5}{k}$。

【解】 (1) 求自振频率

由层间柔度系数[图 10.37(b)、图 10.37(c)、图 10.37(d)]求得刚架的柔度矩阵为

$$\boldsymbol{\delta}=\delta\begin{pmatrix}1&1&1\\1&4&4\\1&4&9\end{pmatrix}$$

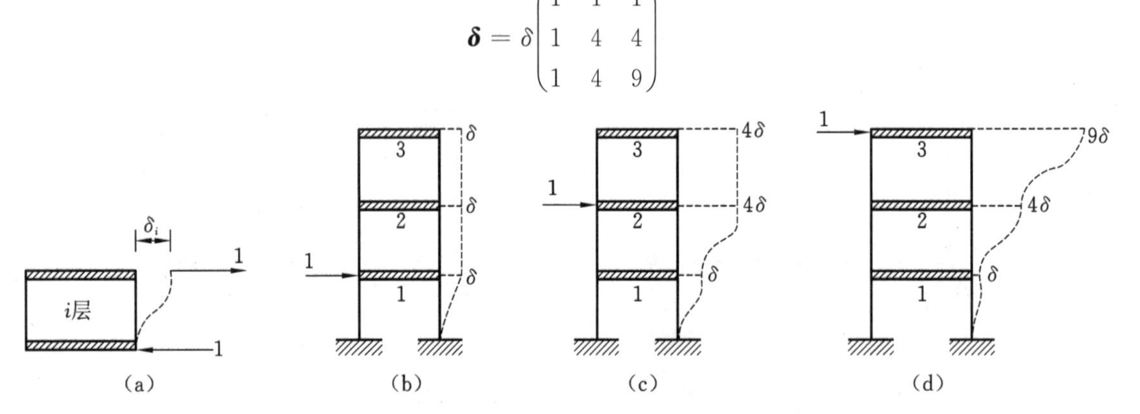

图 10.37 例 10.9 柔度系数

(a) 第 i 层柔度系数;(b) 柔度系数 δ_{11}、δ_{21}、δ_{31};
(c) 柔度系数 δ_{12}、δ_{22}、δ_{32};(d) 柔度系数 δ_{13}、δ_{23}、δ_{33}

因此

$$\boldsymbol{\delta M}=\delta m\begin{pmatrix}1&1&1\\1&4&4\\1&4&9\end{pmatrix}\begin{pmatrix}2&0&0\\0&1&0\\0&0&1\end{pmatrix}=\delta m\begin{pmatrix}2&1&1\\2&4&4\\2&4&9\end{pmatrix}$$

$$\boldsymbol{\delta M}-\lambda\boldsymbol{I}=\delta m\begin{pmatrix}2-\xi & 1 & 1\\ 2 & 4-\xi & 4\\ 2 & 4 & 9-\xi\end{pmatrix}$$

式中

$$\xi=\frac{\lambda}{\delta m}=\frac{1}{\delta m\omega^{2}}$$

频率方程为

$$\left|\boldsymbol{\delta M}-\lambda\boldsymbol{I}\right|=0$$

其展开式为

$$\xi^{3}-15\xi^{2}+42\xi-30=0 \tag{c}$$

由于 $\xi=\dfrac{15}{\eta}$，故频率方程的展开式的三个根为

$$\xi_{1}=11.601,\quad \xi_{2}=2.246,\quad \xi_{3}=1.151$$

因此，三个自振频率为

$$\omega_{1}=0.2936\frac{1}{\sqrt{\delta m}},\quad \omega_{2}=0.6673\frac{1}{\sqrt{\delta m}},\quad \omega_{3}=0.9319\frac{1}{\sqrt{\delta m}}$$

(2) 求主振型

主振型$\boldsymbol{Y}^{(i)}$ 可根据式(10.57)求解。

首先，求第一主振型。将 λ_1 和 ξ_1 的值代入($\boldsymbol{\delta M}-\lambda\boldsymbol{I}$)的表达式，得：

$$\boldsymbol{\delta M}-\lambda_{1}\boldsymbol{I}=\delta m\begin{pmatrix}-9.601 & 1 & 1\\ 2 & -7.601 & 4\\ 2 & 4 & -2.601\end{pmatrix}$$

在标准化主振型$\boldsymbol{Y}^{(1)}$ 中，规定 $Y_{31}=1$。为了求另外两个元素 Y_{11} 和 Y_{21}，可保留上式前两个方程，即

$$-9.601Y_{11}+Y_{21}+Y_{31}=0$$
$$2Y_{11}-7.601Y_{21}+4Y_{31}=0$$

由于 $Y_{31}=1$，故方程的解为

$$\boldsymbol{Y}^{(1)}=\begin{pmatrix}Y_{11}\\ Y_{21}\\ Y_{31}\end{pmatrix}=\begin{pmatrix}0.163\\ 0.569\\ 1\end{pmatrix}$$

所得的结果与例 10.7 的相同。

第二和第三主振型也可同样求出。

10.5.3 刚度法与柔度法的比较及适用性

刚度法与柔度法是相通的，能用刚度法求自振频率的问题也能用柔度法求解，反之亦然。什么情况采用刚度法，什么情况采用柔度法，要看哪一种系数(即刚度系数和柔度系数)容易计算，若刚度系数和柔度系数均容易计算，则任何一种方法均可；若计算刚度系数较方便，则用刚度法，否则反之。一般而言，对于单自由度体系，求刚度系数 k_{11} 和柔度系数 δ_{11} 的难易程度相同，因为它们互为倒数，可以用同一方法求得，不同的是一个由已知位移求力，一个由已知力求位移。对于多自由度体系，若为静定结构，一般情况下求柔度系数容易些，因此多用柔度法，但是对于超静定结构就需根据

具体情况而定。

另外,对于线性变形体系,根据刚度法和柔度法建立的自由振动微分方程是相通的,即可由刚度法的自由振动微分方程推导出柔度法的微分方程;反之亦然。

对于两个自由度体系,用刚度法建立的自由振动微分方程为

$$m_1\ddot{y}_1+k_{11}y_1+k_{12}y_2=0$$
$$m_2\ddot{y}_2+k_{21}y_1+k_{22}y_2=0$$

而用柔度法建立的微分方程为

$$y_1=-m_1\ddot{y}_1\delta_{11}-m_2\ddot{y}_2\delta_{12}$$
$$y_2=-m_1\ddot{y}_1\delta_{21}-m_2\ddot{y}_2\delta_{22}$$

由刚度法微分方程解得:

$$y_1=\frac{-k_{22}}{k_{11}k_{22}-k_{12}^2}m_1\ddot{y}_1+\frac{k_{12}}{k_{11}k_{22}-k_{12}^2}m_2\ddot{y}_2$$
$$y_2=\frac{k_{21}}{k_{11}k_{22}-k_{12}^2}m_1\ddot{y}_1+\frac{-k_{11}}{k_{11}k_{22}-k_{12}^2}m_2\ddot{y}_2$$

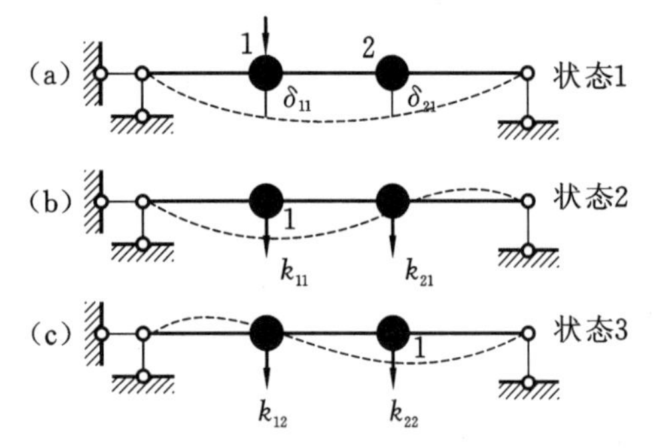

图 10.38　刚度系数与柔度系数

两种微分方程中的位移 δ_{11}、δ_{21} 为状态 1,k_{11}、k_{21} 为状态 2,k_{12}、k_{22} 为状态 3,如图 10.38 所示,则根据功的互等定理可知:状态 2 的外力在状态 1 的位移上做的虚功 W_{12} 等于状态 1 的外力在状态 2 的位移上做的虚功 W_{21},即

$$W_{12}=1\times1=k_{11}\delta_{11}+k_{21}\delta_{21}=W_{21}$$

则

$$k_{11}=\frac{1}{\delta_{11}}(1-k_{21}\delta_{21})$$

另外,根据 1、3 状态可得:

$$W_{13}=1\times0=k_{12}\delta_{11}+k_{22}\delta_{21}=W_{31}$$

则

$$k_{22}=-\frac{\delta_{11}}{\delta_{21}}k_{12}$$

将 k_{11} 乘以 k_{22},得:

$$k_{11}k_{22}=-\frac{k_{12}}{\delta_{21}}+k_{12}^2$$

将 k_{22} 和 $k_{11}k_{22}$ 的表达式代入刚度法微分方程解的第一式中,有:

$$y_1=-m_1\ddot{y}_1\delta_{11}-m_2\ddot{y}_2\delta_{12}$$

同样,根据点 2 受单位力进行推导可得:

$$y_2=-m_1\ddot{y}_1\delta_{21}-m_2\ddot{y}_2\delta_{22}$$

以上证明了两种方法所建立的微分方程具有相通性,对于 n 个自由度体系也同样适用。另外,刚度法和柔度法还可用于建立强迫振动的微分方程(将在后面章节介绍)。

10.6　多自由度体系主振型的正交性和主振型矩阵

10.6.1　主振型的正交性

根据体系的振型分析可知,具有 n 个自由度的体系,必有 n 个主振型;而且,各主振型之间具有

正交的特性。利用正交的特性，可以使多自由度体系受迫振动的反应计算得到简化。

图 10.39(a)、图 10.39(b) 分别表示具有 n 个自由度体系的第 i 主振型曲线和第 j 主振型曲线。图中 $m_s\omega_i^2Y_{si}$ 和 $m_s\omega_j^2Y_{sj}$ 分别表示第 i 个主振型和第 j 个主振型在中间的质点 m_s 上所对应的惯性力。

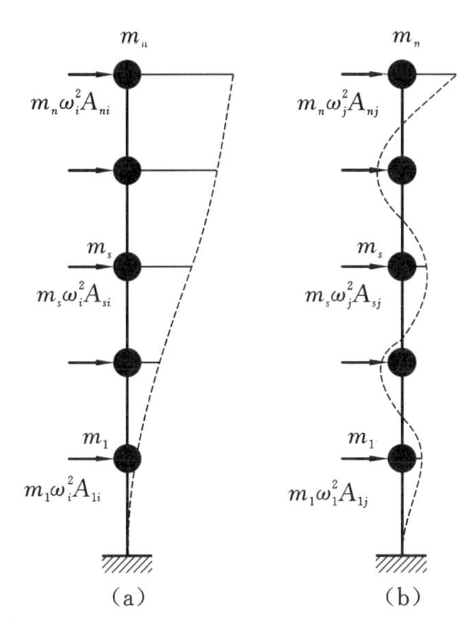

图 10.39　主振型曲线

(a) 第 i 个主振型；(b) 第 j 个主振型

下面利用功的互等定理证明主振型之间的正交性。

先以图 10.39(a) 的惯性力对图 10.39(b) 的位移做虚功，得：

$$T_{ij} = m_1\omega_i^2Y_{1i}Y_{1j} + m_2\omega_i^2Y_{2i}Y_{2j} + \cdots + m_n\omega_i^2Y_{ni}Y_{nj}$$

再以图 10.39(b) 的惯性力对图 10.39(a) 位移做虚功，得：

$$T_{ji} = m_1\omega_j^2Y_{1j}Y_{1i} + m_2\omega_j^2Y_{2j}Y_{2i} + \cdots + m_n\omega_j^2Y_{nj}Y_{ni}$$

根据功的互等定理 $T_{ij} = T_{ji}$，可得：

$$m_1\omega_i^2Y_{1i}Y_{1j} + m_2\omega_i^2Y_{2i}Y_{2j} + \cdots + m_n\omega_i^2Y_{ni}Y_{nj} = m_1\omega_j^2Y_{1j}Y_{1i} + m_2\omega_j^2Y_{2j}Y_{2i} + \cdots + m_n\omega_j^2Y_{nj}Y_{ni}$$

即

$$(\omega_i^2 - \omega_j^2)(m_1Y_{1i}Y_{1j} + m_2Y_{2i}Y_{2j} + \cdots + m_nY_{ni}Y_{nj}) = 0$$

因 $\omega_i^2 \neq \omega_j^2$，故有：

$$m_1Y_{1i}Y_{1j} + m_2Y_{2i}Y_{2j} + \cdots + m_nY_{ni}Y_{nj} = 0 \tag{10.60}$$

式(10.59) 表明具有 n 个自由度体系的第 i 个主振型和第 j 个主振型以质量作为权的正交性质，称它为第一正交性。

若将式(10.60) 以矩阵形式表示，则有：

$$\begin{Bmatrix} Y_{1i} \\ Y_{2i} \\ \vdots \\ Y_{ni} \end{Bmatrix}^{\mathrm{T}} \begin{bmatrix} m_1 & & & \\ & m_2 & & \\ & & \ddots & \\ & & & m_n \end{bmatrix} \begin{Bmatrix} Y_{1j} \\ Y_{2j} \\ \vdots \\ Y_{nj} \end{Bmatrix} = \mathbf{0}$$

或简写为

$$\boldsymbol{Y}^{(i)\mathrm{T}}\boldsymbol{M}\boldsymbol{Y}^{(j)} = \mathbf{0} \tag{10.61}$$

此外，由式(10.56)得：

$$(\boldsymbol{K}-\omega_j^2\boldsymbol{M})\boldsymbol{Y}^{(j)}=\boldsymbol{0} \tag{10.62}$$

将式(10.62)左乘$\boldsymbol{Y}^{(i)\mathrm{T}}$，得：

$$\boldsymbol{Y}^{(i)\mathrm{T}}\boldsymbol{K}\boldsymbol{Y}^{(j)}=\omega_j^2\boldsymbol{Y}^{(i)\mathrm{T}}\boldsymbol{M}\boldsymbol{Y}^{(j)} \tag{10.63}$$

由于$\boldsymbol{Y}^{(i)\mathrm{T}}\boldsymbol{M}\boldsymbol{Y}^{(j)}=\boldsymbol{0}$，于是得到：

$$\boldsymbol{Y}^{(i)\mathrm{T}}\boldsymbol{K}\boldsymbol{Y}^{(j)}=\boldsymbol{0} \tag{10.64}$$

式(10.63)表明具有n个自由度体系的第i个主振型和第j个主振型以刚度作为权的正交性质，称它为第二正交性。对于只具有集中质量的体系来说，由于质量矩阵通常是对角矩阵，因而第一正交关系式比第二正交关系式要简单一些。

两个关系式是针对$i\neq j$的情况得出的。对于$i=j$的情况，我们定义两个量M_i和K_i如下：

$$M_i=\boldsymbol{Y}^{(i)\mathrm{T}}\boldsymbol{M}\boldsymbol{Y}^{(i)} \tag{10.65a}$$

$$K_i=\boldsymbol{Y}^{(i)\mathrm{T}}\boldsymbol{K}\boldsymbol{Y}^{(i)} \tag{10.65b}$$

M_i和K_i分别称为第i个主振型相应的广义质量和广义刚度。

因为$i=j$，由式(10.64)得：

$$\boldsymbol{Y}^{(i)\mathrm{T}}\boldsymbol{K}\boldsymbol{Y}^{(i)}=\omega_i^2\boldsymbol{Y}^{(i)\mathrm{T}}\boldsymbol{M}\boldsymbol{Y}^{(i)}$$

即

$$K_i=\omega_i^2M_i$$

由此得

$$\omega_i=\sqrt{\frac{K_i}{M_i}} \tag{10.66}$$

这就是根据广义刚度K_i和广义质量M_i来求频率ω_i的公式，此式是单自由度体系频率公式的推广。

主振型正交性的物理意义是表明体系按某一主振型振动时，它的惯性力不会在其他主振型上做功，也就是说，它的能量不会转移到其他主振型上去。

主振型的正交关系后面会多次用到。此处介绍利用正交关系来判断主振型的形状特点。以图10.33所示的三个主振型为例。第一个主振型的特点是各点的水平位移都位于结构的同侧[图10.33(a)]。第二个主振型的特点是位移图分为两区，各居结构的一侧[图10.33(b)]，这样才能符合它与第一个主振型彼此正交的条件。第三个主振型的特点是位移图分为三区，交替位于结构的不同侧[图10.33(c)]，这样才能符合它与第一、第二主振型都彼此正交的条件。

【例10.10】 验算例10.7中所求得的主振型是否满足正交关系，求出每个主振型相应的广义质量和广义刚度，并用公式$\omega_k=\sqrt{\dfrac{K_k}{M_k}}$求频率。

【解】 由例10.7得知刚度矩阵和质量矩阵分别为

$$\boldsymbol{K}=\frac{k}{15}\begin{bmatrix}20 & -5 & 0\\ -5 & 8 & -3\\ 0 & -3 & 3\end{bmatrix},\quad \boldsymbol{M}=m\begin{bmatrix}2 & 0 & 0\\ 0 & 1 & 0\\ 0 & 0 & 1\end{bmatrix}$$

又三个主振型分别为

$$\boldsymbol{Y}^{(1)}=\begin{bmatrix}0.163\\ 0.569\\ 1\end{bmatrix},\quad \boldsymbol{Y}^{(2)}=\begin{bmatrix}-0.924\\ -1.227\\ 1\end{bmatrix},\quad \boldsymbol{Y}^{(3)}=\begin{bmatrix}2.760\\ -3.342\\ 1\end{bmatrix}$$

(1) 验算正交关系式(10.61)——关于质量矩阵正交

$$
\boldsymbol{Y}^{(1)\mathrm{T}}\boldsymbol{M}\boldsymbol{Y}^{(2)} = (0.163 \quad 0.569 \quad 1)\begin{bmatrix} 2 & 0 & 0 \\ 0 & 1 & 0 \\ 0 & 0 & 1 \end{bmatrix}\begin{pmatrix} -0.924 \\ -1.227 \\ 1 \end{pmatrix} m
$$

$$
= m[0.163\times 2\times(-0.924)+0.569\times 1\times(-1.227)+1\times 1\times 1]
$$

$$
= m(1-0.9994) = 0.0006\,m \approx 0
$$

同理

$$
\boldsymbol{Y}^{(1)\mathrm{T}}\boldsymbol{M}\boldsymbol{Y}^{(3)} = -0.002m \approx 0
$$

$$
\boldsymbol{Y}^{(2)\mathrm{T}}\boldsymbol{K}\boldsymbol{Y}^{(3)} = 0.0002m \approx 0
$$

(2) 验算正交关系式(10.63)——关于刚度矩阵正交

$$
\boldsymbol{Y}^{(1)\mathrm{T}}\boldsymbol{K}\boldsymbol{Y}^{(2)} = (0.163 \quad 0.569 \quad 1)\frac{k}{15}\begin{bmatrix} 20 & -5 & 0 \\ -5 & 8 & -3 \\ 0 & -3 & 3 \end{bmatrix}\begin{pmatrix} -0.924 \\ -1.227 \\ 1 \end{pmatrix}
$$

$$
= \frac{k}{15}(0.163 \quad 0.569 \quad 1)\begin{pmatrix} -12.345 \\ -8.196 \\ 6.681 \end{pmatrix}
$$

$$
= \frac{k}{15}(6.681-6.676) = \frac{k}{15}\times 0.005 \approx 0
$$

$$
\boldsymbol{Y}^{(1)\mathrm{T}}\boldsymbol{K}\boldsymbol{Y}^{(3)} = \frac{k}{15}(24.75-24.77) = \frac{k}{15}\times(-0.02) \approx 0
$$

$$
\boldsymbol{Y}^{(2)\mathrm{T}}\boldsymbol{K}\boldsymbol{Y}^{(3)} = \frac{k}{15}(34.0270-34.0272) = \frac{k}{15}\times(-0.0002) \approx 0
$$

(3) 根据式(10.64)求广义质量

$$
M_1 = \boldsymbol{Y}^{(1)\mathrm{T}}\boldsymbol{M}\boldsymbol{Y}^{(1)} = (0.163 \quad 0.569 \quad 1)m\begin{bmatrix} 2 & 0 & 0 \\ 0 & 1 & 0 \\ 0 & 0 & 1 \end{bmatrix}\begin{pmatrix} 0.163 \\ 0.569 \\ 1 \end{pmatrix} = 1.337m
$$

$$
M_2 = \boldsymbol{Y}^{(2)\mathrm{T}}\boldsymbol{M}\boldsymbol{Y}^{(2)} = 4.213m
$$

$$
M_3 = \boldsymbol{Y}^{(3)\mathrm{T}}\boldsymbol{M}\boldsymbol{Y}^{(3)} = 27.404m
$$

(4) 求广义刚度

$$
\boldsymbol{K}_1 = \boldsymbol{Y}^{(1)\mathrm{T}}\boldsymbol{K}\boldsymbol{Y}^{(1)} = (0.163 \quad 0.569 \quad 1)\frac{k}{15}\begin{bmatrix} 20 & -5 & 0 \\ -5 & 8 & -3 \\ 0 & -3 & 3 \end{bmatrix}\begin{pmatrix} 0.163 \\ 0.569 \\ 1 \end{pmatrix} = 0.1187k
$$

$$
\boldsymbol{K}_2 = \boldsymbol{Y}^{(2)\mathrm{T}}\boldsymbol{K}\boldsymbol{Y}^{(2)} = 1.8763k
$$

$$
\boldsymbol{K}_3 = \boldsymbol{Y}^{(3)\mathrm{T}}\boldsymbol{K}\boldsymbol{Y}^{(3)} = 23.800k
$$

(5) 求频率

$$
\omega_1 = \sqrt{\frac{K_1}{M_1}} = 0.2936\sqrt{\frac{k}{m}}
$$

$$
\omega_2 = \sqrt{\frac{K_2}{M_2}} = 0.6673\sqrt{\frac{k}{m}}
$$

$$
\omega_3 = \sqrt{\frac{K_3}{M_3}} = 0.9319\sqrt{\frac{k}{m}}
$$

这里所求得的频率与例 10.7 求得的相同。

10.6.2 主振型矩阵

在具有 n 个自由度的体系中,可将 n 个彼此正交的主振型向量组成一个方阵:

$$\boldsymbol{Y}=(\boldsymbol{Y}^{(1)}\quad \boldsymbol{Y}^{(2)}\quad \cdots\quad \boldsymbol{Y}^{(n)})=\begin{bmatrix} Y_{11} & Y_{12} & \cdots & Y_{1n} \\ Y_{21} & Y_{22} & \cdots & Y_{2n} \\ \vdots & \vdots & & \vdots \\ Y_{n1} & Y_{n2} & \cdots & Y_{nn} \end{bmatrix} \tag{10.67}$$

这个方阵称为主振型矩阵,其转置矩阵为

$$\boldsymbol{Y}^{\mathrm{T}}=\begin{bmatrix} Y_{11} & Y_{21} & \cdots & Y_{n1} \\ Y_{12} & Y_{22} & \cdots & Y_{n2} \\ \vdots & \vdots & & \vdots \\ Y_{1n} & Y_{2n} & \cdots & Y_{nn} \end{bmatrix}=\begin{bmatrix} \boldsymbol{Y}^{(1)} \\ \boldsymbol{Y}^{(2)} \\ \vdots \\ \boldsymbol{Y}^{(n)} \end{bmatrix} \tag{10.68}$$

根据主振型向量的两个正交关系,可以导出关于主振型矩阵 $\boldsymbol{Y}$ 的两个性质,即$\boldsymbol{Y}^{\mathrm{T}}\boldsymbol{MY}$ 和$\boldsymbol{Y}^{\mathrm{T}}\boldsymbol{KY}$ 都应是对角矩阵。下面对其验证:

$$\begin{aligned}\boldsymbol{Y}^{\mathrm{T}}\boldsymbol{MY}&=\begin{bmatrix} \boldsymbol{Y}^{(1)} \\ \boldsymbol{Y}^{(2)} \\ \vdots \\ \boldsymbol{Y}^{(n)} \end{bmatrix}\boldsymbol{M}(\boldsymbol{Y}^{(1)}\quad \boldsymbol{Y}^{(2)}\quad \cdots\quad \boldsymbol{Y}^{(n)})\\ &=\begin{bmatrix} \boldsymbol{Y}^{(1)}\boldsymbol{M} \\ \boldsymbol{Y}^{(2)}\boldsymbol{M} \\ \vdots \\ \boldsymbol{Y}^{(n)}\boldsymbol{M} \end{bmatrix}(\boldsymbol{Y}^{(1)}\quad \boldsymbol{Y}^{(2)}\quad \cdots\quad \boldsymbol{Y}^{(n)})\\ &=\begin{bmatrix} \boldsymbol{Y}^{(1)}\boldsymbol{M}\boldsymbol{Y}^{(1)} & \boldsymbol{Y}^{(1)}\boldsymbol{M}\boldsymbol{Y}^{(2)} & \cdots & \boldsymbol{Y}^{(1)}\boldsymbol{M}\boldsymbol{Y}^{(n)} \\ \boldsymbol{Y}^{(2)}\boldsymbol{M}\boldsymbol{Y}^{(1)} & \boldsymbol{Y}^{(2)}\boldsymbol{M}\boldsymbol{Y}^{(2)} & \cdots & \boldsymbol{Y}^{(2)}\boldsymbol{M}\boldsymbol{Y}^{(n)} \\ \vdots & \vdots & & \vdots \\ \boldsymbol{Y}^{(n)}\boldsymbol{M}\boldsymbol{Y}^{(1)} & \boldsymbol{Y}^{(n)}\boldsymbol{M}\boldsymbol{Y}^{(2)} & \cdots & \boldsymbol{Y}^{(n)}\boldsymbol{M}\boldsymbol{Y}^{(n)} \end{bmatrix}\end{aligned}$$

由式(10.64a)可知,上式右边矩阵中的对角线元素就是广义质量 $M_1,M_2,\cdots,M_n$;另外,基于主振型关于 $\boldsymbol{M}$ 的正交性可知,所有非对角线元素全都为零,所以,$\boldsymbol{Y}^{\mathrm{T}}\boldsymbol{MY}$ 为对角矩阵。

$$\boldsymbol{Y}^{\mathrm{T}}\boldsymbol{MY}=\begin{bmatrix} M_1 & 0 & \cdots & 0 \\ 0 & M_2 & \cdots & 0 \\ \vdots & \vdots & & \vdots \\ 0 & 0 & \cdots & M_n \end{bmatrix}=\boldsymbol{M}^{*} \tag{10.69}$$

对角矩阵$\boldsymbol{M}^{*}$ 称为广义质量矩阵。

同理,可得

$$\boldsymbol{Y}^{\mathrm{T}}\boldsymbol{KY}=\begin{bmatrix} K_1 & 0 & \cdots & 0 \\ 0 & K_2 & \cdots & 0 \\ \vdots & \vdots & & \vdots \\ 0 & 0 & \cdots & K_n \end{bmatrix}=\boldsymbol{K}^{*} \tag{10.70}$$

其中，K_n 是广义刚度，对角矩阵$\boldsymbol{K}^*$ 称为广义刚度矩阵。

由式(10.68)和式(10.69)可知，主振型矩阵$\boldsymbol{Y}$具有如下性质：当$\boldsymbol{M}$和$\boldsymbol{K}$为非对角矩阵时，前乘以$\boldsymbol{Y}^{\mathrm{T}}$，后乘以$\boldsymbol{Y}$，则可使它们转变为对角矩阵$\boldsymbol{M}^*$ 和$\boldsymbol{K}^*$ 。

10.7　多自由度体系在简谐荷载作用下的强迫振动

本节先讨论不考虑阻尼影响时多自由度体系在简谐荷载作用下的强迫振动，然后再讨论考虑阻尼影响时多自由度体系在任意荷载作用下的强迫振动。

10.7.1　柔度法

图 10.40(a) 所示为 n 个自由度体系受 K 个相同频率 θ 的简谐荷载作用。在不考虑阻尼影响的情况下，体系上任一质点的位移是在 n 个惯性力和 K 个荷载共同作用下所产生的，任一质点 m_i 的位移可根据叠加原理得到

$$y_i = \sum_{j=1}^{n} f_{ij} F_{ij} + \Delta_{iP} \sin\theta t \quad (i = 1,2,\cdots,n) \tag{10.71}$$

式中，$\Delta_{iP}(i = 1,2,\cdots,n)$ 表示由简谐荷载幅值在第 i 个质点位移方向上所产生的静位移，如图 10.40(b) 所示。将惯性力 $F_{ij} = -m_j \ddot{y}_j (j = 1,2,\cdots,n)$ 代入式(10.71)，则得到一个二阶的非齐次线性微分方程组，即

$$y_i = -\sum_{j=1}^{n} f_{ij} m_j \ddot{y}_j + \Delta_{iP} \sin\theta t$$

或写成

$$\sum_{j=1}^{n} f_{ij} m_j \ddot{y}_j + y_i = \Delta_{iP} \sin\theta t \tag{10.72}$$

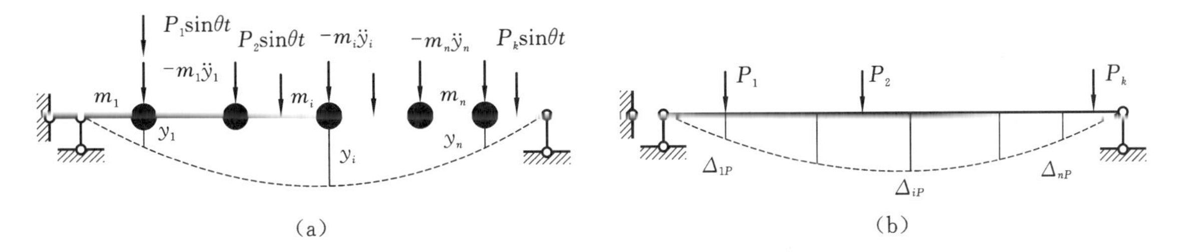

图 10.40　多自由度体系在简谐荷载作用下的强迫振动

(a) n 个自由度体系在简谐荷载作用下的强迫振动模型；(b) 第 i 个质点的静位移

上述微分方程组的通解由齐次解和特解两部分组成。齐次解部分为自由振动，由于体系实际上存在阻尼，因此这部分振动将迅速衰减掉；特解部分为稳态阶段的纯强迫振动。

设特解的形式为

$$y_i = Y_i \sin\theta t \quad (i = 1,2,\cdots,n) \tag{10.73}$$

式中，Y_i 为任一质点的位移幅值。将上式及其对时间 t 的二阶导数代入式(10.72)中，消去公因子 $\sin\theta t$，经整理并展开得：

$$\left.\begin{aligned}\left(m_1 f_{11}-\frac{1}{\theta^2}\right)Y_1+m_2 f_{12}Y_2+\cdots+m_n f_{1n}Y_n+\frac{\Delta_{1P}}{\theta^2}=0\\ m_1 f_{21}Y_1+\left(m_2 f_{22}-\frac{1}{\theta^2}\right)f_{22}Y_2+\cdots+m_n f_{2n}Y_n+\frac{\Delta_{2P}}{\theta^2}=0\\ \vdots\\ m_1 f_{n1}Y_1+m_2 f_{n2}Y_2+\cdots+\left(m_n f_{nn}-\frac{1}{\theta^2}\right)Y_n+\frac{\Delta_{nP}}{\theta^2}=0\end{aligned}\right\}\tag{10.74}$$

上式为线性方程组,求解方程组可得简谐荷载作用下各质点的位移幅值。

应当指出:当荷载频率 θ 与体系的任一自振频率相同时,式(10.73)的系数行列式 $\boldsymbol{D}=0$。这时位移幅值趋于无限大,即体系产生共振。

求出位移幅值 Y_i 后,利用式(10.73)不难求出任一质点的惯性力。

$$F_{Ii}=-m_i\ddot{y}_i=m_iY_i\theta^2\sin\theta t=I_i\sin\theta t\quad(i=1,2,\cdots,n)\tag{10.75}$$

式中

$$I_i=m_iY_i\theta^2\quad(i=1,2,\cdots,n)\tag{10.76}$$

为任一质点 m_i 的惯性力幅值。

从式(10.73)和式(10.75)可以看出:位移、惯性力都随着简谐荷载按 $\sin\theta$ 函数做简谐变化。当位移达到幅值时,惯性力和简谐荷载也同时达到幅值。因此,可以将所求得的惯性力幅值和简谐荷载幅值同时作用在体系上,按静力方法来计算内力幅值。

以 θ^2 乘式(10.74)各项,并考虑到式(10.75),可写出以各惯性力幅值为未知量的方程组

$$\left.\begin{aligned}\left(f_{11}-\frac{1}{m_1\theta^2}\right)I_1+f_{12}I_2+\cdots+f_{1n}I_n+\Delta_{1P}=0\\ f_{21}I_1+\left(f_{22}-\frac{1}{m_2\theta^2}\right)I_2+\cdots+f_{2n}I_n+\Delta_{2P}=0\\ \vdots\\ f_{n1}I_1+f_{n2}I_2+\cdots+\left(f_{nn}-\frac{1}{m_n\theta^2}\right)I_n+\Delta_{nP}=0\end{aligned}\right\}\tag{10.77}$$

解此方程组即可求得各惯性力幅值。由此,可根据式(10.76)求出位移幅值,即

$$Y_i=\frac{I_i}{m_i\theta^2}\tag{10.78}$$

10.7.2　刚度法

如图10.41(a)所示,n 个自由度的结构在质点上受动力荷载作用。当体系振动时,各质点的位移分别为 $y_1(t),y_2(t),\cdots,y_n(t)$。取任一质点 m_i 作为隔离体,如图10.41(b)所示,其上受到惯性力 $-m_i\ddot{y}_i$、弹性力 $-F_{si}$ 和动力荷载 $F_{Pi}(t)$ 作用。根据达朗贝尔原理可列出第 i 个质点的动力平衡方程

$$-m_i\ddot{y}_i-F_{si}+F_{Pi}(t)=0$$

或

$$m_i\ddot{y}_i+F_{si}=F_{Pi}(t)\quad(i=1,2,\cdots,n)\tag{10.79}$$

式中,弹性力 F_{si} 与质点位移之间的关系为 $F_{si}=\sum_{j=1}^{n}k_{ij}y_j(i=1,2,\cdots,n)$,代入式(10.78),则得:

$$m_i\ddot{y}_i+\sum_{j=1}^{n}k_{ij}y_j=F_{Pi}(t)\quad(i=1,2,\cdots,n)\tag{10.80}$$

上式即为按刚度法建立的 n 个自由度体系在不考虑阻尼情况时的运动方程。通常将式(10.80)表示

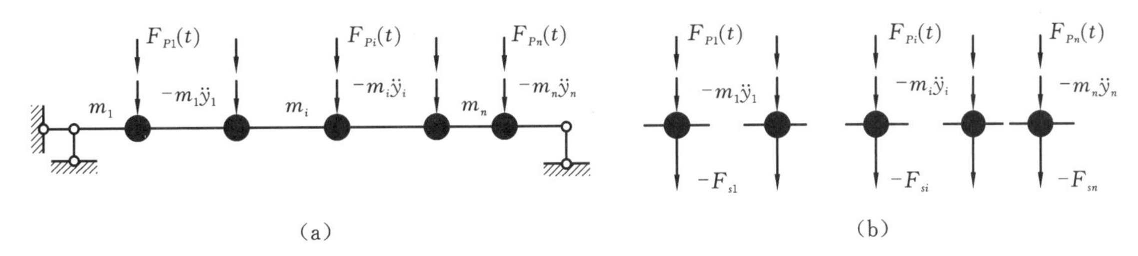

图 10.41　多自由度体系

(a)n 个自由度体系；(b) 取每个质点作为隔离体

为下列矩阵形式

$$\boldsymbol{M\ddot{y}} + \boldsymbol{Ky} = \boldsymbol{F}_P(\boldsymbol{t}) \tag{10.81}$$

式中，$\boldsymbol{\ddot{y}}$、$\boldsymbol{y}$、$\boldsymbol{F}_P(\boldsymbol{t})$ 分别表示加速度向量、位移向量和荷载向量。

当动力荷载为简谐荷载式时，即 $F_{P1}(t) = F_{P1}\sin\theta t, F_{P2}(t) = F_{P2}\sin\theta t, \cdots, F_{Pn}(t) = F_{Pn}\sin\theta t$，这样，式(10.80) 变为

$$m_i\ddot{y}_i + \sum_{j=1}^{n} k_{ij}y_j = F_{Pi}\sin\theta t \quad (i = 1,2,\cdots,n) \tag{10.82}$$

假定上述微分方程的特解形式为

$$y_i(t) = Y_i\sin\theta t \quad (i = 1,2,\cdots,n) \tag{10.83}$$

将式(10.83) 及其对时间 t 的二阶导数代入式(10.82) 中，消去公因子 $\sin\theta t$ 后，则得：

$$\sum_{j=1}^{n} k_{ij} - \theta^2 m_i Y_i = F_{Pi} \quad (i = 1,2,\cdots,n) \tag{10.84}$$

将上式展开，同时合并同类项，得到：

$$\left.\begin{aligned} (k_{11} - m_1\theta^2)Y_1 + k_{12}Y_2 + \cdots + k_{1n}Y_n &= F_{P1} \\ k_{21}Y_1 + (k_{22} - m_2\theta^2)Y_2 + \cdots + k_{2n}Y_n &= F_{P2} \\ &\vdots \\ k_{n1}Y_1 + k_{n2}Y_2 + \cdots + (k_{nn} - m_n\theta^2)Y_n &= F_{Pn} \end{aligned}\right\} \tag{10.85}$$

上式用矩阵可表示为

$$(\boldsymbol{K} - \theta^2\boldsymbol{M})\boldsymbol{Y} = \boldsymbol{F}_P \tag{10.86}$$

式中，$\boldsymbol{F}_P$($\boldsymbol{F}_P = [F_{P1} \quad F_{P2} \quad \cdots \quad F_{Pn}]^{\mathrm{T}}$) 为荷载的幅值向量。

解线性方程组[式(10.85)]，可求得各质点的位移幅值；按式(10.76) 即可求出各质点的惯性力幅值。

应注意的是，式(10.85)、式(10.86) 用刚度系数表达的动位移幅值方程仅适用于简谐集中荷载直接作用于质点上的情况。当简谐集中荷载未作用于质点上时，可假设该处的质量为零后再套用以上两式；当有简谐分布荷载作用时可采用柔度法求解。

【例 10.11】　如图 10.42 所示，在梁跨中 D 处和柱顶 A 处有大小相等的集中质量 m；支座 C 处为弹性支承，弹簧的刚性系数 $k = \dfrac{3EI}{l^3}$。在结构横梁上作用简谐均布荷载 $q(t) = q\sin\theta t$，试求质点的最大位移，并绘制最大动力弯矩图。已知 $\theta = 2.5\sqrt{\dfrac{EI}{ml^3}}$。

【解】　此例为静定结构，计算柔度系数较容易，宜用柔度法求解。为了求柔度系数和自由项，绘出$\overline{M}_1$、$\overline{M}_2$ 和$\overline{M}_P$ 图。各柔度系数为

$$f_{11} = \frac{20l^3}{96EI}; \quad f_{22} = \frac{10l^3}{96EI}; \quad f_{12} = f_{21} = \frac{11l^3}{96EI}$$

自由项计算如下：

$$\Delta_{1P}=\frac{2}{3}\times l\times\frac{1}{8}ql^2\times\frac{1}{4}l\times\frac{1}{EI}+\frac{1}{2}\times\frac{1}{2}ql\times\frac{1}{k}=\frac{5ql^4}{48EI}$$

$$\Delta_{2P}=\frac{2}{3}\times\frac{l}{2}\times\frac{1}{8}ql^2\times\frac{5}{8}\times\frac{1}{4}l\times\frac{1}{EI}\times 2+\frac{1}{2}\times\frac{1}{2}ql\times\frac{1}{k}=\frac{37ql^4}{384EI}$$

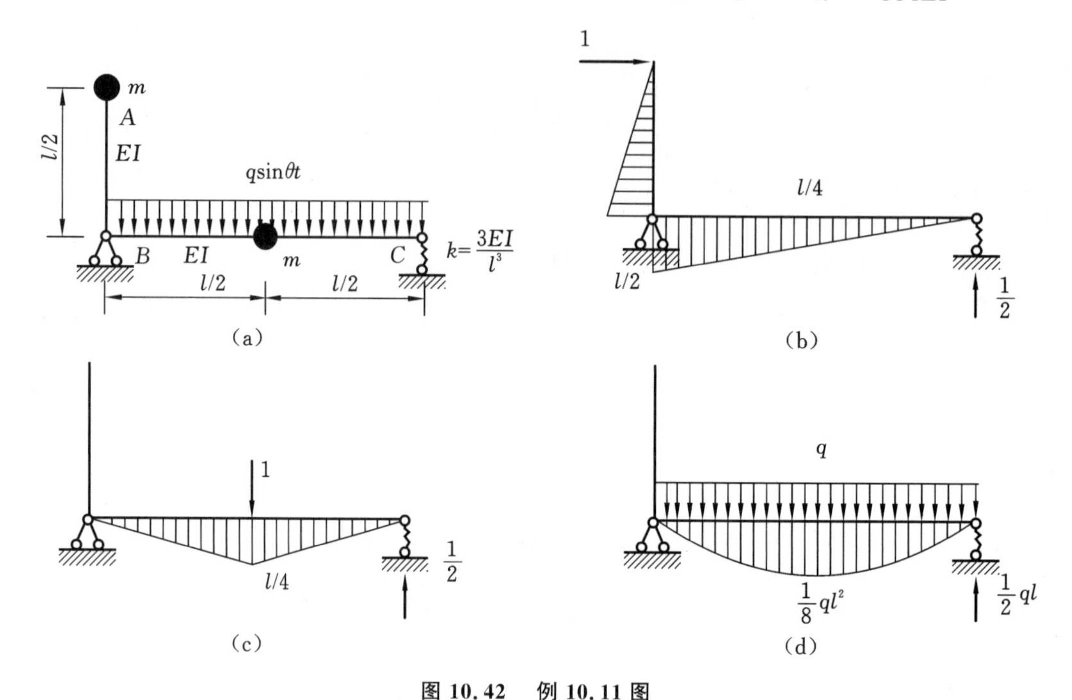

图 10.42　例 10.11 图

(a) 两自由度体系原型；(b) $\overline{M}_1$ 弯矩图；(c) $\overline{M}_2$ 弯矩图；(d) 实际动力弯矩图

将所求得的柔度系数、自由项以及 $\theta=2.5\sqrt{\frac{EI}{ml^3}}$ 代入惯性力幅值方程[式(10.76)]，得：

$$\left(\frac{20l^3}{96EI}-\frac{l^3}{6.25EI}\right)I_1+\frac{11l^3}{96EI}I_2+\frac{5ql^4}{48EI}=0$$

$$\frac{11l^3}{96EI}I_1+\left(\frac{10l^3}{96EI}-\frac{l^3}{6.25EI}\right)I_2+\frac{37ql^4}{384EI}=0$$

以 $\frac{96EI}{l^3}$ 乘上式各项，经整理得：

$$4.64I_1+11I_2+10ql=0$$

$$11I_1-5.36I_2+9.25ql=0$$

解上式得体系的最大惯性力为

$$I_1=-1.065ql;\quad I_2=-0.460ql$$

负值表明惯性力的方向与 $\overline{M}_i$ 图中的单位力的方向相反。

质点处的最大位移可由式(10.77)求得：

$$Y_1=\frac{I_1}{m\theta^2}=-\frac{1.065ql}{6.25\frac{EI}{l^3}}=-0.1704\frac{ql^4}{EI}$$

$$Y_2=\frac{I_2}{m\theta^2}=-\frac{0.460ql}{6.25\frac{EI}{l^3}}=-0.0736\frac{ql^4}{EI}$$

最大动力弯矩值可由公式 $M=\overline{M}_1 I_1+\overline{M}_2 I_2+M_P$ 求得，最大动力弯矩图如图10.43所示。图中有实线和虚线两种情况，当简谐荷载向下时，对应的弯矩图为实线部分所示；当简谐荷载向上时，对应的弯矩图为虚线部分所示。

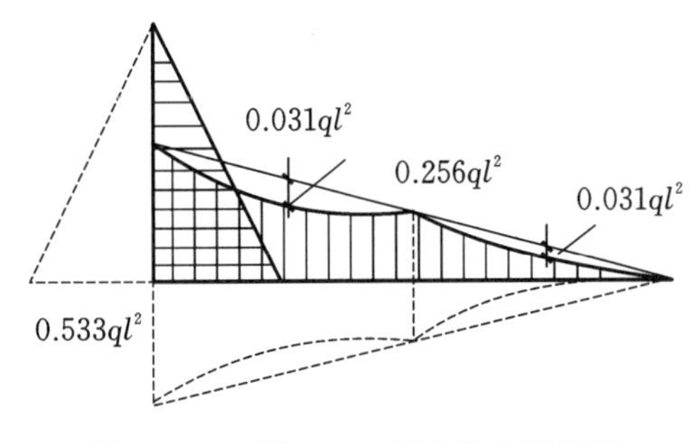

图10.43 例10.11最大动力弯矩图

【例10.12】 如图10.44所示刚架，横梁为无限刚性，柱子的刚度为 EI，柱顶 B、C 上有集中质量 m，在刚架横梁上作用简谐均布荷载 $P(t)=P\sin\theta t$，试求质点处的最大位移，并绘制最大动力弯矩图。已知 $\theta=3\sqrt{\dfrac{EI}{ml^3}}$。

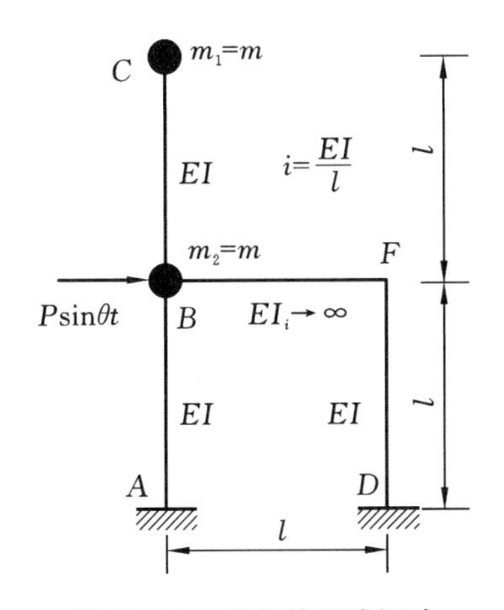

图10.44 刚架的强迫振动

【解】 此题计算刚度系数较方便，宜用刚度法求解。各刚度系数利用前面的知识可求得：

$$k_{11}=\frac{3i}{l^2},\quad k_{22}=\frac{27i}{l^2},\quad k_{12}=k_{21}=-\frac{3i}{l^2}$$

由图10.44得知荷载的幅值为

$$P_1=0;\quad P_2=P$$

将上述刚度系数、荷载幅值和 $\theta=3\sqrt{\dfrac{EI}{ml^3}}$ 代入式(10.84)中，得：

$$\left(\frac{3i}{l^2}-\frac{9i}{l^2}\right)Y_1-\frac{3i}{l^2}Y_2=0$$

$$-\frac{3i}{l^2}Y_1+\left(\frac{27i}{l^2}-\frac{9i}{l^2}\right)Y_2=P$$

解上式得质点处位移幅值

$$Y_1=-\frac{Pl^2}{39i}=-\frac{Pl^3}{39EI}=-0.0256\frac{Pl^3}{EI}$$

$$Y_2 = \frac{2Pl^2}{39i} = \frac{2Pl^3}{39EI} = 0.0513\frac{Pl^3}{EI}$$

最大动力弯矩值可由$M=\overline{M}_1 I_1+\overline{M}_2 I_2+M_P$求得。最大弯矩图(图 10.45)对应于简谐荷载向右作用时的情况;若简谐荷载向左作用,弯矩图的受拉方向应相反。

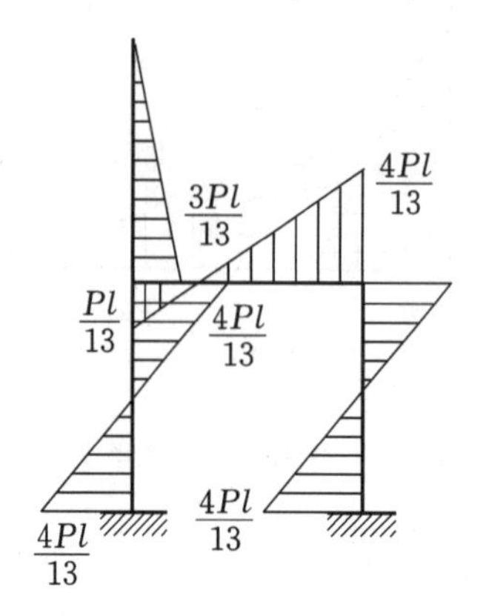

图 10.45　例 10.12 最大弯矩图

10.8　多自由度体系在任意荷载作用下的强迫振动——主振型分解法

在一般荷载作用下,图 10.46 所示 n 个自由度体系的振动方程为

$$\left.\begin{aligned} m_1\ddot{y}_1+k_{11}y_1+k_{12}y_2+\cdots+k_{1n}y_n &= F_{P1}(t)\\ m_2\ddot{y}_2+k_{21}y_1+k_{22}y_2+\cdots+k_{2n}y_n &= F_{P2}(t)\\ &\vdots\\ m_n\ddot{y}_n+k_{n1}y_1+k_{n2}y_2+\cdots+k_{nn}y_n &= F_{Pn}(t)\end{aligned}\right\} \tag{10.87a}$$

写成矩阵形式,则为

$$\boldsymbol{M}\ddot{\boldsymbol{y}}+\boldsymbol{K}\boldsymbol{y}=\boldsymbol{F}_P(t) \tag{10.87b}$$

式中,$\boldsymbol{y}$ 和 $\ddot{\boldsymbol{y}}$ 分别是位移向量和加速度向量;$\boldsymbol{M}$ 和 $\boldsymbol{K}$ 分别是质量矩阵和刚度矩阵;$\boldsymbol{F}_P(t)$ 是动荷载向量,即

$$\boldsymbol{F}_P(t)=\begin{Bmatrix} F_{P1}(t)\\ F_{P2}(t)\\ \vdots\\ F_{Pn}(t)\end{Bmatrix}$$

在通常情况下,式(10.87b)中的 $\boldsymbol{M}$ 和 $\boldsymbol{K}$ 并不都是对角矩阵,因此,方程组是耦合的。当 n 较大时,求解联立方程的工作非常繁重。为了简化计算,可以采用坐标变换的手段,使方程组由耦合变为不耦合。也就是说,设法使方程解耦。解耦的具体做法如下:

首先,进行正则坐标变换

$$\boldsymbol{y}=\boldsymbol{Y}\boldsymbol{\eta}$$

式中,$\boldsymbol{y}$ 称为几何坐标,代表质点的位移;$\boldsymbol{\eta}$ 称为正则坐标,是一种广义的参数。两种坐标之间的转换矩阵就是主振型矩阵 $\boldsymbol{Y}$。正则坐标 η_i 就是把位移 $\boldsymbol{y}$ 按主振型分解的系数。

其次,将正则坐标变换式代入式(10.87b),再在等式两边同乘以$\boldsymbol{Y}^{\mathrm{T}}$,得:

$$\boldsymbol{Y}^{\mathrm{T}}\boldsymbol{M}\boldsymbol{Y}\ddot{\boldsymbol{\eta}}+\boldsymbol{Y}^{\mathrm{T}}\boldsymbol{K}\boldsymbol{Y}\boldsymbol{\eta}=\boldsymbol{Y}^{\mathrm{T}}\boldsymbol{F}_P(t)$$

利用前面定义得到广义质量矩阵$\boldsymbol{M}^*$ 和广义刚度矩阵$\boldsymbol{K}^*$,再把$\boldsymbol{Y}^{\mathrm{T}}\boldsymbol{F}_P(t)$ 看作广义荷载向量,记为

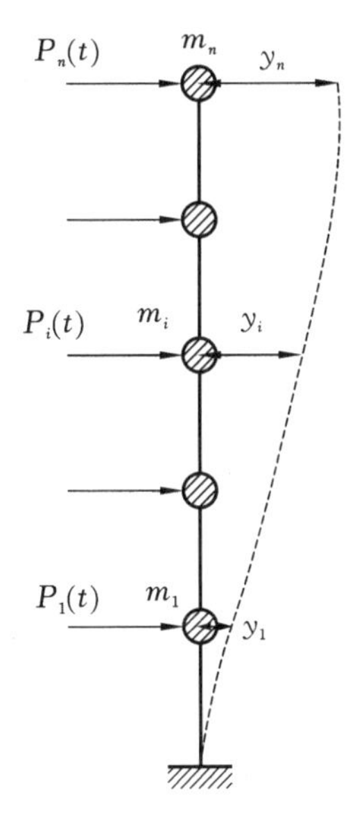

图 10.46　n 个自由度体系的受迫振动

$$\boldsymbol{F}(t) = \boldsymbol{Y}^{\mathrm{T}}\boldsymbol{F}_P(t) \tag{10.88a}$$

其中元素

$$F_i(t) = Y^{(i)\mathrm{T}}F_{Pi}(t) \tag{10.88b}$$

称为第 i 个主振型相应的广义荷载，则有：

$$\boldsymbol{M}^*\ddot{\boldsymbol{\eta}} + \boldsymbol{K}^*\boldsymbol{\eta} = \boldsymbol{F}(t)$$

由于$\boldsymbol{M}^*$ 和$\boldsymbol{K}^*$ 都是对角矩阵，故方程组已成功解耦。其中，包含 n 个独立方程如下：

$$M_i\ddot{\eta}_i(t) + K_i\eta_i(t) = F_{Pi}(t) \quad (i = 1,2,\cdots,n)$$

上式两边除以 M_i，再考虑到 $\omega_i^2 = \dfrac{K_i}{M_i}$，得：

$$\ddot{\eta}_i(t) + \omega_i^2\eta_i(t) = \frac{1}{M_i}F_{Pi}(t) \quad (i = 1,2,\cdots,n) \tag{10.89}$$

这就是关于正则坐标 $\eta_i(t)$ 的运动方程，与单自由度体系的振动方程完全相似。原来的振动方程组[式(10.87)]是彼此耦合的 n 个联立方程，现在的运动方程[式(10.89)]是彼此独立的 n 个一元方程。由耦合变为不耦合，是上述解法的主要优点。这个解法的核心步骤是采用正则坐标变换，或者说，把位移 $\boldsymbol{y}$ 按主振型进行分解，因此这个方法叫作主振型分解法或主振型叠加法。

参照杜哈梅积分式可写出式(10.89)的解答。在初始位移和初始速度为零时，其解为

$$\eta_i(t) = \frac{1}{M_i\omega_i}\int_0^t F_{Pi}(\tau)\sin\omega_i(t-\tau)\mathrm{d}\tau \tag{10.90}$$

正则坐标 $\boldsymbol{\eta}_i(t)$ 求出后，再回代到正则坐标变换式，即得到几何坐标 $\boldsymbol{y}(t)$。从正则坐标变换来看，这是进行坐标反变换。将各个主振型分量加以叠加，从而得出质点的总位移。

【例 10.13】　用振型分解法求图 10.47 所示结构在突加荷载 $F_{P2}(t)$ 作用下的位移和弯矩，这里

$$F_{P2}(t) = \begin{cases} F_{P2}, & t > 0 \\ 0, & t < 0 \end{cases}$$

【解】　(1) 确定自振频率和主振型

由前面知识可得两个自振频率为

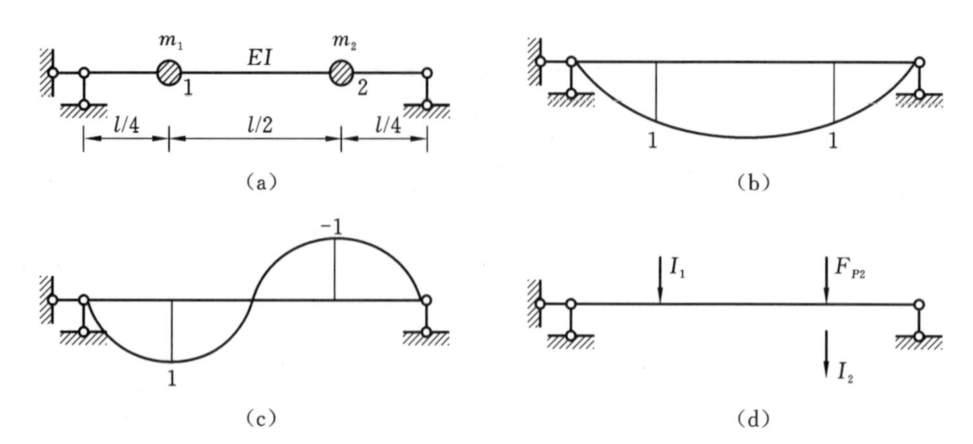

图 10.47　例 10.13 图

(a) 受突加荷载的两个自由度体系；(b) 第一主振型；(c) 第二主振型；(d) 荷载和惯性力

$$\omega_1 = 6.928\sqrt{\frac{EI}{ml^3}},\quad \omega_2 = 19.596\sqrt{\frac{EI}{ml^3}}$$

两个主振型如图 10.47(b)、图 10.47(c) 所示，即

$$\boldsymbol{Y}^{(1)} = \begin{Bmatrix} 1 \\ 1 \end{Bmatrix},\quad \boldsymbol{Y}^{(2)} = \begin{Bmatrix} 1 \\ -1 \end{Bmatrix}$$

(2) 建立坐标变换关系

主振型矩阵为

$$\boldsymbol{Y} = \begin{bmatrix} 1 & 1 \\ 1 & -1 \end{bmatrix}$$

正则坐标变换式为

$$\begin{Bmatrix} y_1 \\ y_2 \end{Bmatrix} = \begin{bmatrix} 1 & 1 \\ 1 & -1 \end{bmatrix}\begin{Bmatrix} \eta_1 \\ \eta_2 \end{Bmatrix}$$

(3) 求广义质量

由式 $M_i = \boldsymbol{Y}^{(i)\mathrm{T}}\boldsymbol{M}\boldsymbol{Y}^{(i)}$，得：

$$M_1 = \boldsymbol{Y}^{(1)\mathrm{T}}\boldsymbol{M}\boldsymbol{Y}^{(1)} = [1\quad 1]\begin{bmatrix} 1 & 0 \\ 0 & 1 \end{bmatrix}\begin{Bmatrix} 1 \\ 1 \end{Bmatrix}m = 2m$$

$$M_2 = \boldsymbol{Y}^{(2)\mathrm{T}}\boldsymbol{M}\boldsymbol{Y}^{(2)} = [1\quad -1]\begin{bmatrix} 1 & 0 \\ 0 & 1 \end{bmatrix}\begin{Bmatrix} 1 \\ -1 \end{Bmatrix}m = 2m$$

(4) 求广义荷载

由式(10.88b)，得：

$$F_1(t) = \boldsymbol{Y}^{(1)\mathrm{T}}\boldsymbol{F}_P(t) = [1\quad 1]\begin{Bmatrix} 0 \\ F_{P2}(t) \end{Bmatrix} = F_{P2}(t)$$

$$F_2(t) = \boldsymbol{Y}^{(2)\mathrm{T}}\boldsymbol{F}_P(t) = [1\quad -1]\begin{Bmatrix} 0 \\ F_{P2}(t) \end{Bmatrix} = -F_{P2}(t)$$

(5) 求正则坐标

由式(10.90) 得：

$$\eta_1(t) = \frac{1}{M_1\omega_1}\int_0^t F_{P2}(\tau)\sin\omega_1(t-\tau)\mathrm{d}\tau = \frac{1}{2m\omega_1}\int_0^t F_{P2}(\tau)\sin\omega_1(t-\tau)\mathrm{d}\tau$$

$$= \frac{F_{P2}}{2m\omega_1^2}(1-\cos\omega_1 t)$$

$$\eta_2(t) = -\frac{1}{M_2\omega_2}\int_0^t F_{P2}(\tau)\sin\omega_2(t-\tau)\mathrm{d}\tau = -\frac{F_{P2}}{2m\omega_2^2}(1-\cos\omega_2 t)$$

(6) 求质点位移

根据正则坐标变换式，得：

$$y_1(t) = \eta_1(t)+\eta_2(t) = \frac{F_{P2}}{2m\omega_1^2}\left[(1-\cos\omega_1 t)-\left(\frac{\omega_1}{\omega_2}\right)^2(1-\cos\omega_2 t)\right]$$

$$= \frac{F_{P2}}{2m\omega_1^2}[(1-\cos\omega_1 t)-0.125(1-\cos\omega_2 t)]$$

$$y_2(t) = \eta_1(t)-\eta_2(t) = \frac{F_{P2}}{2m\omega_1^2}\left[(1-\cos\omega_1 t)+\left(\frac{\omega_1}{\omega_2}\right)^2(1-\cos\omega_2 t)\right]$$

$$= \frac{F_{P2}}{2m\omega_1^2}[(1-\cos\omega_1 t)+0.125(1-\cos\omega_2 t)]$$

(7) 求弯矩

两质点的惯性力分别为

$$I_1 = -m_1\ddot{y}_1 = -\frac{F_{P2}}{2}(\cos\omega_1 t-\cos\omega_2 t)$$

$$I_2 = -m_2\ddot{y}_2 = -\frac{F_{P2}}{2}(\cos\omega_1 t+\cos\omega_2 t)$$

任意时刻 t 所受的总力(即荷载力和惯性力)如图 10.47(d) 所示。任意截面的弯矩值可根据下式求解

$$M(t) = \overline{M}_1 I_1 + \overline{M}_2 I_2 + M_P$$

由此可求得截面 1 和截面 2 的弯矩如下：

$$M_1(t) = \frac{F_{P2}l}{8}\left[(1-\cos\omega_1 t)-\frac{1}{2}(1-\cos\omega_2 t)\right]$$

$$M_2(t) = \frac{F_{P2}l}{8}\left[(1-\cos\omega_1 t)+\frac{1}{2}(1-\cos\omega_2 t)\right]$$

上面求得的质点位移和截面弯矩的算式中均包括两项：前一项为第一主振型分量的影响[含 $(1-\cos\omega_1 t)$ 因子]，后一项为第二主振型分量的影响[含 $(1-\cos\omega_2 t)$ 因子]。可以看出，第二主振型分量的影响比第一主振型分量的影响要小得多。对位移来说，第一和第二主振型分量的最大值之比为 2 ∶ 0.25；对弯矩来说，比值为 2 ∶ 1。

由于第一和第二主振型分量并不是同时达到最大值，因此求位移或弯矩的最大值时，不能简单地把两分量的最大值相加。

主振型叠加法可以将多自由度体系的动力反应问题变为一系列按主振型分量振动的单自由度体系的动力反应问题；当 n 很大时，价次愈高的主振型分量的影响愈小，通常只计算前 2 个至前 3 个低阶主振型的影响，即可得到满意的结果。

本章小结

本章分别讨论了单、多自由度体系的自由振动和强迫振动的分析方法，对于多自由度体系在任意荷载作用下的强迫振动常采用振型分解法分析。另外，还介绍了动力分析的基本概念、阻尼对振动的影响、主振型的概念及频率近似计算。

对于单自由度体系的振动问题，强调了自振周期的不同表现形式和它的一些重要性质。在强迫

振动中，先讨论简谐荷载，后讨论一般荷载。一般动荷载的影响是按照自由振动、冲量的影响、强迫振动的顺序，主要利用力学概念进行推导，从而更清楚地了解它们之间的先后关系。同时，结合几种重要的动力荷载，介绍结构的动力反应的一些特点，与静力荷载进行了比较。单自由度体系的计算是本章的基础。因为实际结构的动力计算很多是简化为单自由度体系进行的。此外，多自由度体系的计算问题也可归结为单自由度体系的计算问题。因此，对这部分要切实掌握。

对于多自由度体系的振动问题，首先分别用刚度法和柔度法分析了多自由度体系的自由振动，两种方法各有其适用处。接着引出主振型的概念等。在强迫振动中，除了简谐荷载外，对一般动荷载，介绍了振型分解法，这种解法的核心步骤是采用正则坐标变换，即把位移矩阵按主振型分解。

学习中，可应用对比法加深对本章的了解。例如动力计算与静力计算的比较，结构静力特性与动力特性的比较，单自由度体系与多自由度体系在计算和性能方面的异同，结构动力计算与稳定计算的相似性(特征方程和特征值，主振型与失稳形式，能量解法) 等。

思　考　题

10.1　动力荷载的特点是什么?与静力荷载有什么区别?

10.2　结构的动力计算与静力计算的主要区别是什么?

10.3　结构的动力计算中自由度概念与结构几何组成分析中自由度概念有何异同?

10.4　试确定图 10.48 所示各体系的自由度数目。

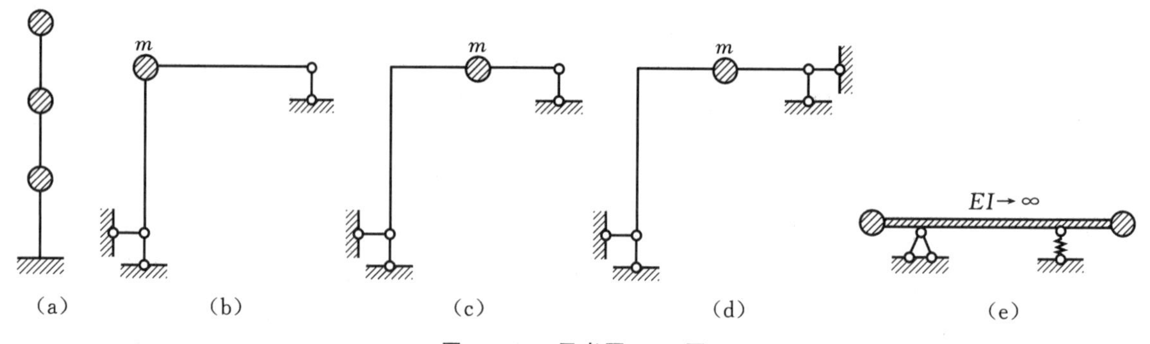

图 10.48　思考题 10.4 图

10.5　无阻尼自由振动的 y-t 曲线是怎样的?

10.6　为什么说结构的自振周期和自振频率是结构的固有性质?它们与结构的哪些因素有关?有什么关系?

10.7　式(10.9) 和式(10.10) 中，k、δ、Δ_{st} 的物理意义分别是什么?k 和 δ 有怎样的关系?δ 和 Δ_{st} 有什么关系?

10.8　在低阻尼条件下，自由振动的 y-t 曲线是怎样的?

10.9　低阻尼对自振频率和振幅的影响如何?

10.10　什么叫动力系数?

10.11　简谐荷载的动力系数 β 和什么有关?说说当 $\frac{\theta}{\omega}\to 0$、$0<\frac{\theta}{\omega}<1$、$\frac{\theta}{\omega}\to 1$、$\frac{\theta}{\omega}>1$ 时，$|\beta|$ 的变换规律。

10.12　如何理解下述提法：随时间变化很慢的动荷载可看作静荷载。这里，“很慢”的标准是什么?

10.13　在什么范围内，阻尼对动力系数 β 的影响是不容忽视的?

10.14　在两个自由度体系中，为什么由系数行列式 $\boldsymbol{D}=0$ 能得到自振圆频率的方程?

10.15　对比用柔度法和刚度法求频率的原理和计算步骤，并说明在什么情况下用柔度法较方便，在什么情况下用刚度法较方便。

10.16　什么叫主振型?为什么在两个自由度体系的振型曲线中只能得到两个位移幅值的相对比值?

10.17　怎样才能使两个自由度体系按某个主振型做自由振动?

10.18　什么是主振型的正交性?

10.19　两个自由度体系发生共振的原因有哪些?为什么?

10.20 两个自由度体系各质点的位移、内力有没有统一的动力系数?与单自由度体系有什么不同?

10.21 主振型分解法中用到了叠加原理,在结构动力计算中,什么情况下能用这个方法?什么情况下不能应用?

10.22 能用主振型分解法求解简谐荷载作用下多自由度体系的受迫振动吗?

10.23 在何种特定荷载作用下,多自由度体系只按某个主振型做单一振动?

习 题

10.1 图 10.49 所示梁具有无限刚性和均布质量 $\overline{m}$,A 处的弹性铰刚性系数 $k_2=\frac{4EI}{l}$,B 处的弹簧刚度系数 $k_1=\frac{4EI}{l^3}$,试求其自振频率。

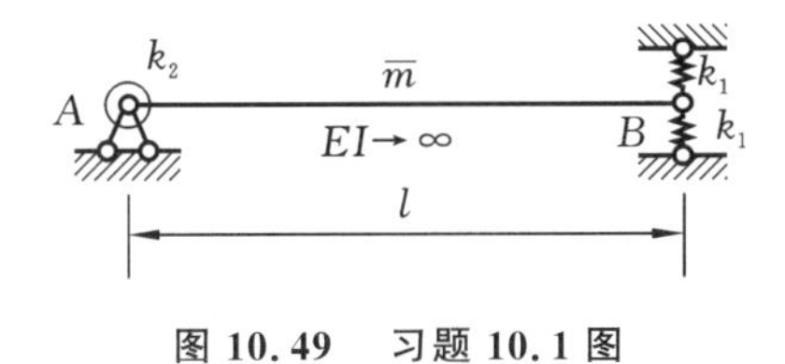

图 10.49 习题 10.1 图

10.2 图 10.50 所示结构所有的杆件均为无限刚性,D 处的弹性铰刚性系数为 k,试求体系的自振频率。

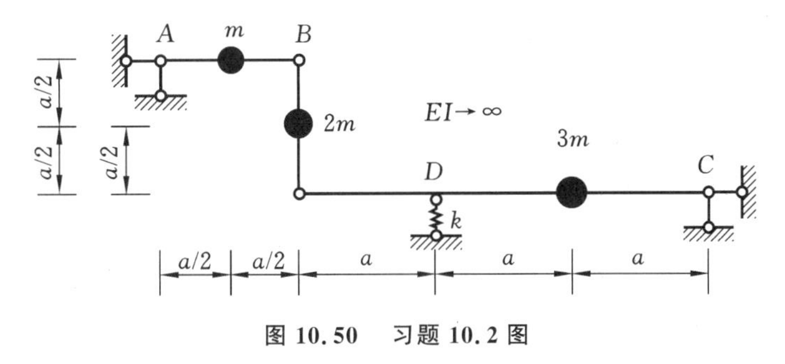

图 10.50 习题 10.2 图

10.3 图 10.51 所示结构中所有的杆件均为无限刚性并具有均布质量 $\overline{m}$,B 处的弹性铰刚性系数为 k,试求体系的自振频率。

10.4 设图 10.52 所示竖杆顶端在振动开始时的初位移为 0.1 cm(被拉到位置 B' 后放松引起振动),求顶端 B 的位移振幅、最大速度和加速度。

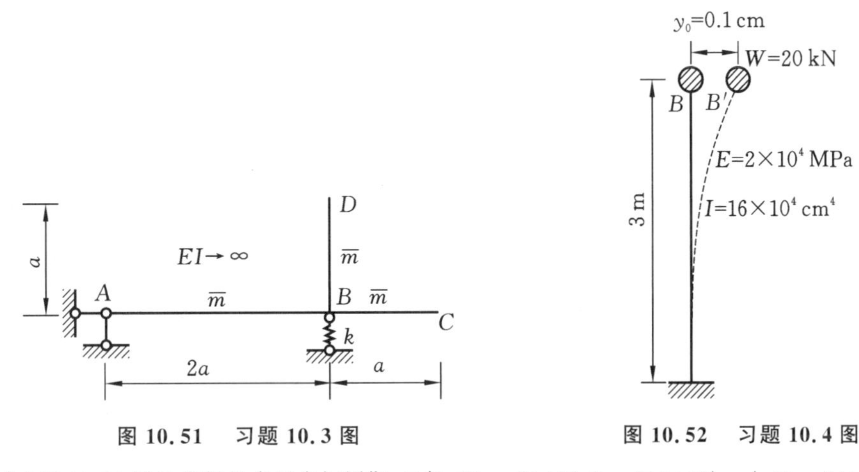

图 10.51 习题 10.3 图　　**图 10.52 习题 10.4 图**

10.5 试求图 10.53 所示排架的水平自振周期。已知:$W=20$ kN,$I=20\times10^4$ cm^4,$E=3\times10^4$ MPa。

10.6 图 10.54 所示刚架跨中有集中重量 W,刚架自重不计,弹性模量为 E。试求体系竖向振动时的自振频率。

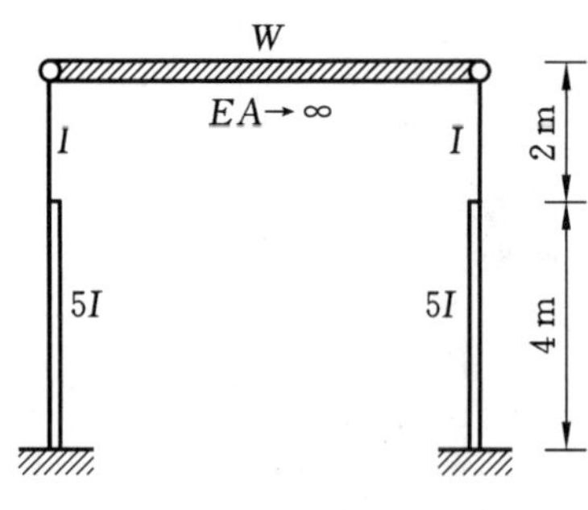

图 10.53　习题 10.5 图

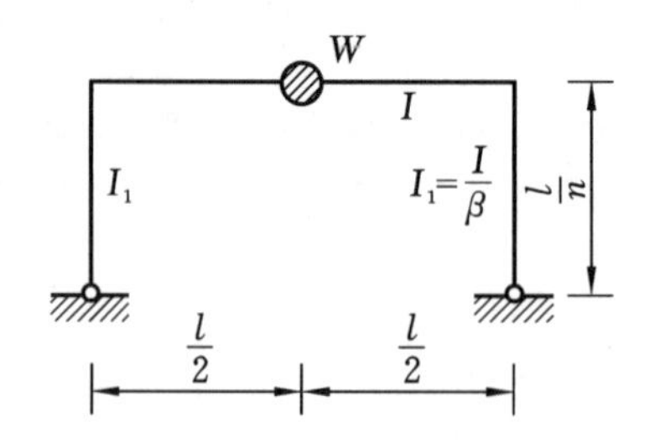

图 10.54　习题 10.6 图

10.7　试求图 10.55 所示梁的最大竖向位移和梁端弯矩幅值。已知：$W = 10$ kN，$F_P = 2.5$ kN，$E = 2.5 \times 10^5$ MPa，$I = 1130$ cm^4，$\theta = 57.6$ s^{-1}，$l = 150$ cm。

10.8　求图 10.56 所示结构的自振频率。

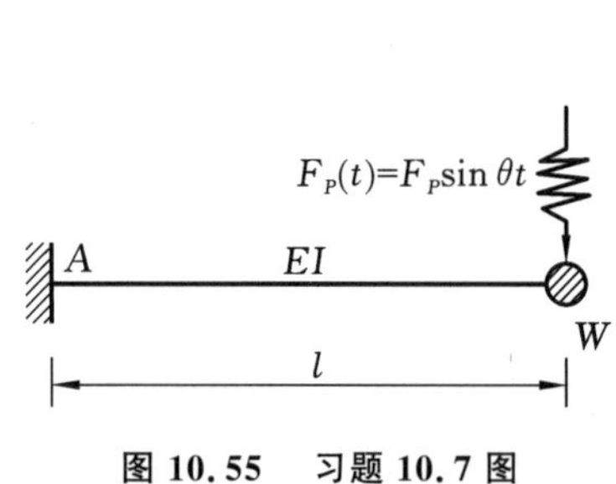

图 10.55　习题 10.7 图

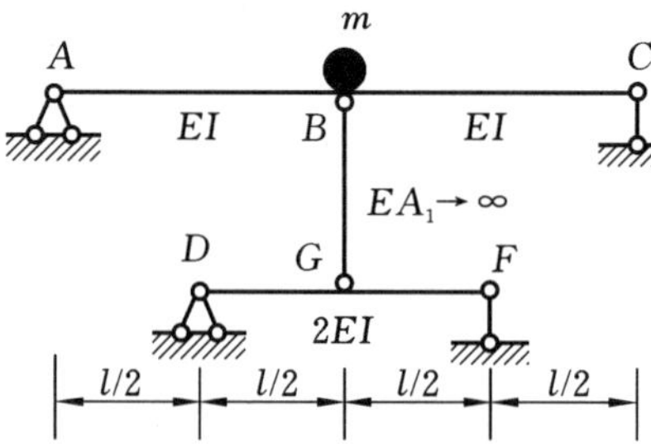

图 10.56　习题 10.8 图

10.9　求图 10.57 所示结构的自振频率。

10.10　图 10.58 所示结构在柱顶有电动机，试求电动机转动时的最大水平位移和柱端弯矩的幅值。已知：电动机和结构的重量集中于柱顶，$W = 20$ kN，电动机水平离心力的幅值 $F_P = 250$ kN，电动机转速 $n = 550$ r/min，柱的线刚度 $i = \dfrac{EI_1}{h} = 5.88 \times 10^8$ N · cm。

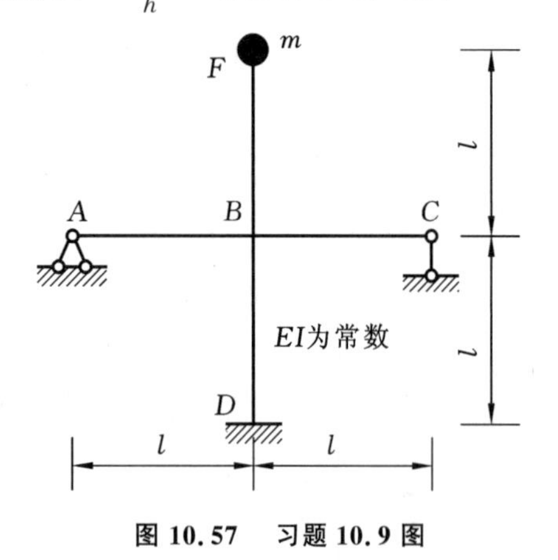

图 10.57　习题 10.9 图

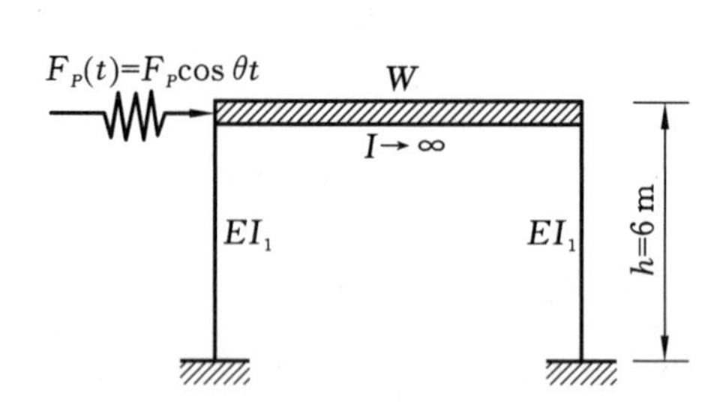

图 10.58　习题 10.10 图

10.11　设有一个自振周期为 T 的单自由度体系，承受图 10.59 所示直线渐增荷载 $F_P(t)$ $\left[F_P(t) = F_P \dfrac{t}{\tau}\right]$ 作用。

(1) 试求 $t = \tau$ 时的振动位移值 $y(\tau)$。

(2) 当 $\tau = \dfrac{3}{4}T$、$\tau = T$、$\tau = 1\dfrac{1}{4}T$、$\tau = 4\dfrac{3}{4}T$、$\tau = 5T$、$\tau = 5\dfrac{1}{4}T$、$\tau = 9\dfrac{3}{4}T$、$\tau = 10T$、$\tau = 10\dfrac{1}{4}T$ 时，分别计算动位移和静位移的比值 $\dfrac{y(\tau)}{y_{st}}$。其中，静位移 $y_{st} = \dfrac{F_P}{k}$，k 为体系的刚度系数。

(3) 从以上的计算结果中可以得到怎样的结论？

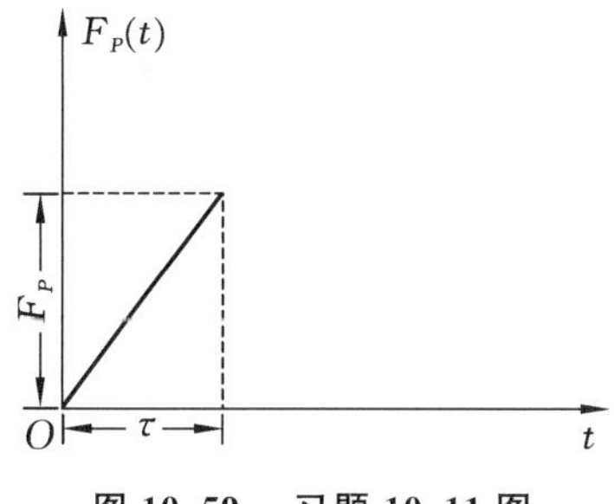

图 10.59　习题 10.11 图

10.12　求图 10.60 所示结构 B 点的最大竖向动位移 Δ_{BV} 并绘制最大动力弯矩图。(不考虑阻尼影响)

10.13　求图 10.61 所示结构质点处最大竖向位移和最大水平位移,并绘制最大动力弯矩图。已知 $EI=9\times10^6\ \mathrm{N\cdot m^2}$。(不考虑阻尼影响)

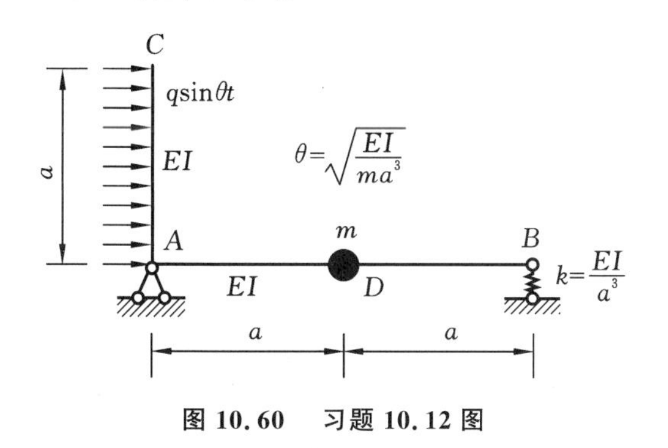

图 10.60　习题 10.12 图

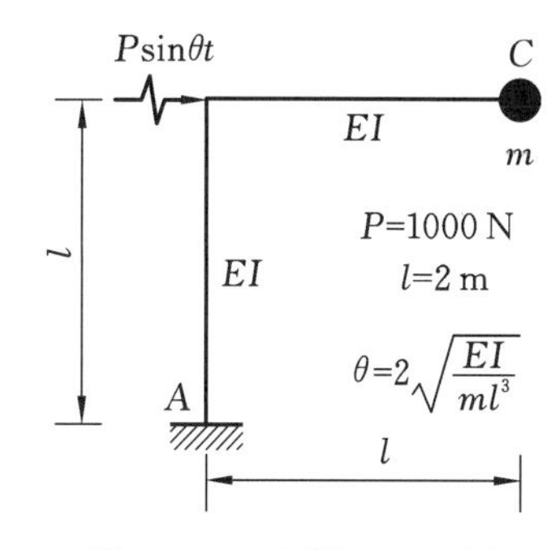

图 10.61　习题 10.13 图

10.14　有一单自由度体系做有阻尼自由振动,通过测试,测得 5 个周期后的振幅降为原来的 12%,试求阻尼比 ξ。

10.15　某结构自由振动经过 10 个周期后,振幅降为原来的 10%。试求结构的阻尼比 ξ 和简谐荷载作用下共振时的动力系数。

10.16　在图 10.62 所示的自由振动试验中,用油压千斤顶使横梁产生侧向位移,当梁侧移 0.49 cm 时,需加侧向力 90.698 kN。在此初位移状态下放松横梁,经过一个周期($T=1.40$ s)后,横梁最大位移仅为 0.392 cm。试求:

(1) 结构的自重 W(假设重量集中于横梁上);

(2) 阻尼比;

(3) 振动 6 周后的位移振幅。

10.17　试求图 10.63 所示体系 1 点的位移动力系数和 0 点的弯矩动力系数;它们与动力荷载通过质点作用时的动力系数是否相同?

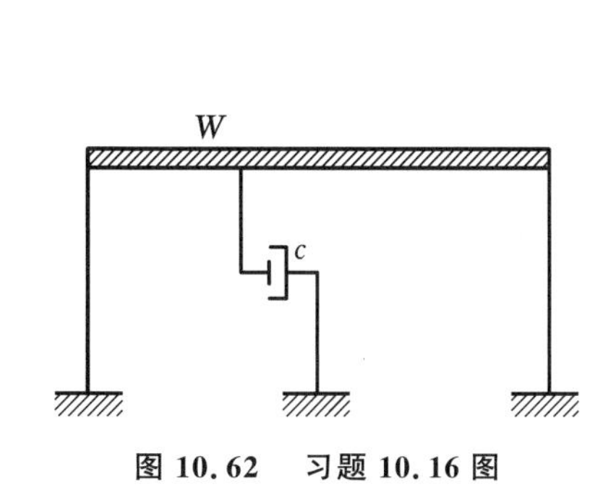

图 10.62　习题 10.16 图

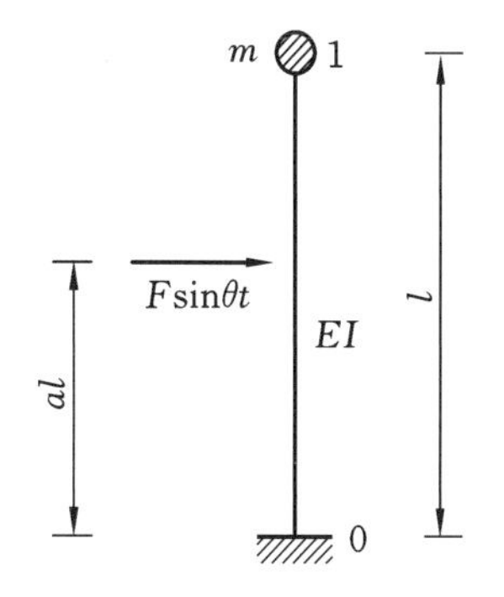

图 10.63　习题 10.17 图

10.18　试求图 10.64 所示体系中弹簧支座的最大动反力。已知 q_0、$\theta(\theta \neq \omega)$、$m$ 和弹簧系数 k，$EI \to \infty$。

10.19　一台重量 $W = 200$ kN 的回转机器支承在总刚度 $K = 180000$ kN/m 的弹簧支座上，受到转速 $N = 2400$ r/min，动荷载幅值 $P = 5$ kN 的简谐动力荷载作用，已知阻尼比 $\xi = 0.1$。求振幅 A 和传到基础上的动反力 F_0。

10.20　试求图 10.65 所示梁的自振频率和主振型。

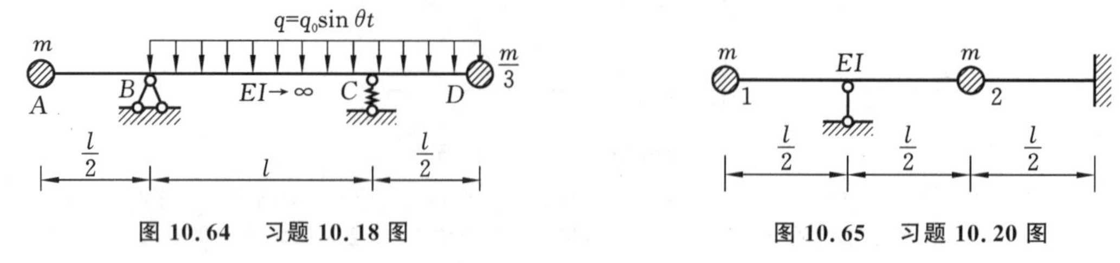

图 10.64　习题 10.18 图　　　图 10.65　习题 10.20 图

10.21　用柔度法计算图 10.66 所示结构的自振频率和主振型。(绘出主振型图)

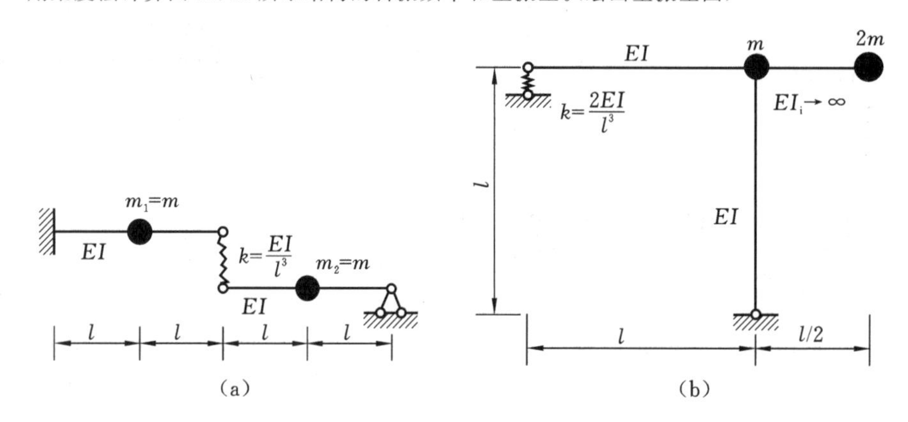

图 10.66　习题 10.21 图

10.22　用刚度法计算图 10.67 所示结构的自振频率和主振型。(绘出主振型图)

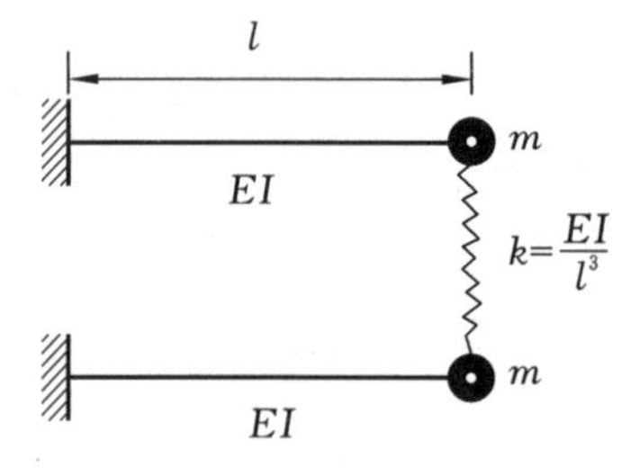

图 10.67　习题 10.22 图

10.23　试求图 10.68 所示双跨梁的自振频率和主振型。已知：$l = 100$ cm，$mg = 1000$ N，$I = 68.82$ cm^4，$E = 2 \times 10^5$ MPa。

10.24　试求图 10.69 所示双跨梁的自振频率和主振型。已知：$l = 100$ cm，$W = 1000$ N，$I = 68.82$ cm^4，$E = 2 \times 10^5$ MPa。

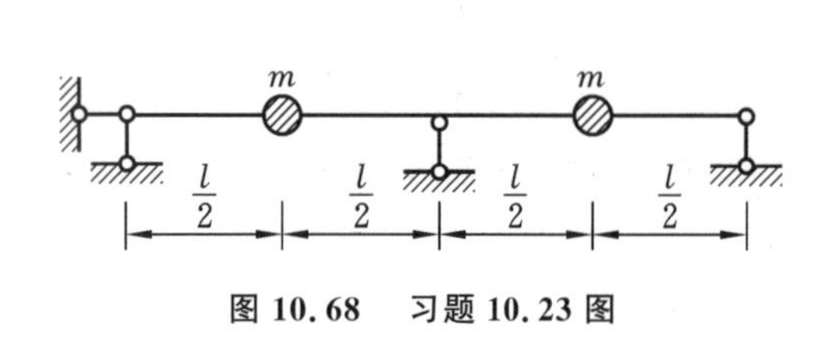

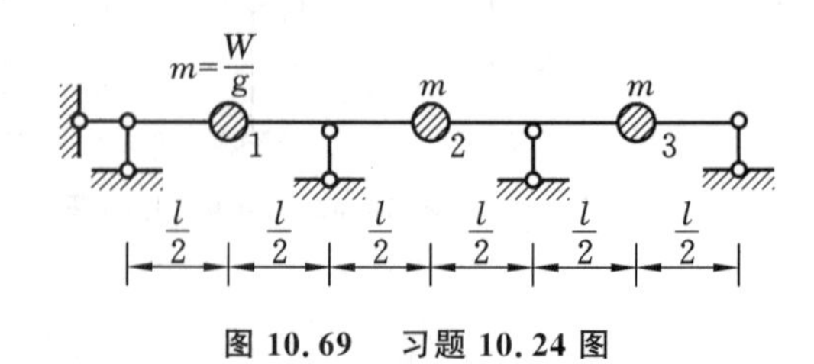

图 10.68　习题 10.23 图　　　图 10.69　习题 10.24 图

10.25 试求图 10.70 所示两层刚架的自振频率和主振型。设楼面质量分别为 $m_1 = 120$ t 和 $m_2 = 100$ t，柱的质量已集中于楼面；柱的线刚度分别为 $i_1 = 20$ MN·m，$i_2 = 14$ MN·m；横梁刚度为无限大。

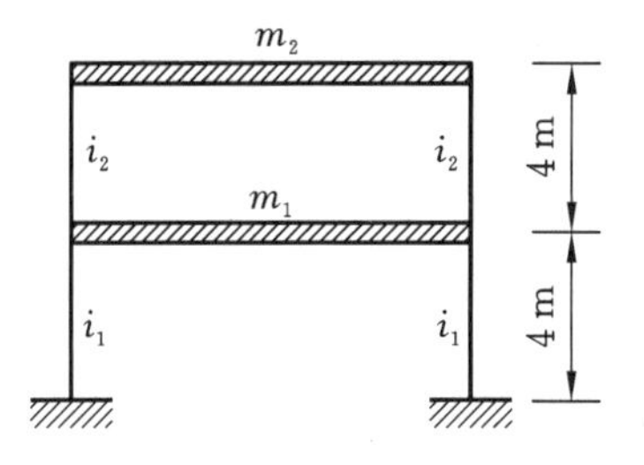

图 10.70 习题 10.25 图

10.26 试求图 10.71 所示三层刚架的自振频率和主振型，设楼面质量分别为 $m_1 = 270$ t，$m_2 = 270$ t，$m_3 = 180$ t；各层的侧移刚度分别为 $k_1 = 245$ MN/m，$k_2 = 196$ MN/m，$k_3 = 98$ MN/m；横梁刚度为无限大。

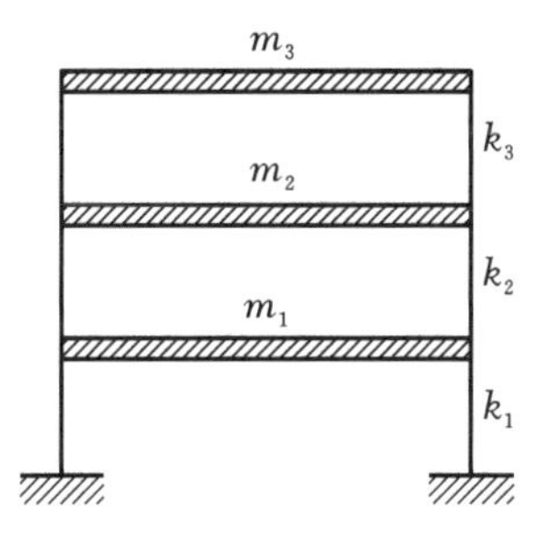

图 10.71 习题 10.26 图

10.27 设习题 10.25 的两层刚架的二层楼面处沿水平方向作用一简谐干扰力 $F_P \sin\theta t$，其幅值 $F_P = 5$ kN，机器转速 $n = 150$ r/min。试求第一、第二层楼面处的振幅值和柱端弯矩的幅值。

10.28 设在习题 10.26 的第二层作用一水平干扰力 $F_P(t)$[$F_P(t) = 20\sin\theta t$]，每分钟振动 200 次。试求各楼层的振幅值。

10.29 用主振型分解法重做习题 10.27。

11 结构的稳定分析

提要

结构的受压承载力取决于它的强度和稳定性，所以，结构设计时既要进行强度验算，同时也要进行稳定验算，而且稳定验算对某些结构（如薄壁结构）而言显得非常重要。本章主要内容包括：压杆弹性稳定的基本概念；两类稳定问题；稳定分析的两种方法——静力法和能量法；有限自由度体系和无限自由度体系的稳定分析；组合结构、刚架和拱的稳定分析方法。其中，弹性稳定的基本概念、稳定分析的两种方法、有限自由度体系的稳定分析是重点内容。

11.1 结构稳定的基本概念

当荷载逐渐增大，结构除了可能发生强度破坏外，也可能发生突然弯曲的失稳破坏，即可能由稳定平衡状态转变为不稳定平衡状态，称为失稳，其相应的荷载称为结构的临界荷载，记为 F_{Pcr}。理论上将结构的失稳现象划分为两类——分支点失稳和极值点失稳。下面以压杆为例说明两类稳定问题。

11.1.1 分支点失稳

分支点失稳也称第一类失稳，就如在理想的中心受压直杆上（也称完善体系或者理想体系），轴向荷载逐渐增加到临界值时，杆件若受到一个横向干扰而发生微小弯曲，在干扰消失后，压杆不能恢复到原有的状态，而停留在新位置呈弯曲受压的平衡状态，这表示均匀受压的直杆丧失了直线平衡的稳定性。当直杆两端铰支时，该轴压荷载的临界值为 $F_{Pcr}=\dfrac{\pi^2 EI}{l^2}$，称为欧拉力 F_{PE}。在各种结构中都有类似的情况，受压构件在外荷载增加至某一临界值时，构件的轴线将发生屈曲而使结构丧失承载能力。图 11.1(a) 所示承受节点荷载的刚架，在原始平衡状态中，各柱单纯受压，刚架无弯曲变形；在新的平衡状态中，刚架产生侧移出现弯曲变形；图 11.1(b) 表示承受静水压力的圆拱，在原始平衡状态中，拱单纯受压，拱轴保持为圆形；在新的平衡状态中，拱轴不再保持为圆形，出现压弯组合变形；又如图 11.1(c) 所示悬臂窄条梁，在原始的平衡状态中，梁处于平面弯曲状态；在新的平衡状态中，梁处于斜弯曲扭转状态。又如，十字形、T 形、L 形断面的开口薄壁直杆，在轴压荷载作用下可能首先发生绕轴扭转的失稳变形。

当轴压力较小时，压杆为单纯受压而不发生弯曲变形（即挠度为零），此时压杆不会因瞬时扰动而转向新的平衡状态，即处于稳定的平衡；但是如果压杆受力增大至大于 F_{Pcr} 的时候，压杆的原始平衡状态不再是唯一的平衡形式，压杆既可处于直线形式的平衡状态，也可过渡到新的弯曲形式的平衡状态，即处于不稳定

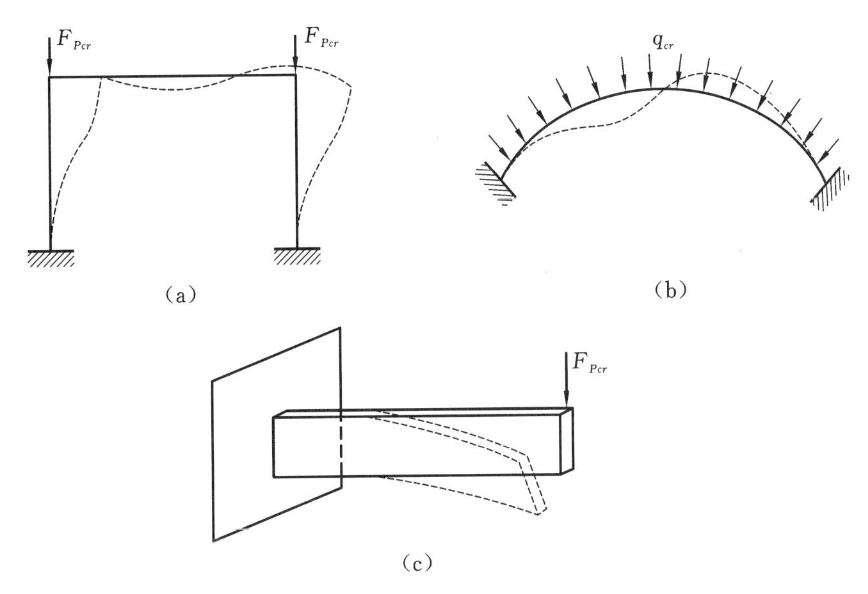

图 11.1 分支点失稳

(a) 受结点荷载的刚架;(b) 受静水压力的圆拱;(c) 悬臂窄条梁

的平衡,压杆丧失了正常承载力。

荷载 F_{Pcr} 即为临界荷载,也就是说,构件受压荷载的增大过程中,结构的平衡形式会出现分支点或临界点。一般将分支点上的结构平衡状态称为随遇平衡,或中性平衡。如图 11.2 压杆加载的 F_P-Δ 关系曲线所示,当荷载小于 F_{Pcr} 时直线 OAB 为原始平衡状态(路径 Ⅰ),如果压杆受到轻微扰动因弯曲而偏离原始平衡位置,当扰动消失后压杆仍能回到原始位置。也就是平衡路径 Ⅰ 上,A 点所对应的平衡状态是稳定的,且这种原始平衡形式是唯一的。当荷载大于 F_{Pcr} 时,图 11.2(b) 中有两条不同的 F_P-Δ 关系曲线:原始平衡路径 Ⅰ(直线 BC 段)和第二平衡路径 Ⅱ(BD 或 BD' 段),这时路径 Ⅰ 的 C 点是不稳定的,如有轻微扰动而弯曲,扰动消失后压杆回不到 C 点对应的平衡状态,而是回到图中的 D 点所对应弯曲形式的平衡状态。

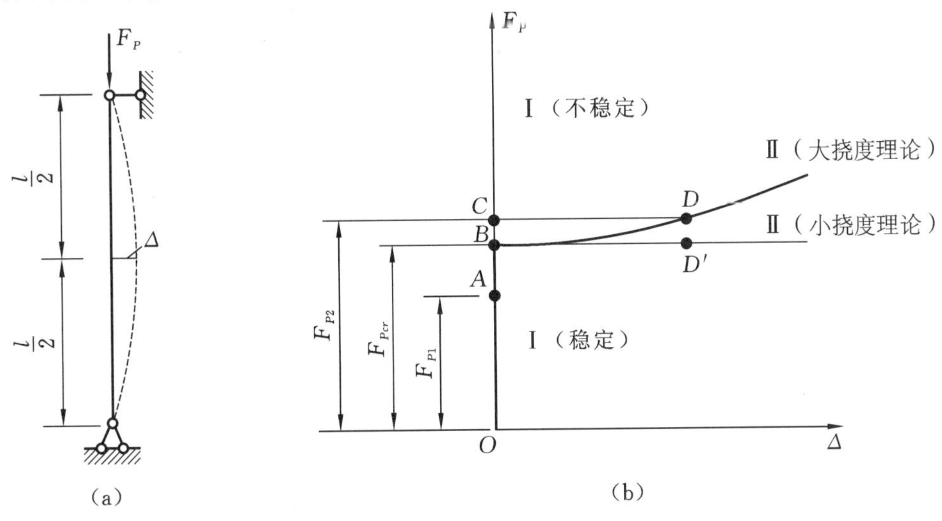

图 11.2 分支点失稳

(a) 理想中心受压杆;(b) F_P-Δ 曲线

两条路径 Ⅰ 和 Ⅱ 的交点 B 称为分支点,即分支点 B 处平衡路径 Ⅰ 和 Ⅱ 并存,出现平衡形式的二重性,由稳定平衡转变为不稳定平衡 —— 稳定性的转变,具有上述特征的失稳形式称为分支点失稳。分支点对应的荷载称为临界荷载,对应的平衡状态称为临界状态。

11.1.2 极值点失稳

此类稳定问题是指结构原来处于压弯的复合受力状态[图 11.3(a)、图 11.3(b) 所示为具有初始曲率和承受偏心荷载的压杆,称为压杆的非完善体系],随着荷载增大,平衡形式并不发生分支现象。在受力变形的状态只有量变而无质变的情况下,结构丧失承载能力。每一个 F_P 值都对应着一定的挠度变形,但其关系为非线性,如图 11.3(c) 荷载位移曲线 OB 所示,B 点对应的最大荷载值称为极限荷载 P_u,达到此值时,即使减小荷载,变形仍会继续增大,即失去平衡的稳定性。极限荷载小于按中心受压时的临界荷载,图 11.3(c) 中的曲线 OC 是假设构件材料为无限弹性的情况。在极值点处平衡路径由稳定平衡转变为不稳定平衡,因此这种失稳称为极值点失稳,即第二类失稳,极值点相应的荷载称为临界荷载。

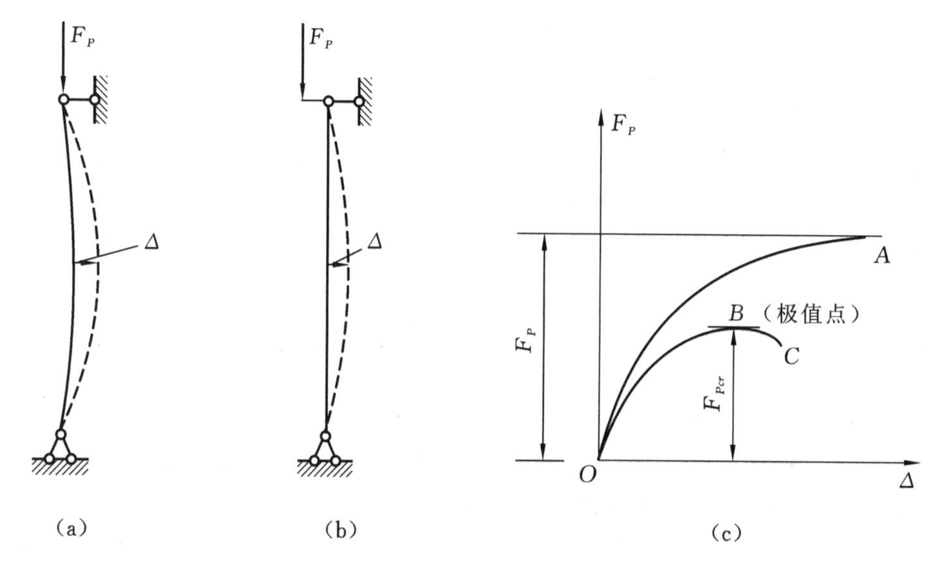

图 11.3 极值点失稳

(a) 有初始曲率的压杆;(b) 承受偏心荷载的压杆;(c) 荷载-位移曲线

在实际构件和结构中往往难以区分上述两类失稳问题,如承受轴向压力的直杆,由于不可避免存在杆轴弯曲、荷载初始偏心等因素,构件一开始就处于压弯受力状态。但是,第一类失稳问题更具有代表性,就结构丧失承载能力的突发性而言,更有研究的必要;而且在许多情况下,分支点临界荷载可以作为极限荷载的上限来考虑。所以,本章主要讨论第一类失稳问题,且仅限于弹性范围内构件、结构的稳定性分析。弹性范围外受压杆的稳定问题也具有重要的意义,读者可自行查阅相关专著。

11.2 稳定分析方法及两类稳定问题的分析

结构稳定分析的目的是防止不稳定平衡状态或随遇平衡状态的发生,找到维持稳定平衡的最大荷载 —— 临界荷载或临界荷载参数,建立计算公式所依据的状态就是随遇平衡状态(即分支点状态)。

与动力计算中自由度类似，当一个体系发生弹性变形时，确定其稳定变形状态所需的独立几何参数的数目称为稳定自由度。在结构的稳定分析中，有两种分析方法和两种常用的理论，即静力法和能量法、大挠度理论和小挠度理论，这里以单自由度体系为例进行说明。

11.2.1　静力法和能量法

结构稳定分析的静力法就是在结构刚刚开始进入新的平衡形式时建立平衡方程，从而求解临界荷载的方法。

图 11.4(a) 所示是一个最简单的弹性体系，其中竖杆为无限刚性，弹簧铰支座的转动刚度为 k_M。在柱顶竖向荷载作用下求临界荷载，当平衡状态发生改变时竖杆的新位置如图 11.4(a) 中虚线所示，其微小的倾角位移为 θ，则支座反力矩为 $k_M\theta$。柱顶偏移量为 $l\sin\theta$，运用静力平衡条件 $\sum M_A = 0$，则有：

$$F_P l\sin\theta - k_M\theta = 0$$

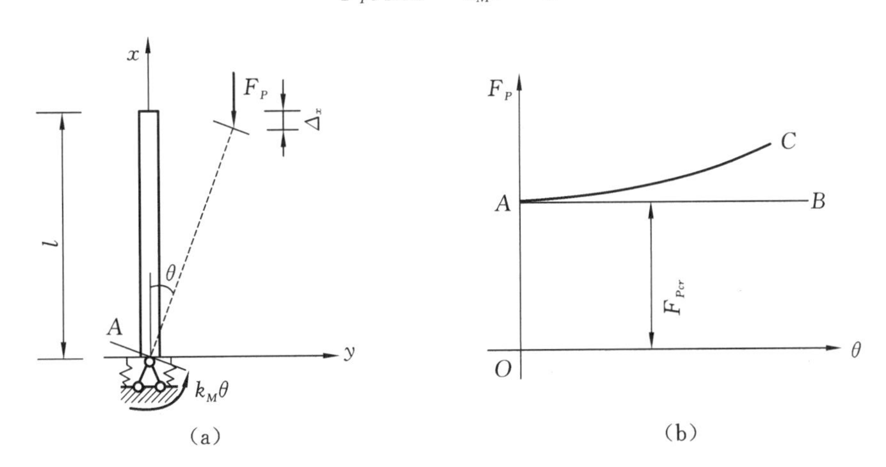

图 11.4　单自由度体系失稳

(a) 平衡的新形式；(b) 荷载-位移曲线

变形较小时近似取 $\sin\theta = \theta$，则上式可化为

$$\theta(F_P l - k_M) = 0$$

若 $\theta = 0$，表示体系处于起始位置上的平衡；若 $\theta \neq 0$（任意微小值）时，则可得：

$$F_P l - k_M = 0$$

该式即为体系的平衡方程，体系到达平衡状态，则临界荷载为 $F_{Pcr} - k_M/l$。

如果弹簧为无限弹性，即容许体系发生大变形，可得到 $F_P = k_M\theta/l\sin\theta$，可知 θ 值与 F_P 值一一对应，如图 11.4(b) 所示，但是其分支点荷载 F_{Pcr} 与小变形情况相同。

结构稳定分析的另一种方法称为能量法。

结构在荷载作用下发生变形，引起两方面的能量改变，即材料内具有应变势能增量 U、荷载由于作用位置的变化具有势能增量 V。包含轴压构件在内的体系也有着这两种能量的消长现象。当压杆从原来的平衡位置偏离到一个新的平衡位置的时候，若 $U > V$，表示体系具有足够的应变势能克服荷载的作用而使压杆恢复到原有的位置；若 $U < V$ 则相反，压杆已不能复原；若 $U = V$ 则表示压杆处于随遇平衡。从 $U = V$ 出发去求解临界荷载，可应用能量守恒定律。体系的总势能写作 $\Pi = U + V$，它可以表示成变形状态中若干个位移参数的二次函数。

势能驻值原理为能量法提供了一个理论基础:体系处于平衡时,对应于微小、可能的位移结构的总势能一阶变分为零,即 $\delta\Pi = 0$。或者说,弹性结构的某处位移发生一个任意微小位移,并不导致体系总势能的改变,则该结构处于平衡状态。至于平衡的稳定性,本应由势能函数 Π 的曲线变化趋势 —— 二阶变分来判断,若在原有的平衡位置上 $\delta^2\Pi > 0$,表示势能为极小,犹如一个小球位于凹曲面的底部,为稳定平衡状态;若 $\delta^2\Pi < 0$,表示势能为极大,犹如小球位于凸曲面顶部,为不稳定平衡;而 $\delta^2\Pi = 0$ 则表示势能随处相等,犹如小球位于水平面上,处于随遇平衡状态,也称为中性平衡状态。因此,体系总势能的 $\delta\Pi = 0$ 和 $\delta^2\Pi = 0$ 是平衡稳定性的能量准则。

对于多数承受轴压的弹性结构,稳定分析的关键在于确定使随遇平衡成为可能时的荷载值,所以,若在一个全新且可能实现的变形状态中,如该荷载的作用满足平衡条件,这时就无须检查系统的平衡稳定性条件,新状态下总势能具有驻值就可作为临界状态的充分必要条件:

$$\delta\Pi = \delta(U + V) = 0 \tag{11.1}$$

由此可求得临界荷载。

仍以图 11.4 所示的最简单的弹性体为例,柱顶轴向荷载作用下,设定变形后新状态为竖柱发生微小倾角 θ,对此可以写出弹性铰变形势能(变形倾角 θ 和内力矩 M_A 同时由零开始增长):

$$U = \frac{1}{2}M_A \cdot \theta = \frac{1}{2}k_M \cdot \theta^2$$

荷载势能的改变

$$V = -F_P \cdot \Delta_x = -Fl(1 - \cos\theta)$$

荷载势能定义为荷载在其作用方向的位移 Δ 上所做功为负值,该位移发生时荷载值没有改变。将上式中 $\cos\theta$ 展开成级数后取值:

$$\Delta_x = l(1 - \cos\theta) = l\left[1 - \left(1 - \frac{\theta^2}{2!} + \frac{\theta^4}{4!} + \cdots\right)\right] \approx \frac{l\theta^2}{2} \tag{11.2}$$

故有

$$\Pi = U + V = \frac{\theta^2}{2}(k_M - F_P l)$$

使用 $\delta\Pi = \frac{d\Pi}{d\theta} \cdot \delta\theta = 0$ 的条件,由于 $\delta\theta \neq 0$,故有 $\frac{d\Pi}{d\theta} = 0$,于是得:

$$\theta(k_M - F_P l) = 0$$

这与根据静力平衡方程所得方程式一致,可见势能驻值原理就是用能量的形式表示平衡条件。由上式得稳定方程及临界荷载值 $F_{Pcr} = \frac{k_M}{l}$。能量法与静力法所求得的结果是一致的。

若根据 $\Pi = \frac{\theta^2}{2}(k_M - F_P l)$ 来分析总势能(位移 θ 的二次函数)与荷载值的关系,可以看到:当 $F_P < \frac{k_M}{l}$ 时,Π-θ 曲线如图 11.5(a) 所示,$\theta = 0$ 处势能是稳定的;当 $F_P > \frac{k_M}{l}$ 时,Π-θ 曲线如图 11.5(c) 所示,$\theta = 0$ 处势能为极大,平衡是不稳定的;图 11.5(b) 表示当 $F_P = \frac{k_M}{l}$ 时总势能恒等于 0,体系处于中性平衡状态,或过渡状态、临界状态,这个荷载值称为临界荷载 F_{Pcr}(与 11.1.1 节中 F_{Pcr} 进行比较)。这些特征也存在于多自由度体系中。

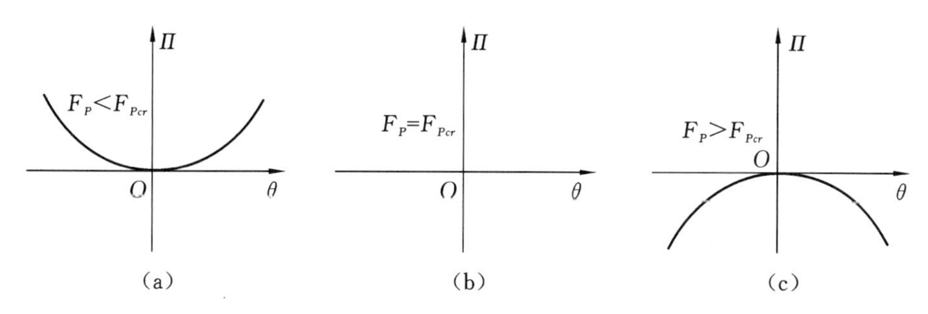

图 11.5 总势能 Π 与位移 θ 的关系曲线

(a) $F_P < F_{Pcr}$;(b) $F_P = F_{Pcr}$;(c) $F_P > F_{Pcr}$

11.2.2 单自由度体系的分支点失稳分析

图 11.6 所示为一刚性压杆，承受中心压力 F_P，底端 A 为铰支座，顶端 B 有水平弹簧支撑，其刚度系数为 k。这是一个单自由度完善体系。

(1) 按大挠度理论分析

当 AB 杆处于竖直位置时[图 11.6(a)]，显然体系还能够维持平衡，这种平衡形式就是原始平衡形式。当图 11.6(b) 所示的倾斜位置为分支点时，则满足 $\sum M_A = 0$，平衡条件如下：

$$F_P(l\sin\theta) - F_R(l\cos\theta) = 0$$

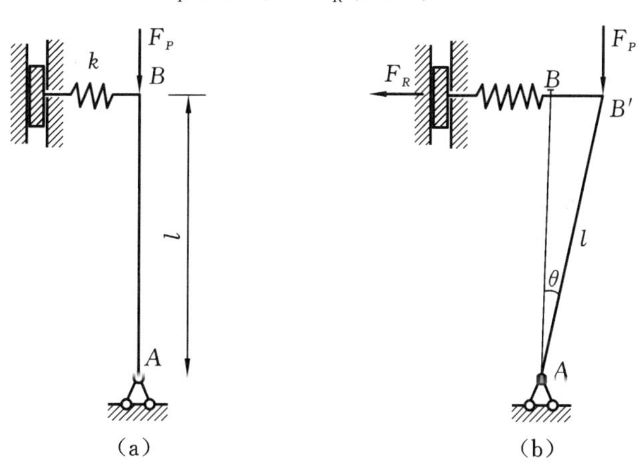

图 11.6 单自由度体系分支点失稳

(a) 原始平衡形式;(b) 新的平衡形式

其中，弹簧反力 $F_R = kl\sin\theta$，即得：

$$(F_P - kl\cos\theta)l\sin\theta = 0$$

上述平衡方程有两个解。

第一个解为

$$\theta = 0$$

这就是前面叙述的原始平衡形式。在图 11.7 中，其 F_P-θ 曲线由直线 OAB 表示，称为平衡路径Ⅰ。

第二个解为

$$F_P = kl\cos\theta$$

这是新的平衡形式，在图 11.7 中其 F_P-θ 曲线由曲线 AC 表示，此即为第二条平衡路径Ⅱ。

两条平衡路径的交点 A，即分支点。分支点对应的临界荷载为

$$F_{Pcr} = kl$$

分支点将原始平衡路径分为两段:前段 OA 上的点属于稳定平衡,后段 AB 上的点属于不稳定平衡。再看第二平衡路径Ⅱ,当倾斜角 θ 增大时,荷载反而减小,路径Ⅱ上的点属于不稳定平衡;分支点 A 所处临界平衡状态也是不稳定的。对于这样的具有不稳定分支点的完善体系,在进行稳定性验算的时候要特别注意,一般应当考虑初始缺陷(初曲率、偏心距)的影响,按非完善体系进行验算。

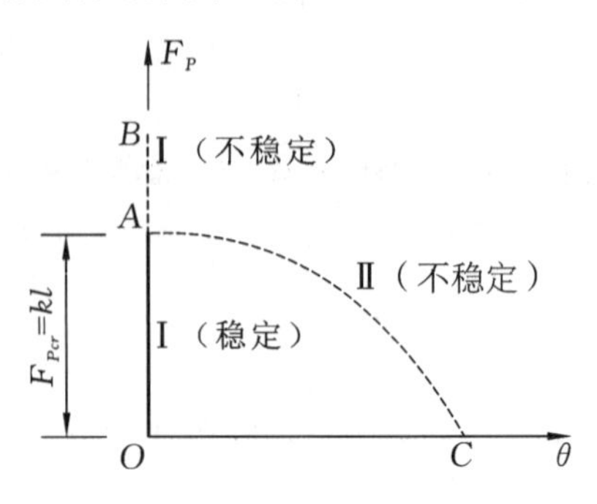

图 11.7 F_P-θ 曲线(大挠度)

(2) 按小挠度理论分析

设 $\theta \ll 1$,则上述平衡条件和平衡方程简化为

$$F_P l\theta - F_R l = 0$$

$$(F_P - kl) l\theta = 0$$

其第一个解仍为 $\theta = 0$,第二个解变为

$$F_P = kl$$

两条平衡路径 Ⅰ 和 Ⅱ 如图 11.8 所示,其中路径 Ⅱ 简化为水平直线,因而路径 Ⅱ 上的点对应于随遇平衡状态。

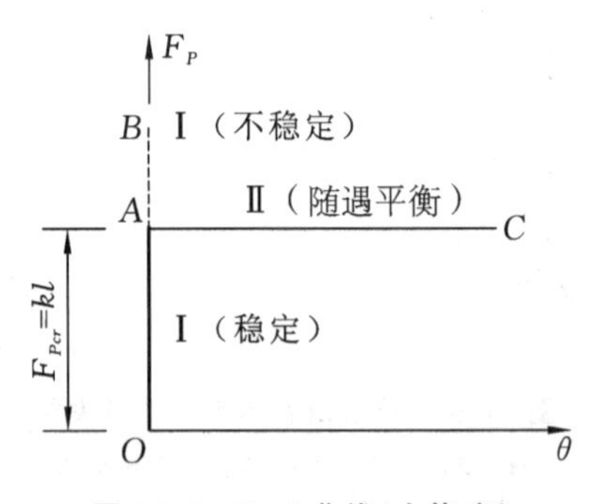

图 11.8 F_P-θ 曲线(小挠度)

与按大挠度理论计算所得结果进行比较,可以看出小挠度理论能够得出关于临界荷载的正确结果(kl),但是却未能反映当 θ 较大时平衡路径 Ⅱ 的下降趋势;而平衡路径 Ⅱ 对应于随遇平衡状态的结论,则是由于采用简化假定而带来的一种假象(即误差)。

11.2.3 单自由度体系的极值点失稳分析

图 11.9(a) 所示的单自由度非完善体系,杆 AB 的初始倾角为 ε,其余条件与图 11.6 相同。

(1) 按大挠度理论分析

加载开始后杆件就进一步倾斜。到达图 11.9(b) 所示平衡形式时,弹簧反力 $F_R = kl[\sin(\theta+\varepsilon) - \sin\varepsilon]$,平衡条件为

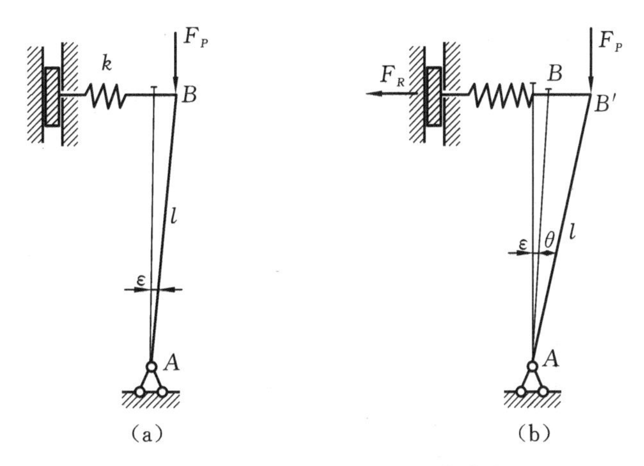

图 11.9　单自由度体系极值点失稳

(a) 原始平衡形式；(b) 新的平衡形式

$$F_R l\sin(\theta+\varepsilon)-F_R l\cos(\theta+\varepsilon)=0$$

由此得到

$$F_P=kl\cos(\theta+\varepsilon)\left[1-\frac{\sin\varepsilon}{\sin(\theta+\varepsilon)}\right]$$

由于不同的初始倾角 $\varepsilon=0.1$ 和 $\varepsilon=0.2$，其 F_P-θ 曲线在图 11.10(a) 中给出。为了比较，还给出了 $\varepsilon=0$ 时的完善体系的 F_P-θ 曲线。

F_P-θ 曲线具有极值点。令 $\dfrac{\mathrm{d}F_P}{\mathrm{d}\theta}=0$，得：

$$\sin(\theta+\varepsilon)=\sin^{1/3}\varepsilon$$

相应的极值荷载为

$$F_{Pcr}=kl\ (1-\sin^{2/3}\varepsilon)^{3/2}$$

F_{Pcr}-ε 曲线在图 11.10(b) 中给出。

从图 11.10 中可以看出，这个非完善体系的失稳形式是极值点失稳。临界荷载值 F_{Pcr} 随初倾角 ε 的变化而变化，ε 越大，则 F_{Pcr} 越小。

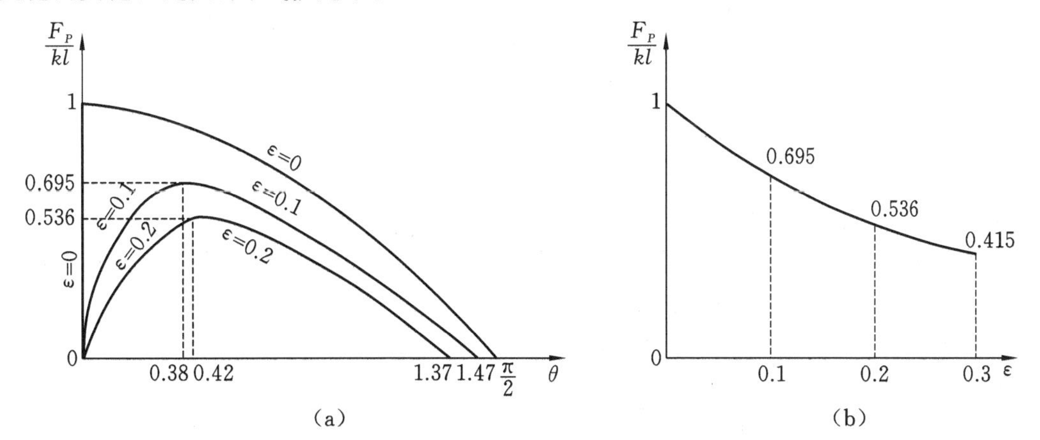

图 11.10　F_P-θ 曲线及 F_{Pcr}-ε 曲线

(a) F_P-θ 曲线；(b) F_{Pcr}-ε 曲线

(2) 按小挠度理论分析

设 $\theta \ll 1, \varepsilon \ll 1$,则 F_P 和 F_{Pcr} 的表达式可以简化为

$$F_P = kl \frac{\theta}{\theta + \varepsilon}$$

$$F_{Pcr} = kl$$

当 $\varepsilon = 0.1$ 和 $\varepsilon = 0.2$ 时,其 F_P-θ 曲线如图 11.11 所示,各条曲线都可以水平直线$\frac{F_P}{kl} = 1$ 为渐近线,并得出相同的临界荷载值 $F_{Pcr} = kl$。

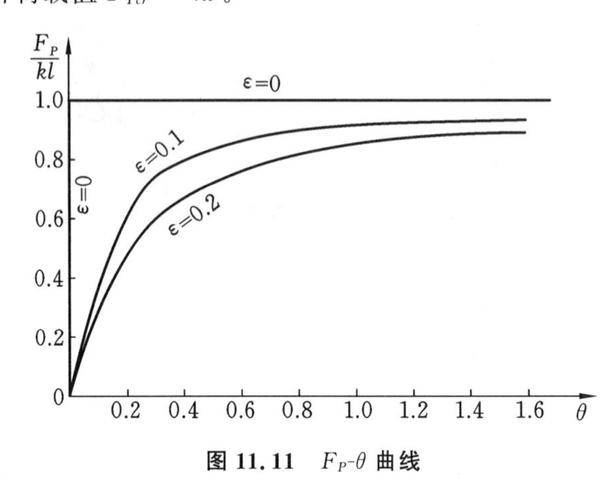

图 11.11 F_P-θ **曲线**

与大挠度理论的结果相比较,可以看出对于非完善体系,小挠度理论未能得出随着 ε 的增大 F_{Pcr} 会逐渐减小的结论。

通过以上分析,应明确:

(1) 结构的失稳存在两种形式,一种是完善体系的分支点失稳,另一种是非完善体系的极值点失稳。

(2) 分支点失稳的基本特征是存在不同平衡路径的交叉,在交叉点处出现平衡形式的二重性。极值点失稳的基本特征是只存在一个平衡路径,且在平衡路径上出现极值点。

(3) 结构稳定问题有大挠度和小挠度两种分析理论,前者的优点是能得出稳定问题的精确结论,后者的优点是计算比较简便实用。后面只讨论完善体系的分支点失稳问题,并根据小挠度理论求临界荷载。

11.3 有限自由度体系的稳定分析

决定一个体系变形形式的独立位移参数 (或称坐标) 的数目称为体系的自由度。在稳定问题中体系的变形形式就是指临界状态是新的一个平衡形式,也称为失稳形式,它当然应该满足位移边界条件。图 11.4 所示的刚性竖柱具有底部弹簧支座,这可以看作一座独立水塔具有较大刚度的底座而放置在弹性地基上的力学模型。它的失稳形式应该对应一个自由度,位移参数应该取刚性柱的倾角 θ 或柱顶的水平位移 y_1,所以,它的临界荷载只需一个方程即可求得。

当一个体系具有两个和两个以上的独立位移参数时,按其随遇平衡的二重性特点,同样可以选用静力法或能量法进行分析。本节将分别以静力法和能量法计算两个算例,请读者进行比较。

用静力法分析具有两个和两个以上的独立位移参数时,可对新的变形状态建立 n 个平衡方程,即关于 n 个独立位移参数的齐次线性方程,根据所对应的失稳形式,该 n 个参数不能全为零,故方程的系数行列式 $\boldsymbol{D}$ 应等于零,这就是稳定方程(特征方程):

$$\boldsymbol{D} = 0$$

该方程有 n 个实根,即 n 个特征值,其中最小者即为临界荷载。

用能量法分析具有 n 个自由度的体系时,必须明确地设定一个可能的失稳变形状态,用其中 n 个参数 $a_1,a_2,\cdots,a_n$ 表达出应变势能 U 和荷载势能 V 的变化,即

$$U = \frac{1}{2}\sum k\delta^2 + \frac{1}{2}\int EI(y'')^2 \mathrm{d}s \tag{11.3}$$

$$V = -\sum F \cdot \Delta_x \tag{11.4}$$

其中,k、δ 分别为每个弹性约束的刚度系数和发生的位移,δ 与 a_i 相关;EI、y'' 分别为体系中弹性构件弯曲刚度和发生的挠曲线,$y = \sum a_i\varphi_i(s)$;$\varphi_i(s)$ 为满足位移边界条件的已知函数;F、Δ_x 分别为每个外荷载和相应的位移,例如刚性杆端的轴向位移 $\Delta_x = \dfrac{l\theta^2}{2}$。

该变形状态总势能为 $\Pi = U + V$,考虑势能驻值条件可得:

$$\delta\Pi = \frac{\partial\Pi}{\partial a_1}\delta a_1 + \frac{\partial\Pi}{\partial a_2}\delta a_2 + \cdots + \frac{\partial\Pi}{\partial a_n}\delta a_n = 0$$

由于 $\delta a_1,\delta a_2,\cdots,\delta a_n$ 的任意性,则必然有分项:

$$\frac{\partial\Pi}{\partial a_i} = 0 \quad (i = 1,2,\cdots,n) \tag{11.5}$$

因此,就得到一组含有 $a_1,a_2,\cdots,a_n$ 的齐次线性代数方程,因设有 a_i 不全为零,故方程的系数行列式应该等于零,即得稳定方程,从而确定该体系的临界荷载。

【例 11.1】 图 11.12(a) 所示是一个具有两个变形自由度的体系,其中 AB、BC、CD 各杆为刚性杆,在铰结点 B 和 C 处为弹性支承,其刚度系数都是 k。体系在 D 段有水平压力 F_P 作用。试计算该体系的临界荷载,并绘出相应的失稳图形。

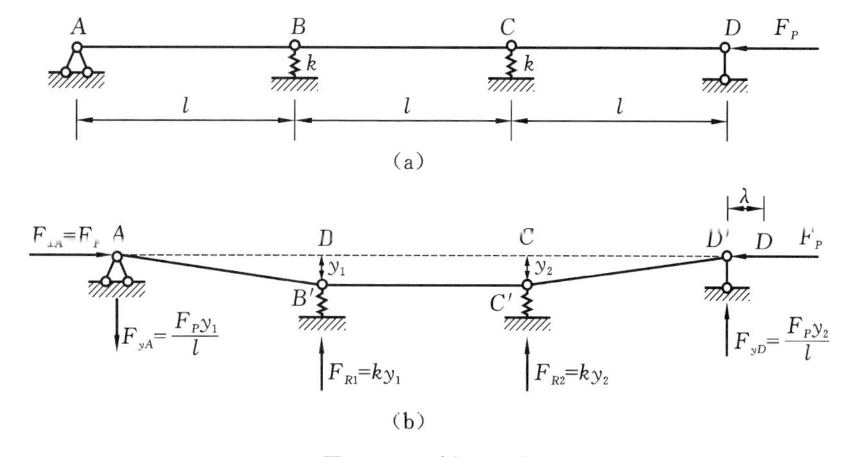

图 11.12　例 11.1 图

(a) 原始平衡状态;(b) 新平衡状态

【解】 (1) 静力法

体系失稳时的位移形态可用 B、C 处的竖向位移 y_1、y_2 两个几何参数完全确定,是属于两个自由度的体系。

设体系由原始平衡状态(水平位置)转到任意变形状态[图 11.12(b)]时 B 点和 C 点的竖向位移分别为 y_1 和 y_2,相应的支座反力为

$$F_{R1} = ky_1, F_{R2} = ky_2$$

同时,A 点和 D 点的支座反力为

$$F_{xA}=F_P(\rightarrow),\quad F_{yA}=\frac{F_Py_1}{l}(\downarrow),\quad F_{yD}=\frac{F_Py_2}{l}(\downarrow)$$

变形状态的平衡条件为

$$\sum M_{C'}=0,ky_1l-\left(\frac{F_Py_1}{l}\right)2l+F_Py_2=0$$

$$\sum M_{B'}=0,ky_2l-\left(\frac{F_Py_2}{l}\right)2l+F_Py_1=0$$

即

$$(kl-2F_P)y_1+F_Py_2=0$$

$$F_Py_1+(kl-2F_P)y_2=0$$

这是关于 y_1 和 y_2 的齐次方程。

如果系数行列式不等于0,即

$$\begin{vmatrix} kl-2F_P & F_P \\ F_P & kl-2F_P \end{vmatrix}\neq 0$$

则零解(即 y_1 和 y_2 全为0)是齐次方程的唯一解。也就是说,原始平衡方程形式是体系唯一的平衡形式。

如果系数行列式等于0,即

$$\begin{vmatrix} kl-2F_P & F_P \\ F_P & kl-2F_P \end{vmatrix}=0$$

则除零外,齐次方程还有非零解。也就是说,除原始平衡形式外,体系还有新的平衡形式。这样,平衡形式即有二重性,这就是体系处于临界状态的静力特性。系数行列式等于0就是稳定问题的特征方程,展开得

$$(kl-2F_P)^2-F_P^2=0$$

由此解得两个特征值:

$$F_P=\begin{cases}\dfrac{kl}{3}\\ kl\end{cases}$$

其中最小的特征值为临界荷载,即

$$F_{Pcr}=\frac{kl}{3}$$

将特征值代回平衡条件式,可以求得 y_1 和 y_2 的比值。这时位移 y_1、y_2 组成的向量称为特征向量。如将 $F_P=\dfrac{kl}{3}$ 代回,则得 $y_1=-y_2$,相应的变形曲线如图11.13(a)所示。

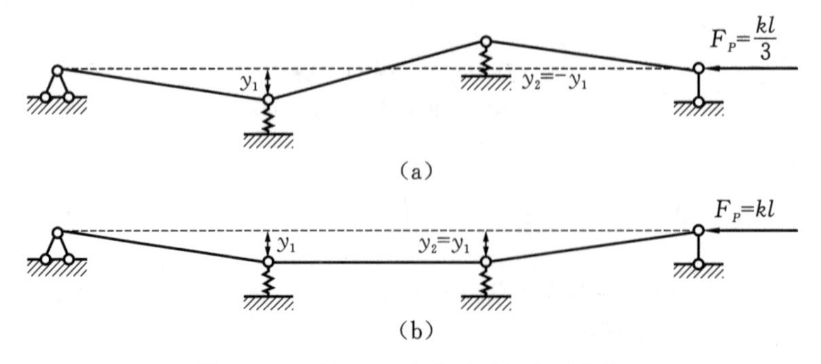

图11.13　例11.1失稳形式的变形曲线

(a) $y_1=-y_2$;(b) $y_1=y_2$

如将 $F_P = kl$ 代回，则得 $y_1 = y_2$，相应的变形曲线如图 11.13(b) 所示。图 11.13(a) 为临界荷载相应的失稳变形形式。

由以上分析可以看出，多自由度体系失稳问题有以下基本特征：

① 具有 n 个自由度的体系失稳时共有 n 个特征值，其对应有 n 个特征向量，即有 n 个可能发生的失稳位移形态。n 个特征值中的最小者是真实的临界荷载。

② 对称结构在对称荷载作用下的失稳位移形态是对称的或反对称的。

(2) 能量法

在图 11.12(b) 中，D 点的水平位移为

$$\lambda = \frac{1}{2l}[y_1^2 + (y_2 - y_1)^2 + y_2^2] = \frac{1}{l}(y_1^2 + y_1 y_2 + y_2^2)$$

弹簧支座的应变能为

$$U = \frac{k}{2}(y_1^2 + y_2^2)$$

荷载势能为

$$V = -F_P\lambda = \frac{F_P}{\lambda}(y_1^2 - y_1 y_2 + y_2^2)$$

体系的势能为

$$\Pi = U + V = \frac{k}{2}(y_1^2 + y_2^2) - \frac{F_P}{l}(y_1^2 - y_1 y_2 + y_2^2)$$

$$= \frac{1}{2l}[(kl - 2F_P)y_1^2 + 2F_P y_1 y_2 + (kl - 2F_p)y_2^2]$$

应用势能驻值条件：

$$\frac{\partial F_P}{\partial y_1} = 0, \frac{\partial F_P}{\partial y_2} = 0$$

得

$$(kl - 2F_P)y_1 + F_P y_2 = 0$$

$$F_P y_1 + (kl - 2F_P)y_2 = 0$$

所以，可以知道势能驻值条件等价于位移表示的平衡方程。能量法以后的步骤和静力法完全相同。

势能驻值条件的解包括全零解和非零解，求解非零解时，先建立特征方程，然后求解，得出两个特征值 F_{P1} 和 F_{P2}，其中最小的特征值即为临界荷载 F_{Pcr}。

若从能量的角度对图 11.13 所示的失稳位移形态分析后发现，在 D 点水平位移相同的情况下，图 11.13(a) 中的弹簧变形比图 11.13(b) 中的弹簧变形小，其应变能也相应较小。这就说明在所有可能的失稳位移形态中，临界荷载所对应的位移形态应使体系发生失稳位移所引起的应变能是最小的。

【例 11.2】 试写出求解图 11.14(a) 所示体系临界荷载的特征方程。B、C 两处荷载均沿杆轴（B 铰处有竖向荷载 P），杆 DEF 为等截面，弯曲刚度为 EI。

【解】 本例受压刚性杆的结点 B、C 之水平位移 y_B、y_C 是两个独立参数，弹性杆 DEF 则为结点 B、C 提供了弹性支承。

(1) 静力法

设临界荷载状态时受压刚性杆的新位置如图 11.14(b) 中虚线所示，杆 DEF 相应的变形曲线

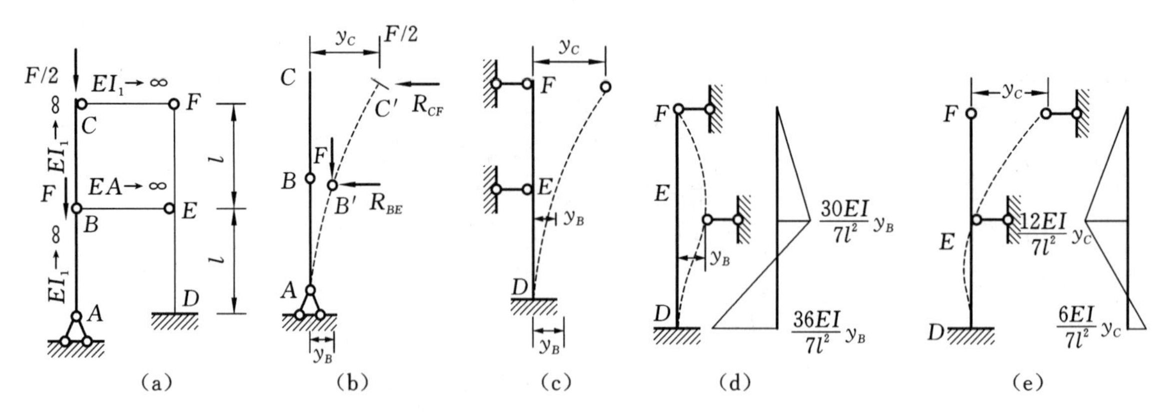

图 11.14　例 11.2 图

(a) 原始状态;(b) 杆 ABC 变形曲线;(c) 杆 DEF 变形曲线;

(d) 位移 y_B 单独发生时杆 DEF 弯矩分布;(e) 位移 y_C 单独发生时杆 DEF 弯矩分布

如图 11.14(c) 所示。为求 B、C 两处水平链杆的作用力,须在图 11.14(c) 所示连续梁发生位移变化的情况下,求出两支杆处的反力 R_{BE}、R_{CF}。为了清楚地反映 y_B、y_C 各个支点的影响,分别设各个支点位移单独发生,不难求得其相应的弯矩分布分别如图 11.14(d)、11.14(e) 所示。于是得到:

$$R_{CF}=\frac{-30EI}{7l^3}y_B+\frac{12EI}{7l^3}y_C=\left(\frac{-10}{7}y_B+\frac{4}{7}y_C\right)\frac{C}{l}$$

$$R_{BE}=\frac{96EI}{7l^3}y_B-\frac{30EI}{7l^3}y_C=\left(\frac{32}{7}y_B-\frac{10}{7}y_C\right)\frac{C}{l}$$

其中,$C=\dfrac{3EI}{l^2}$。上述弯矩作用于结点 B、C 处的方向如图 11.14(b) 所示。

建立两个平衡方程

$$\sum M_B=0,\frac{F}{2}(y_C-y_B)-\left(\frac{-10}{7}y_B+\frac{4}{7}y_C\right)C=0$$

$$\sum M_A=0,\frac{F}{2}y_C+F\cdot y_B-\left(\frac{-10}{7}y_B+\frac{4}{7}y_C\right)2C-\left(\frac{32}{7}y_B-\frac{10}{7}y_C\right)C=0$$

整理后得关于两个位移参数的方程

$$\left(\frac{10}{7}C-\frac{F}{2}\right)y_B-\left(\frac{4}{7}C+\frac{F}{2}\right)y_C=0$$

$$\left(\frac{-12}{7}C+F\right)y_B+\left(\frac{2}{7}C+\frac{F}{2}\right)y_C=0$$

或

$$F^2-8\frac{EI}{l^2}F+\frac{48}{7}\left(\frac{EI}{l^2}\right)^2=0$$

因临界状态新位置的 y_B、y_C 不全为零,故有稳定特征方程为

$$\begin{vmatrix}\left(\frac{10}{7}C-\frac{F}{2}\right) & -\left(\frac{4}{7}C-\frac{F}{2}\right)\\ \left(\frac{-12}{7}C+F\right) & \left(\frac{2}{7}C+\frac{F}{2}\right)\end{vmatrix}=0$$

即

$$\frac{3}{4}F^2-\frac{14}{7}CF+\frac{28}{49}C^2=0$$

(2) 能量法

临界状态的位移变化亦如前设[图 11.14(b)、图 11.14(c)],则可求出体系的荷载势能为

$$V=-\frac{1}{2}\cdot\frac{F}{2}\left[\frac{(y_C-y_B)^2}{l}+\frac{y_B^2}{l}\right]-\frac{1}{2}F\cdot\frac{y_B^2}{l}$$

$$=-\frac{F}{4l}(4y_B^2-2y_By_C+y_C^2)$$

计算体系的弹性变形能,可依据图 11.14(d)、图 11.14(e) 所示的弯矩分布:

$$U=\frac{1}{2}\int\frac{M^2}{EI}\mathrm{d}x$$

其中,弯矩 M 为 y_B、y_C 的函数,即 $M=M(y_B)+M(y_C)$,累计积分可分为 AB、BC 两段以图乘代替。令 $C=\frac{3EI}{l^2}$,得到

$$U_{AB}=\frac{C}{49l}(62y_B^2+6y_C^2-30y_By_C)$$

$$U_{BC}=\frac{C}{49l}(50y_B^2+8y_C^2-40y_By_C)$$

总势能 $\Pi=U_{AB}+U_{BC}+V$,应用临界状态的势能驻值条件,可得:

$$\frac{\partial\Pi}{\partial y_B}=0,\frac{C}{49l}[224y_B-70y_C]-\frac{F}{4l}[8y_B-2y_C]=0$$

$$\frac{\partial\Pi}{\partial y_C}=0,\frac{C}{49l}[28y_C-70y_C]-\frac{F}{4l}[-2y_B+2y_C]=0$$

即关于位移参数的齐次方程为

$$\left(\frac{32}{7}C-2F\right)y_B-\left(\frac{10}{7}C-\frac{F}{2}\right)y_C=0$$

$$-\left(\frac{10}{7}C-\frac{F}{2}\right)y_B+\left(\frac{4}{7}C-\frac{F}{2}\right)y_C=0$$

由于随遇平衡状态的 y_B、y_C 不全为 0,于是得稳定特征方程:

$$F^2-8\frac{EI}{l^2}F+\frac{48}{7}\left(\frac{EI}{l^2}\right)^2=0$$

结果与静力法一致。

总之,静力法的解题思路是:先对变形状态建立平衡方程,然后根据平衡形式的二重性建立特征方程,最后,由特征方程求出临界荷载。

能量法的解题思路是:先写出势能表达式,建立势能驻值条件,然后应用位移有非零解的条件,得出特征方程,求出荷载的特征值 $F_{Pi}(i=1,2,\cdots,n)$。最后在 F_{Pi} 中选取最小值,即得到临界荷载 F_{Pcr}。

11.4　无限自由度体系的稳定分析——静力法

前面讨论了有限自由度体系的稳定问题,下面讨论无限自由度体系的稳定问题,压杆稳定是其典型代表,所以我们以静力法对压杆稳定进行讨论。

前面已经对静力法的基本思路进行了说明，它也适用于无限自由度体系，而在无限自由度体系中，平衡方程是微分方程而不是代数方程，这是与有限自由度体系的不同之处。

下面我们主要以实例来说明无限自由度体系的稳定问题。

11.4.1　等截面压杆

【例 11.3】　图 11.15 所示为一等截面压杆，下端固定，上端有水平支杆，现采用静力法求其临界荷载。

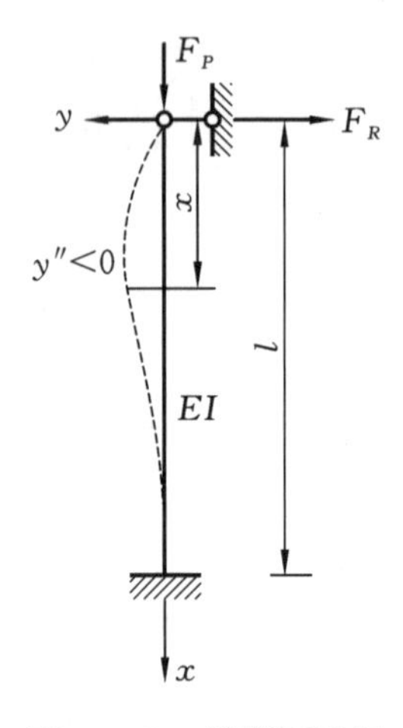

图 11.15　等截面压杆

【解】　在临界荷载下，体系出现新的平衡形式，如图 11.15 中虚线所示。柱顶有未知水平反力 F_R，弹性曲线的微分方程为

$$EI\frac{d^2y}{dx^2}=-M=-(F_Py+F_Rx)$$

或改写成

$$y''+\alpha^2y=-\frac{F_Rx}{EI}$$

其中

$$\alpha^2=\frac{F_P}{EI}$$

上式的解为

$$y=A\cos\alpha x+B\sin\alpha x-\frac{F_Rx}{F_P}$$

常数 A、B 和未知力 F_R 可由边界条件确定。

当 $x=0$ 时，$y=0$，由此可得 $A=0$。

当 $x=l$ 时，$y=0$ 和 $y'=0$，由此可得：

$$B\sin\alpha l-\frac{F_P}{F_R}l=0$$

$$B\alpha\cos\alpha l-\frac{F_P}{F_R}=0$$

因为 y 不恒等于 0，所以，A、B 和 F_R 不全为 0。由此可知，上式中系数行列式应等于 0，即

$$\boldsymbol{D}=\begin{vmatrix}\sin\alpha l & -l\\ \alpha\cos\alpha l & -1\end{vmatrix}=0$$

将上式展开得到如下的超越方程式：

$$\tan\alpha l=\alpha l$$

上式可以用图解法求解：作 $y=\alpha l$ 和 $y=\tan\alpha l$ 两组线，其交点即为方程的解(图 11.16)，结果得到无穷多个解。因为弹性杆有无限多个自由度，因而有无穷多个特征荷载值，其中最小的一个是临界荷载 F_{Pcr}。由于 $(\alpha l)_{\min}=4.493$，得到：

$$F_{Pcr}=(4.493)^2\frac{EI}{l^2}=20.19\frac{EI}{l^2}$$

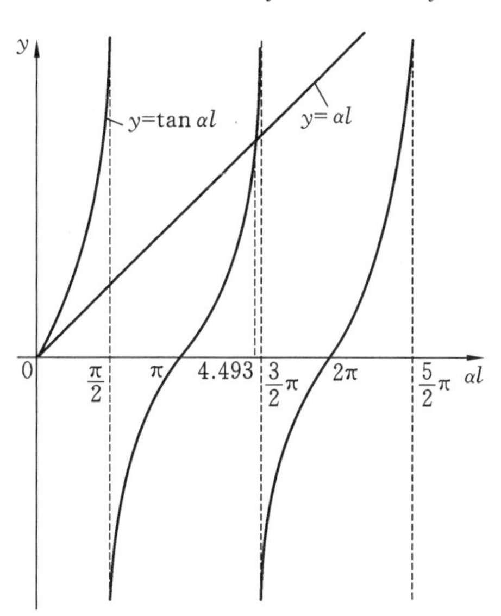

图 11.16　方程的解

11.4.2　变截面压杆

【例 11.4】　试求图 11.17 所示阶形柱的特征方程。

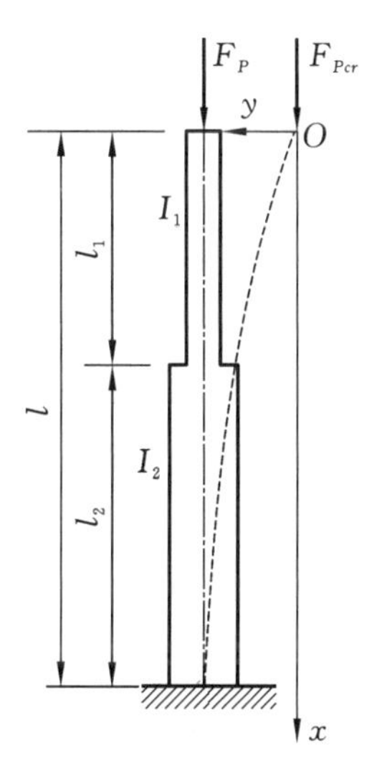

图 11.17　例 11.4 图

【解】 弹性曲线微分方程为

$$EI_1\frac{d^2y_1}{dx^2}+F_Py_1=0,\quad 0\leqslant x\leqslant l_1$$

$$EI_2\frac{d^2y_2}{dx^2}+F_Py_2=0,\quad l_1\leqslant x\leqslant l$$

上式可以改写成

$$y_1''+\alpha_1^2y_1=0,\quad 0\leqslant x\leqslant l_1$$

$$y_2''+\alpha_2^2y_2=0,\quad l_1\leqslant x\leqslant l$$

式中

$$\alpha_1^2=\frac{F_P}{EI_1},\quad \alpha_2^2=\frac{F_P}{EI_2}$$

微分方程的解为

$$y_1=A_1\cos\alpha_1x+B_1\sin\alpha_1x$$

$$y_2=A_2\cos\alpha_2x+B_2\sin\alpha_2x$$

积分常数 A_1、B_1 和 A_2、B_2 由上下端的边界条件和 $x=l_1$ 处的变形连续条件确定。

当 $x=0$ 时,$y_1=0$,由此可得:

$$B=0$$

当 $x=l$ 时,$\frac{d^2y}{dx^2}=0$,由此可得:

$$A_2-B_2\tan\alpha_2l=0$$

当 $x=l_1$ 时,$y_1=y_2$ 和$\frac{dy_1}{dx}=\frac{dy_2}{dx}$,由此可得:

$$A_1\sin\alpha_1l_1-B_2(\tan\alpha_2l\sin\alpha_2l_1+\cos\alpha_2l_1)=0$$

$$A_1\alpha_1\cos\alpha_1l_1-B_2\alpha_2(\tan\alpha_2l\cos\alpha_2l_1-\sin\alpha_2l_1)=0$$

由系数行列式等于0,可求得特征方程为

$$\tan\alpha_1l_1\cdot\tan\alpha_2l_2=\frac{\alpha_1}{\alpha_2}$$

这个方程只有当给定$\frac{I_1}{I_2}$和$\frac{l_1}{l_2}$的比值时才能求解。

当 $EI_2=10EI_1$,$l_2=l_1=0.5l$ 时,有:

$$\alpha_1=\sqrt{\frac{F_P}{EI_1}},\quad \alpha_2=\sqrt{\frac{F_P}{10EI_1}}=0.316\alpha_1$$

此时特征方程变为

$$\tan\alpha_1l_1\cdot\tan(0.316\alpha_1l_1)=3.165$$

由此解得最小根为 $\alpha_1l_1=3.953$,则有:

$$F_{Pcr}=\frac{(3.953)^2EI_1}{l_1^2}=25.33\frac{\pi^2EI_1}{4l_1^2}$$

11.4.3 弹性支撑压杆

具有弹性的压杆承受轴向压力作用而发生失稳(屈曲)时,其任一点或任一微段 dx 处的挠度均为独立的位移参数,所以弹性压杆的稳定分析是无限自由度问题。

这里所研究的压杆符合如下假定：

(1) 压杆为理想的中心受压直杆；

(2) 材料在线弹性范围内，遵循胡克定律；

(3) 构件的屈曲变形微小，其轴线曲率$\left[\frac{1}{\rho}=\frac{y''}{(1+y'^2)^{3/2}}\right]$可近似采用$y''$。

用静力法求解各种弹性压杆的临界荷载，仍是根据随遇平衡的二重性，先设一符合支承边界条件的微弯状态，建立平衡方程，对无限自由度体系而言这是平衡微分方程；求解此微分方程并利用边界条件，可得一组关于未知位移参数的齐次代数方程。如满足位移参数不全为零的要求，应使其系数行列式等于零，这就是特征方程(稳定方程)；它将有无穷多个特征值，其中最小值即为临界荷载。

在材料力学中已经学过理想压杆在几种简单支承情况下的临界荷载，例如图 11.18 中的各种截面、等长压杆的临界荷载可用欧拉公式表示为

$$F_{Pcr}=\frac{\pi^2 EI}{(\mu l)^2} \tag{11.6}$$

其中长度系数$\mu^2=\frac{F_{PE}}{F_{Pcr}}$，反映了不同的支承情况对临界荷载的影响，图中的压杆长度系数分别为 2.0，1.0，0.7，0.5。

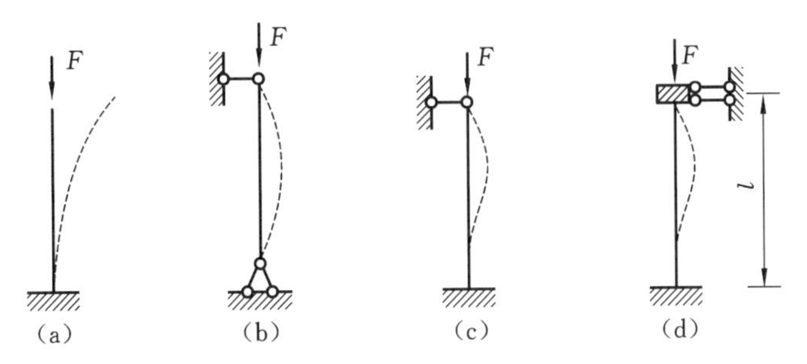

图 11.18　弹性压杆的稳定

(a) μ 为 2.0 的压杆；(b) μ 为 1.0 的压杆；(c) μ 为 0.7 的压杆；(d) μ 为 0.5 的压杆

下面举例分析具有弹性支承的截面、变截面压杆的稳定问题。

【例 11.5】　试用静力法建立图 11.19(a) 所示压杆的稳定方程，并讨论确定其临界荷载的方法。弹性铰的抗转刚度系数为k_M。

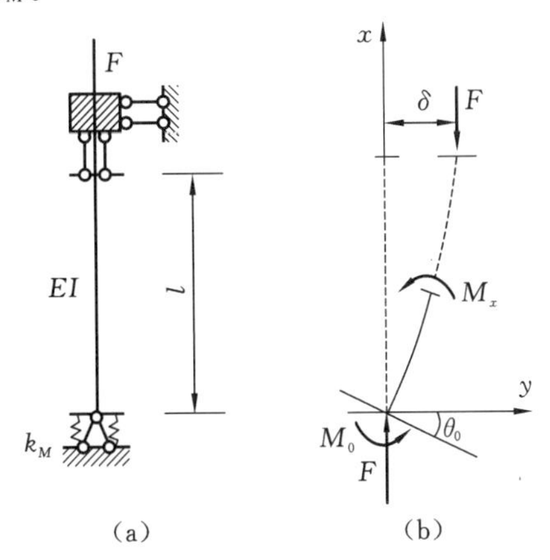

图 11.19　例 11.5 图

(a) 原始状态；(b) 临界状态

【解】 设临界状态的微弯形式如图 11.19(b) 所示，上端可发生水平移动而无转动，下端发生转角 θ_0 及相应的反力矩 $M_0(M_0 = k_M\theta_0)$，选择坐标系如图 11.19(b) 所示，取下段压杆为隔离体建立内外力矩平衡关系：

$$M_x = Fy - k_M\theta_0$$

考虑弯矩与曲率的关系 $EIy'' = -M_x$（与弯矩相应的杆轴挠曲曲率中心若位于 y 坐标正方向时取正号），得弹性曲线的微分方程：

$$EIy'' + Fy = k_M\theta_0$$

令

$$\alpha^2 = \frac{F}{EI}$$

微分方程为

$$y'' + \alpha^2 y = \frac{1}{EI}k_M\theta_0 = \frac{\alpha^2}{F}k_M\theta_0$$

其一般解为

$$y = A\cos\alpha x + B\sin\alpha x + \frac{k_M}{F}\theta_0$$

利用三个边界条件以确定三个未知常数 A、B、θ_0 的关系：

当 $x = 0,\ y = 0$ 时　　$A + 0 + \frac{k_M}{F}\theta_0 = 0$

当 $y' = \theta_0$ 时　　$0 + \alpha B - \theta_0 = 0$

当 $x = l_1,\ y' = 0$ 时　　$-A\alpha\sin\alpha l + B\alpha\cos\alpha l + 0 = 0$

这组齐次方程因 A、B、θ_0 不全为零，于是

$$\boldsymbol{D} = \begin{vmatrix} 1 & 0 & \frac{k_M}{F} \\ 0 & \alpha & -1 \\ -\alpha\sin\alpha l & \alpha\cos\alpha l & 0 \end{vmatrix} = 0$$

即

$$\alpha^2\frac{k_M}{F}\sin\alpha l + \alpha\cos\alpha l = 0$$

因此，得稳定方程：

$$\frac{\tan\alpha l}{\alpha l} + \frac{EI}{k_M l} = 0$$

这也是一个超越方程。当弹簧铰抗转刚度系数 k_M 给出一个定值时，即可解出临界荷载。下面讨论几种情况。

(1) 若 $k_M \to \infty$，即柱下端完全固定、上端为水平定向滑动支承。稳定方程就成为

$$\tan\alpha l = 0 \quad 或 \quad \sin\alpha l = 0$$

根据这一稳定方程可得：$\alpha l = n\pi$，其中 $n = 1,2,\cdots$。

取最小值 $\alpha l = \pi$，则临界荷载为

$$F_{Pcr} = \frac{\pi^2 EI}{l^2}$$

其失稳形式如图 11.20(a) 所示为一个半波，反弯点在中央，此压杆的长度系数 $\mu = 1$。

(2) 若 $k_M = 0$，即柱下端为铰支座、上端为定向滑动支承。稳定方程就成为

$$\tan\alpha l \to -\infty \quad 或 \quad \cos\alpha l = 0$$

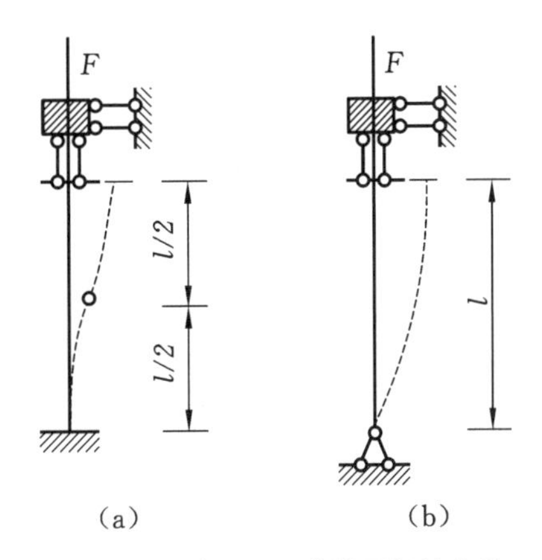

图 11.20　例 11.5 弹性压杆的失稳

(a) $k_M \to \infty$ 时的失稳形式;(b) $k_M = 0$ 时的失稳形式

根据这一稳定方程可知:$\alpha l = \frac{\pi}{2}$ 为最小值,故临界荷载为

$$F_{Pcr} = \frac{\pi^2 EI}{4l^2}$$

其失稳形式如图 11.20(b) 所示,为半个半波,此压杆的长度系数 $\mu = 2$。

(3) 若弹性铰具有相当大的刚度[图 11.19(a)],如 $k_M = \frac{5EI}{l}$,则由稳定方程得:

$$\tan\alpha l = -\frac{\alpha l}{5}$$

求解此类超越方程可用图解法或者试算法。

令

$$y_1 = \tan\alpha l, \quad y_2 = -\frac{\alpha l}{5}$$

以 αl 为自变量(横坐标),作图 11.21 所示两条曲线,可见第一个交点的坐标为 $\frac{\pi}{2} < \alpha l < \pi$,如果作图精确即可直接求得 $\alpha l = 0.8447\pi$,故临界荷载值为

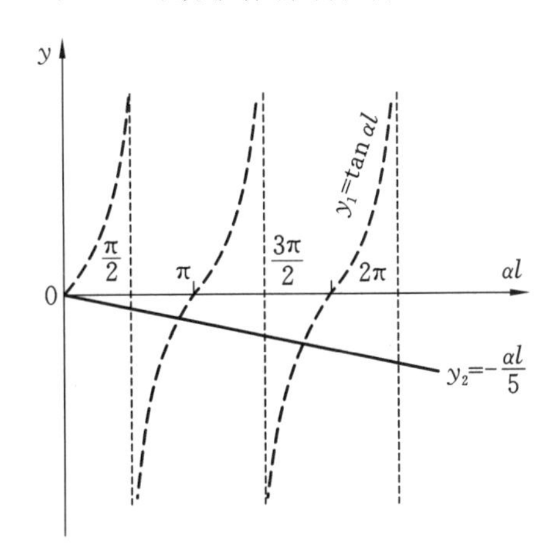

图 11.21　例 11.5 方程的解

$$F_{Pcr} = \frac{0.7135\pi^2 EI}{l^2}$$

此压杆的长度系数 $\mu = \frac{1}{\sqrt{0.7135}} = 1.184$。

11.5　无限自由度体系的稳定分析 —— 能量法

无限自由度体系的临界荷载 F_{Pcr} 仍可根据下列能量特征来求：对于满足位移边界条件的任一可能状态，求出势能 E_P；由势能的驻值条件 $\delta E_P = 0$，包含待定参数的齐次方程组；为了求非零解，齐次方程的系数行列式应为零，由此求出特征荷载值；临界荷载 F_{Pcr} 是所有特征值中的最小值。

下面以图 11.22(a) 所示压杆为例，说明具体算法。

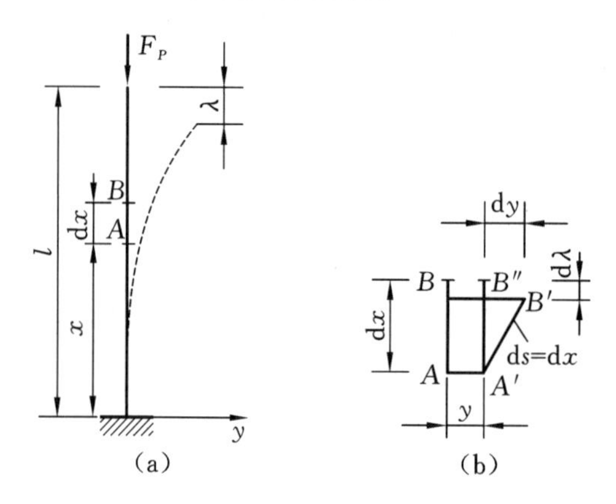

图 11.22　压杆变形与微段变形

(a) 压杆变形；(b) 微段变形

设压杆有任意可能位移，变形曲线为

$$y = \sum_{i=1}^{n} a_i \varphi_i(x) \tag{11.7}$$

其中，$\varphi_i(x)$ 是满足位移边界条件的已知函数；a_i 是任意参数，共 n 个。这样，原体系被近似地看作具有 n 个自由度的体系。

先求弯曲应变能 U，得：

$$U = \int_0^l \frac{1}{2} EI\,(y'')^2 \mathrm{d}x = \frac{1}{2}\int_0^l EI\,\Big[\sum_{i=1}^{n} a_i \varphi''_i(x)\Big]^2 \mathrm{d}x \tag{11.8}$$

再求与 F_P 对应的位移λ(压杆顶点的竖向位移)。为此，先取微段 AB 进行分析[图 11.22(b)]。弯曲前，微段 AB 的原长为 $\mathrm{d}x$。弯曲后，弧线 $A'B'$ 的长度不变，即 $\mathrm{d}s = \mathrm{d}x$。由图可知，微段两端点竖向位移的差值 $\mathrm{d}\lambda$ 为

$$\begin{aligned}\mathrm{d}\lambda &= AB - A'B'' = \mathrm{d}x - \sqrt{\mathrm{d}s^2 - \mathrm{d}y^2} \\ &= \mathrm{d}x - \mathrm{d}x\,\sqrt{1 - y'^2} \approx \frac{1}{2}\,(y')^2 \mathrm{d}x\end{aligned} \tag{11.9}$$

因此

$$\lambda = \int_0^l \mathrm{d}\lambda = \frac{1}{2}\int_0^l (y')^2 \mathrm{d}x \tag{11.10}$$

荷载势能 U_P 为

$$U_P = -F_P\lambda = -F_P \frac{1}{2}\int_0^l \Big[\sum_{i=1}^n a_i\varphi_i'(x)\Big]^2 \mathrm{d}x \tag{11.11}$$

体系的势能为

$$E_P = U + U_P = \frac{1}{2}\int_0^l EI\Big[\sum_{i=1}^n a_i\varphi_i''(x)\Big]^2 \mathrm{d}x - F_P \frac{1}{2}\int_0^l \Big[\sum_{i=1}^n a_i\varphi_i'(x)\Big]^2 \mathrm{d}x \tag{11.12}$$

由势能的驻值条件 $\delta E_P = 0$,即

$$\frac{\partial E_P}{\partial a_i} = 0 \quad (i = 1,2,\cdots,n) \tag{11.13}$$

得

$$\sum_{j=1}^n a_j \int (EI\varphi_i''\varphi_j'' - F_P\varphi_i'\varphi_j')\mathrm{d}x = 0 \quad (i = 1,2,\cdots,n) \tag{11.14}$$

令

$$K_{ij} = \int EI\varphi_i''\varphi_j''\mathrm{d}x \tag{11.15}$$

$$S_{ij} = F_P\int \varphi_i'\varphi_j'\mathrm{d}x \tag{11.16}$$

则式(11.14)的矩阵形式为

$$\left[\begin{bmatrix} K_{11} & K_{12} & \cdots & K_{1n} \\ K_{21} & K_{22} & \cdots & K_{2n} \\ \vdots & \vdots & & \vdots \\ K_{n1} & K_{n2} & \cdots & K_{nn} \end{bmatrix} - \begin{bmatrix} S_{11} & S_{12} & \cdots & S_{1n} \\ S_{21} & S_{22} & \cdots & S_{2n} \\ \vdots & \vdots & & \vdots \\ S_{n1} & S_{n2} & \cdots & S_{nn} \end{bmatrix}\right]\begin{bmatrix} a_1 \\ a_2 \\ \vdots \\ a_n \end{bmatrix} = \begin{bmatrix} 0 \\ 0 \\ \vdots \\ 0 \end{bmatrix} \tag{11.17a}$$

可简写为

$$(\boldsymbol{K} - \boldsymbol{S})\boldsymbol{a} = \boldsymbol{0} \tag{11.17b}$$

式(11.17)是对于 n 个未知参数 $a_1, a_2, \cdots, a_n$ 的 n 个线性齐次方程。

根据特征荷载和特征向量的性质,参数 $a_1, a_2, \cdots, a_n$ 不能全为零,因此,系数行列式应为零,即

$$|\boldsymbol{K} - \boldsymbol{S}| = 0 \tag{11.18}$$

其展开式是关于 F_P 的 n 次代数方程,可求出 n 个根,由其中的最小根可确定临界荷载。

上面介绍的解法又称为里兹法,即将原来的无限自由度体系近似地化为 n 次自由度体系,所得的临界荷载近似解是精确解的一个上限。对这一现象可作如下解释:求近似解时,我们从全部的可能位移状态中只考虑其中一部分;这就是说,我们使体系的自由度有所减少(例如将无限自由度变为有限自由度)。这种将自由度减少的方法,相当于对体系施加某种约束。这样,体系抵抗失稳的能力通常就会得到提高,因而这样求得的临界荷载就是实际临界荷载的一个上限。

【例 11.6】 图 11.23(a) 所示为两端简支的中心受压柱,试用能量法求其临界荷载。

【解】 简支压杆的位移边界条件为

当 $x = 0$ 和 $x = l$ 时,有:

$$y = 0$$

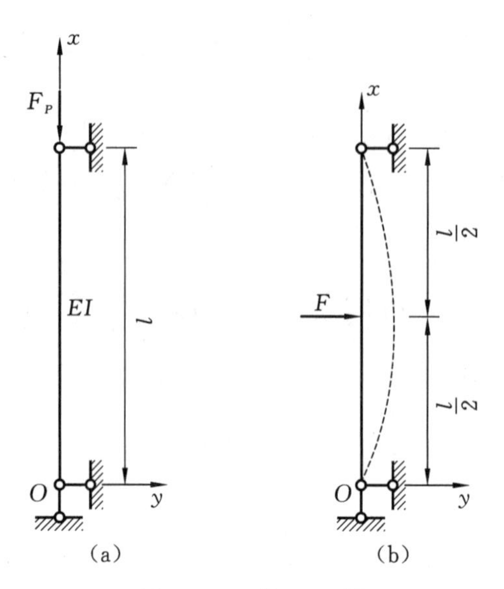

图 11.23 例 11.6 图

(a) 原体系;(b) 失稳压杆

在满足上述边界条件的情况下,我们选取三种不同的变形形式进行计算。

(1) 假设挠曲线为抛物线

$$y = a_1 \frac{4x(l-x)}{l^2}$$

这相当于在式(11.7)中只取一项,则有:

$$y' = \frac{4a_1}{l^2}(l-2x)$$

$$y'' = -\frac{8a_1}{l^2}$$

求得

$$U = \int_0^l \frac{1}{2}EI\,(y'')^2 \mathrm{d}x = 32EIa_1^2/l^3$$

$$U_P = -F_P \frac{1}{2}\int_0^l (y')^2 \mathrm{d}x = -\frac{8F_P}{3}\frac{a_1^2}{l}$$

$$E_P = \frac{32EIa_1^2}{l^3} - \frac{8F_P}{3}\frac{a_1^2}{l}$$

由势能驻值条件$\frac{\mathrm{d}E_P}{\mathrm{d}a_1} = 0$,得:

$$\left(\frac{64EI}{l^3} - \frac{16F_P}{3l}\right)a_1 = 0$$

为了求非零解,要求 a_1 的系数为零,得:

$$F_{Pcr} = \frac{\frac{64EI}{l^3}}{\frac{16}{3l}} = \frac{12EI}{l^2}$$

(2) 取跨中横向集中力 F 作用下的挠曲线作为变形形式[图 11.23(b)]

当 $x \leqslant \dfrac{l}{2}$ 时，有：

$$y'' = -\frac{M}{EI} = -\frac{1}{EI}\frac{F}{2}x$$

$$y' = -\frac{F}{EI}\left(\frac{x^2}{4} - \frac{l^2}{16}\right)$$

求得

$$U = \int_0^l \frac{1}{2}EI\,(y'')^2\mathrm{d}x = \int_0^{l/2} EI\,(y'')^2\,\mathrm{d}x = \frac{F^2 l^3}{96EI}$$

$$U_P = -F_P\frac{1}{2}\int_0^l (y')^2\,\mathrm{d}x = -F_P\int_0^{l/2}(y')^2\,\mathrm{d}x = -\frac{F_P F^2 l^5}{960E^2 I^2}$$

由此，可求得：

$$F_{Pcr} = \frac{10EI}{l^2}$$

（3）假设挠曲线为正弦曲线

$$y = a\sin\frac{\pi x}{l}$$

则

$$y' = a\frac{\pi}{l}\cos\frac{\pi x}{l}$$

$$y'' = -a\frac{\pi^2}{l^2}\sin\frac{\pi x}{l}$$

求得

$$U = \int_0^l \frac{1}{2}EI\,(y'')^2\mathrm{d}x = \frac{EIa^2}{2}\left(\frac{\pi}{l}\right)^4\int_0^l \sin^2\frac{\pi x}{l}\mathrm{d}x = EIa^2\left(\frac{\pi}{l}\right)^4\frac{l}{4}$$

$$U_P = -F_P\frac{1}{2}\int_0^l (y')^2\,\mathrm{d}x = -\frac{F_P}{2}a^2\left(\frac{\pi}{l}\right)^2\int_0^l \cos^2\frac{\pi x}{l}\mathrm{d}x = -F_P a^2\left(\frac{\pi}{l}\right)^2\frac{l}{4}$$

由此，可求得：

$$F_{Pcr} = \frac{\pi^2 EI}{l^2}$$

（4）讨论

在用能量法计算压杆的临界荷载时，位移函数必须满足位移边界条件，因为这是使计算简图反映真实情况的基本条件。如选取杆件在某种横向荷载作用下的挠曲线方程作为位移曲线，一定能满足所有的位移边界条件。

由于压杆失稳时的挠曲线一般很难精确预计和表达，用能量法通常只能求得临界荷载的近似值，而其近似程度完全取决于所假设的挠曲线与真实的失稳挠曲线的符合程度。因此，恰当选取挠曲线便成为能量法中的关键问题。若选取的挠曲线恰好符合真实的挠曲线，则采取能量法可以求得临界荷载的精确值。否则，所求得的临界荷载将高于精确值。这是因为相当于对体系的变形施加了某种约束，使体系抵抗失稳的能力有所提高。

本例选取挠曲线为抛物线时求得的临界荷载值与精确值相比误差为22%，这是因为所设的抛物线与实际的挠曲线差别太大。

选取跨中横向集中力作用下的挠曲线而求得的临界荷载值与精确值相比误差为1.3%，精度比前者大为提高。如果采用均布荷载作用下的挠曲线进行计算,则精度还可以提高。

正弦曲线是失稳时的真实变形曲线,所以由它求得的临界荷载是精确解。

【例 11.7】 图 11.24 所示为一等截面柱,下端固定、上端自由。试求在均匀竖向荷载作用下的临界荷载值 q_{cr}。

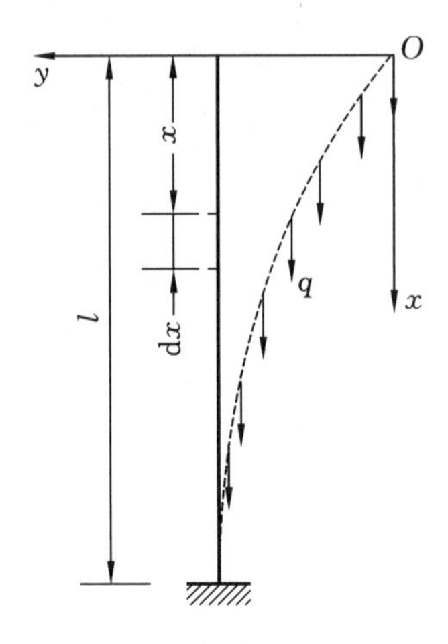

图 11.24 例 11.7 图

【解】 选取坐标系如图 11.24 所示。两端位移边界条件为

当 $x=0$ 时 $y=0$

当 $x=l$ 时 $y'=0$

根据上述位移边界条件,假设变形曲线为

$$y=a\sin\frac{\pi x}{2l}$$

先求应变能

$$U=\frac{EI}{2}\int_0^l(y'')^2\mathrm{d}x=\frac{EIa^2\pi^4}{32l^4}\int_0^l\sin^2\frac{\pi x}{2l}\mathrm{d}x=\frac{EI\pi^4a^2}{64l^3}$$

再求外力做的功。由于微段 $\mathrm{d}x$ 倾斜而使微段以上部分的荷载向下移动,下降距离 $\mathrm{d}\lambda$ 可由式(11.9) 算出。这部分荷载所做的功为

$$qx\cdot\mathrm{d}\lambda=qx\,\frac{1}{2}(y')^2\mathrm{d}x$$

因此,所有外力做的功为

$$W=\frac{1}{2}\int_0^l qx(y')^2\mathrm{d}x=\frac{q\pi^2a^2}{8l^2}\int_0^l x\cos^2\frac{\pi x}{2l}\mathrm{d}x=\frac{0.149}{8}q\pi^2a^2$$

体系的总势能为

$$E_P=U+U_P=U-W=\frac{EI\pi^4a^2}{64l^3}-\frac{0.149}{8}q\pi^2a^2$$

由 $\delta E_P=0$,可求得临界荷载 q_{cr} 的近似解:

$$q_{cr}=\frac{\pi^2EI}{8\times0.149l^3}=8.27\frac{EI}{l^3}$$

与精确解 $7.837\dfrac{EI}{l^3}$ 相比,误差为 5.5%。

11.6 组合压杆的稳定分析

大型结构中的压杆常采用组合压杆的形式，如桥梁的上弦杆、厂房的双肢柱、起重机和无线电桅杆的塔身等，以达到用较少的材料获得较大的截面惯性矩，从而提高压杆临界荷载的目的。所谓组合压杆，是由作为承受荷载的主要部位的肢杆和维系肢杆形成整体，以保证肢杆共同工作的缀合杆构成的。本节首先介绍剪切变形对临界荷载的影响，然后分别就缀条式和缀板式两种情况介绍双肢组合压杆的稳定分析方法。

11.6.1 剪切变形对临界荷载的影响

分析双肢组合压杆时，当组合压杆绕实轴失稳时，其临界荷载的计算与实腹压杆相同；当绕虚轴失稳时，由于肢杆是由缀条或缀板联结成的，由此形成的格构式压杆虽整体惯性矩增大很多，但是因整体剪切变形较大，使得临界荷载与相应的实腹压杆的临界荷载相比有明显降低。可见，组合压杆的稳定性分析的关键在于确定其整体剪切变形对具临界荷载的影响。

轴心受压杆件在发生弯曲失稳时，杆内力除有轴力和弯矩之外还存在剪力。例如图 11.25(a) 所示处于弯曲平衡状态的简支压杆，截面上剪力由柱两端向中央逐渐减小为零，由此产生的剪切变形会增加杆件的侧向挠度，从而降低杆的临界荷载。

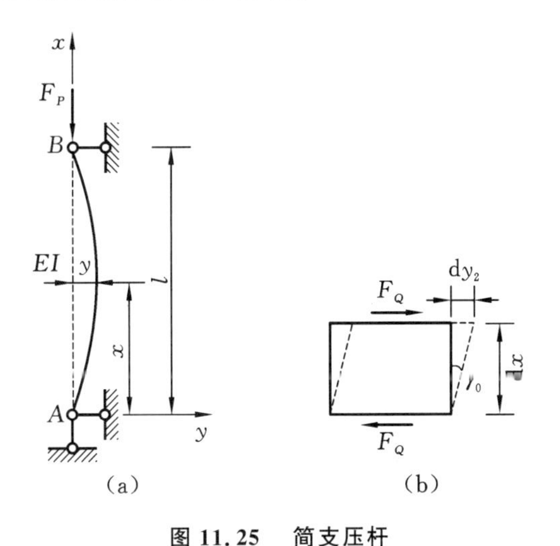

图 11.25 简支压杆

(a) 平衡状态；(b) 杆轴附加转角

用 y_1 表示压杆因弯曲变形引起的挠度，y_2 表示因剪切变形引起的附加挠度，则压杆的实际挠度为

$$y = y_1 + y_2$$

用 $\frac{dy_2}{dx}$ 表示压杆微段上由于剪切变形引起的杆轴附加转角。由图 11.25(b) 可知，这一附加转角就等于微段的平均剪切角 γ_0：

$$\gamma_0 = k\frac{F_Q}{GA}$$

于是，有：

$$\frac{\mathrm{d}y_2}{\mathrm{d}x}=k\frac{F_Q}{GA}=\frac{k}{GA}\cdot\frac{\mathrm{d}M}{\mathrm{d}x}$$

由此可得杆件因剪切变形引起的附加曲率为

$$\frac{\mathrm{d}^2y_2}{\mathrm{d}x^2}=\frac{k}{GA}\cdot\frac{\mathrm{d}^2M}{\mathrm{d}x^2}$$

杆件轴线的总曲率等于弯曲变形引起的曲率 $y''(y''=-M/EI)$ 与剪切变形引起的曲率之和。于是，有：

$$\frac{\mathrm{d}^2y_2}{\mathrm{d}x^2}=-\frac{M}{EI}+\frac{k}{GA}\cdot\frac{\mathrm{d}^2M}{\mathrm{d}x^2} \tag{11.19}$$

对于图 11.25(a) 所示的简支杆有 $M=F_py$，代入式(11.19) 得：

$$EI\left(1-\frac{kF_P}{GA}\right)y''+F_Py=0 \tag{11.20}$$

式(11.20) 即为考虑剪切变形影响后压杆的挠曲微分方程。式(11.20) 与不考虑剪切变形影响的区别仅在于二阶导数项的系数含有因子$\left(1-\dfrac{kF_P}{GA}\right)$。

令

$$a^2=\frac{F_P}{EI\left(1-\dfrac{kF_P}{GA}\right)}$$

则方程的通解为：

$$y=A\cos ax+B\sin ax$$

根据边界条件：$x=0$ 处，$y=0$；$x=l$ 处，$y=0$，可得稳定方程

$$\sin al=0$$

其最小正根为 $al=\pi$，则可求得压杆的临界荷载为

$$F_{Pcr}=\frac{\pi^2EI}{l^2}\left(\frac{1}{1+\dfrac{\pi^2EI}{l^2}\cdot\dfrac{k}{GA}}\right)=\frac{F_{Pe}}{1+F_{Pe}\cdot\dfrac{k}{GA}} \tag{11.21}$$

式中，$F_{Pe}=\dfrac{\pi^2EI}{l^2}$ 即为简支实腹压杆的欧拉临界荷载。式(11.21) 中括号内表达式代表了因剪切变形影响的修正系数，它的值恒小于 1，其中$\dfrac{k}{GA}$ 即为因剪力所引起杆轴的平均剪切角 $\bar{\gamma}_0$。

剪切变形对实腹杆临界荷载的影响一般很小，这里不再讨论。

对于组合压杆来说，所谓的剪切变形实际上是因剪力的作用，缀合杆和肢杆发生轴向变形和弯曲变形所引起的杆轴线微段上的剪切角。只要能求得组合压杆由单位剪力引起的上述剪切角并以此代替式(11.21) 中单位剪切角$\dfrac{k}{GA}$，即可求得组合压杆的临界荷载。

11.6.2 缀条式组合压杆的稳定

缀条式双肢组合压杆的两肢通常是型钢，缀条通常采用角钢或小型槽钢，两者截面差别太大，故缀条与肢杆的结点一般视为铰结点。

将图 11.26(d) 所示的 y-y 轴称为实轴，x-x 轴称为虚轴。

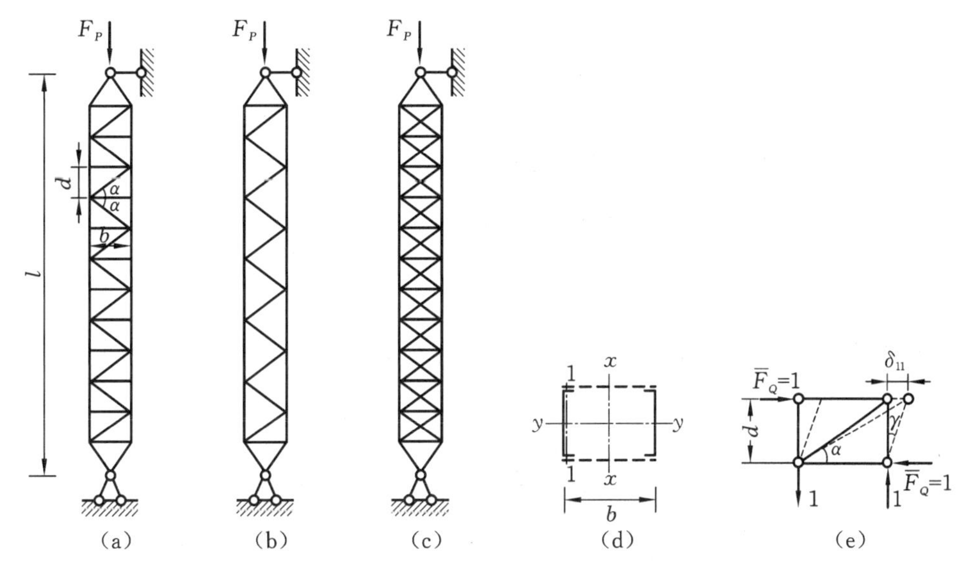

图 11.26　缀条式组合压杆

(a) 构成形式一;(b) 构成形式二;(c) 构成形式三;(d) 横截面;(e) 计算简图

缀条式双肢组合压杆有多种构成形式,例如图 11.25(a)、图 11.25(b)、图 11.25(c) 所示,其横截面如图 11.26(d) 所示。其中图 11.26(a) 的形式比较有代表性,现以此为例说明缀条式组合压杆临界荷载的计算方法。

为计算组合压杆在单位剪力作用下的剪切角,可取压杆的一个结间进行分析。因缀条与肢杆联结成桁架形式,结点可视为铰结点,计算简图如图 11.26(e) 所示。在单位剪力 $\overline{F}_Q$($\overline{F}_Q = 1$) 作用下,当剪切角不大时,近似地有

$$\overline{\gamma} = \tan\overline{\gamma} = \frac{\delta_{11}}{d}$$

其中,δ_{11} 表示单位剪力 $\overline{F}_Q$ 所引起的侧移,按桁架位移计算的一般公式为

$$\delta_{11} = \sum \frac{\overline{F}_N^{0} l}{EA}$$

一般组合压杆主肢杆的截面比缀条的截面大得多,因此可只计入缀条轴向变形的影响。此外,由于每相邻两结间共有一对横缀条,故在侧移公式中只需计及计算简图中的一对横杆。对于缀条的横杆,内力 $\overline{F}_N = -1$,杆长 $b = \dfrac{d}{\tan\alpha}$,一对斜缀条的截面面积设为 A_{1x};对于缀条的斜杆,内力 $\overline{F}_N = \dfrac{1}{\cos\alpha}$,一对横缀条的截面面积设为 A_{2x},则有:

$$\delta_{11} = \frac{d}{E}\left(\frac{1}{A_{1x}\sin\alpha\cos^2\alpha} + \frac{1}{A_{2x}\tan\alpha}\right)$$

式中,α 为斜缀条的倾斜角;d 为结间长度。因而,可求得单位剪力所引起的剪切角

$$\overline{\gamma} = \frac{1}{E}\left(\frac{1}{A_{1x}\sin\alpha\cos^2\alpha} + \frac{1}{A_{2x}\tan\alpha}\right)$$

将上式 $\overline{\gamma}$ 代替式(11.21) 中实腹杆的单位剪切角 $\overline{\gamma}_0$,就可得到缀条式组合压杆临界荷载近似计算公式为

$$F_{Pcr}=\frac{F_{Pe}}{1+\frac{F_{Pe}}{E}\left(\frac{1}{A_{1x}\sin\alpha\cos^2\alpha}+\frac{1}{A_{2x}\tan\alpha}\right)} \tag{11.22}$$

式中,F_{Pe} 为组合柱绕虚轴 x 失稳时,按实腹压杆算得的欧拉临界荷载;分母括号中的第一项代表斜缀条变形的影响,第二项代表横缀条变形的影响。

由压杆的横截面惯性矩 $I=Ai^2$,压杆的长细比 $\lambda=\frac{\mu l}{i}$ 可得:

$$I_x=Ai_x^2,\quad \lambda_x=\frac{l}{i_x}$$

其中,i_x 和 λ_x 分别为压杆整体(如实腹构件)对虚轴的截面回转半径和长细比。将以上两式代入式(11.22),得:

$$F_{Pcr}=\frac{F_{Pe}}{1+\frac{\pi^2}{\lambda_x^2}\left(\frac{A}{A_{1x}}\cdot\frac{1}{\sin\alpha\cos^2\alpha}+\frac{A}{A_{2x}}\cdot\frac{1}{\tan\alpha}\right)} \tag{11.23}$$

由式(11.22)可看出,横缀条的变形对临界荷载的影响一般要比斜缀条小得多。因此,在近似计算中通常可以略去横缀条的变形影响。此时,式(11.23)可简化为

$$F_{Pcr}=\frac{F_{Pe}}{1+\frac{\pi^2}{\lambda_x^2}\cdot\frac{A}{A_{1x}}\cdot\frac{1}{\sin\alpha\cos^2\alpha}} \tag{11.24}$$

因在实际工程中,斜缀条的倾斜角 α 一般在$40^\circ\sim70^\circ$之间,可以近似地取

$$\frac{\pi^2}{\sin\alpha\cos^2\alpha}\approx27$$

代入式(11.24),得:

$$F_{Pcr}=\frac{F_{Pe}}{1+\frac{27}{\lambda_x^2}\cdot\frac{A}{A_{1x}}}=\frac{\pi^2EI}{\left(\sqrt{1+\frac{27}{\lambda_x^2}\frac{A}{A_{1x}}}\cdot l\right)^2}=\frac{\pi^2EI}{(\mu l)^2} \tag{11.25}$$

可见,缀条式简支组合压杆绕虚轴失稳时计算长度系数为

$$\mu=\sqrt{1+\frac{27}{\lambda_x^2}\frac{A}{A_{1x}}} \tag{11.26}$$

其换算长细比 λ_{0x} 为

$$\lambda_{0x}=\mu\lambda_x=\sqrt{\lambda_x^2+27\frac{A}{A_{1x}}} \tag{11.27}$$

这就是《钢结构设计标准》(GB 50017—2017)中给出的缀条式双肢组合压杆换算长细比的计算公式。

11.6.3　缀板式组合压杆的稳定

缀板式组合压杆中没有斜杆,通常采用条形钢板将肢杆联成封闭刚架形式,缀板与肢板的联结应视为刚结。图 11.27(a)为简支双肢缀板式组合压杆的示意图,其横截面如图 11.27(b)所示,1－1表示单根肢杆的形心轴,两肢杆之间由成对的横向缀板刚性联结,此时组合压杆可视为单跨多层刚架。分析时,可近似认为肢杆由弯曲变形引起的反弯点位于相邻结点的中间处,由此可取单位剪切角的计算简图,如图 11.27(c)所示。此时,肢杆上下端的弯矩等于零,而单位剪力$\overline{F}_Q$ 则平均分配在两根肢杆上。

为计算单位剪切角 $\overline{\gamma}$,先作出图 11.27(d)所示单位弯矩图,由图乘法可得:

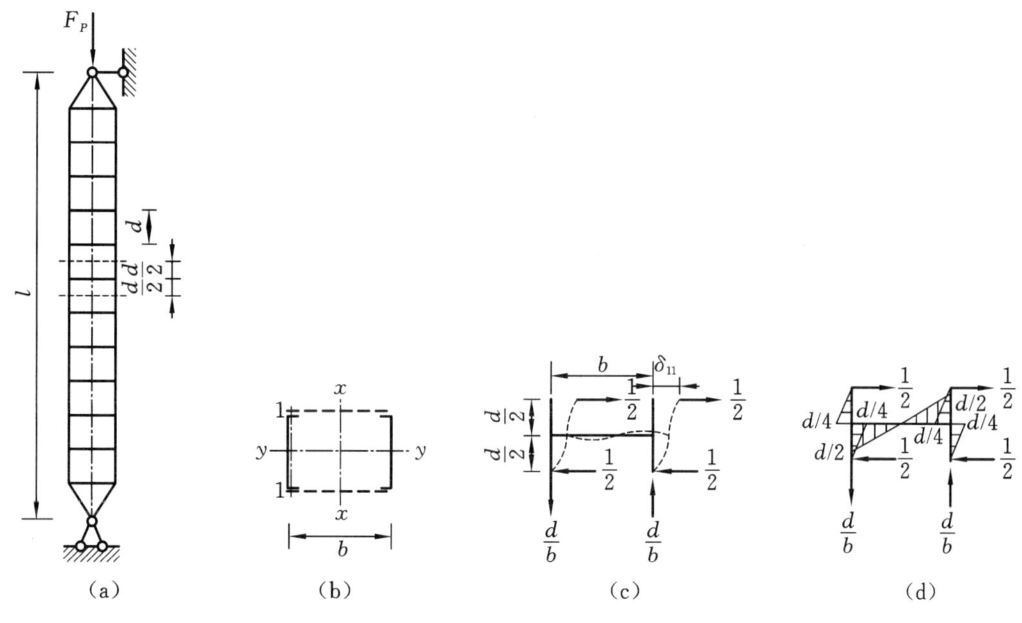

图 11.27　缀板式组合压杆的稳定

(a) 简支双肢缀板式组合压杆；(b) 横截面；(c) 计算简图；(d) 弯矩图

$$\delta_{11}=\sum\int\frac{M^2}{EI}\mathrm{d}s=\frac{d^3}{24EI_1}+\frac{bd^2}{12EI_\mathrm{h}}$$

式中，I_1 为单肢对其形心轴 1－1 的截面惯性矩，I_h 为两侧一对缀板的截面惯性矩之和，将上式代入 $\bar{\gamma}$ 表达式，得：

$$\bar{\gamma}=\frac{d^2}{24EI_1}+\frac{bd}{12EI_\mathrm{h}}$$

用该单位剪切角代替式(11.21) 中的$\frac{k}{GA}$，即可得到缀板式组合压杆临界荷载的计算公式为

$$F_{Pcr}=\frac{F_{Pe}}{1+F_{Pe}\left(\frac{d^2}{24EI_1}+\frac{bd}{12EI_\mathrm{h}}\right)}\tag{11.28}$$

式中，分母括号中的第一项代表肢杆变形的影响，第二项代表缀板变形的影响。

一般情况下，缀板的弯曲线刚度远大于肢杆。当略去缀板变形的影响时，式(11.28) 可以简化为

$$F_{Pcr}=\frac{F_{Pe}}{1+F_{Pe}\,\frac{d^2}{24EI_1}}=\frac{F_{Pe}}{1+\frac{\pi^2d^2I_x}{24l^2I_1}}\tag{11.29}$$

由压杆的横截面惯性矩 $I=Ai^2$ 和压杆的长细比 $\lambda=\frac{\mu l}{i}$ 可得：

$$I_x=Ai_x^2,I_1=\frac{1}{2}Ai_1^2$$

$$\lambda_x=\frac{l}{i_x},\lambda_1=\frac{d}{i_1}$$

其中，i_x 和 λ_x 分别为压杆整体(如实腹构件) 对虚轴的截面回转半径和长细比；i_1 和 λ_1 分别为单根肢杆对其形心轴 1－1 的截面回转半径和长细比。将以上各式代入式(11.29) 得：

$$F_{Pcr} = \frac{F_{Pe}}{1 + \frac{\pi^2 d^2 i_x^2 A}{24 l^2 i_1^2 A}} = \frac{F_{Pe}}{1 + 0.82 \frac{\lambda_1^2}{\lambda_x^2}} \tag{11.30}$$

若近似地以1代替上式中的系数0.82,则式(11.30)可以进一步简化为

$$F_{Pcr} = \frac{\lambda_x^2}{\lambda_x^2 + \lambda_1^2} F_{Pe} \tag{11.31}$$

相应的计算长度系数μ和换算长细比λ_0分别为

$$\mu = \sqrt{\frac{\lambda_x^2 + \lambda_1^2}{\lambda_x^2}} \tag{11.32}$$

$$\lambda_0 = \mu \lambda_x = \sqrt{\lambda_x^2 + \lambda_1^2} \tag{11.33}$$

这就是《钢结构设计标准》(GB 50017—2017)中给出的缀板式双肢组合压杆换算长细比的计算公式。

本章小结

本章介绍两类稳定的基本概念和弹性结构稳定问题的两种理论,并通过简例说明相应的计算方法。用静力法和能量法分析位移时,均采用了微小位移的假定。在通常情况下,用小位移理论来确定分支点失稳问题的临界荷载值是比较合适的,但是也应注意其局限性。

此外,本章按照单自由度、多自由度、无限自由度体系(压杆)讨论了临界荷载的两种基本解法:静力法和能量法。而临界状态的静力特征和能量特征则是两种解法的基础。

结构失稳临界状态的静力特征是平衡状态的二重性。静力法的基本方程都是关于位移的齐次方程:在有限自由度体系中为齐次代数方程;而在无限自由度体系中为齐次微分方程和齐次边界条件。根据齐次方程的解的二重性条件,可以得到特征方程,由此解出特征荷载和临界荷载。

临界状态的能量特征是:当荷载为特征荷载时,势能为驻值,且位移有非零解。根据这个条件可以得出特征方程,并由此解出特征荷载,其中最小的值即为临界荷载。

第11.6节讨论了组合压杆的稳定分析,在钢结构设计原理课程中将会用到。

思考题

11.1　试比较静力法和能量法分析稳定问题在计算原理和解题步骤上的异同点。

11.2　静力法中的平衡方程与能量法中的势能驻值条件有什么关系?

11.3　试比较用静力法计算无限自由度与多自由度体系稳定问题的异同点。

11.4　试比较用能量法计算无限自由度与多自由度体系稳定问题的异同点。

11.5　用能量法求解图11.28所示的中心压杆的临界荷载(设变形曲线为正弦曲线)。并讨论:

(1) 两图中临界荷载是否相同?为什么?

(2) 若跨数为n,临界荷载是多大?为什么?

(3) 以上临界荷载是否是问题的精确解?

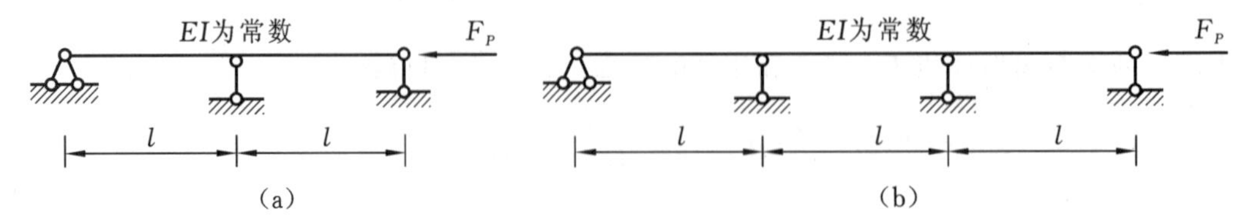

图11.28　思考题11.5图

讨论:(1) 因为变形曲线$y = a\sin\frac{\pi x}{l}$,在$x = 0, l, 2l, 3l$处均满足$y = 0$和$y'' = 0$的条件,即与单跨简支压杆的边

界条件相同；所以图 11.28(a)、图 11.28(b) 的两跨梁和三跨梁的临界荷载与单跨梁的临界荷载相同，即 $F_{Pcr}=\pi^2\dfrac{EI}{l^2}$。

(2) 当跨数为 n 时，临界荷载仍为 $F_{Pcr}=\pi^2\dfrac{EI}{l^2}$，理由同上。

(3) 请读者自行说明，此解为问题的精确解。

11.6　为什么对称刚架在反对称失稳时的临界荷载值比正对称失稳时的临界荷载值要小一些？试用计算长度的概念加以说明。

习　　题

11.1　试用两种方法求图 11.29 所示体系临界荷载 F_{Pcr}，设弹性支座的刚度系数为 k。

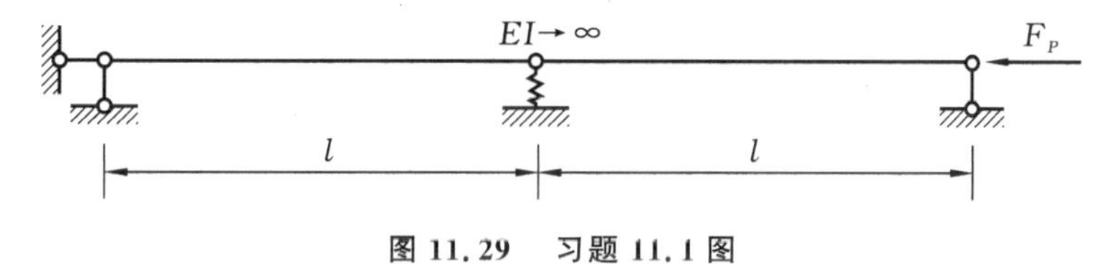

图 11.29　习题 11.1 图

11.2　试用两种方法求图 11.30 所示体系临界荷载 F_{Pcr}。

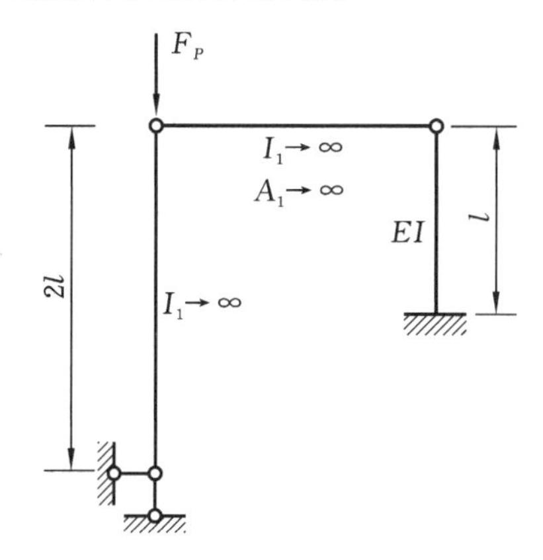

图 11.30　习题 11.2 图

11.3　11.4　试用两种方法求图 11.31 和图 11.32 所示体系临界荷载 F_{Pcr}，并作一比较，竖柱 $EI=C$。

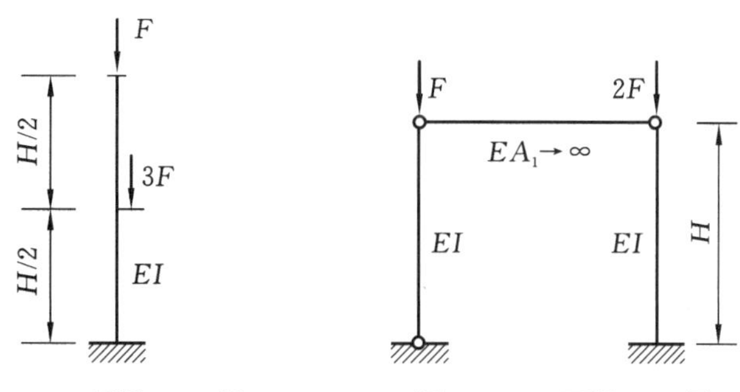

图 11.31　习题 11.3 图　　　图 11.32　习题 11.4 图

11.5　试用两种方法求图 11.33 所示体系临界荷载 F_{Pcr}，设各杆 $I\to\infty$，弹性铰相对转动刚度系数为 k。

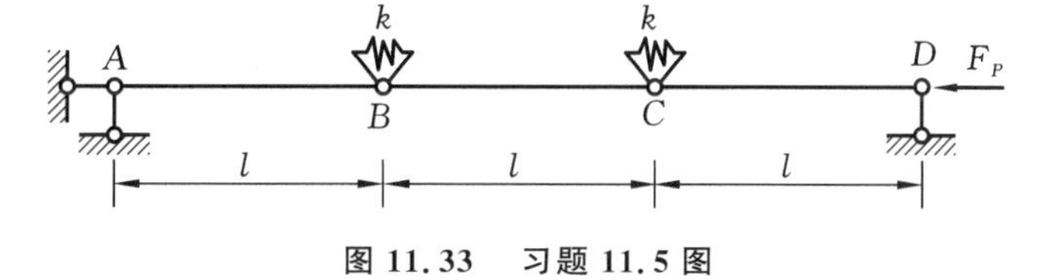

图 11.33　习题 11.5 图

11.6　试用静力法求图 11.34 所示结构在下面三种情况下的临界荷载值和失稳形式：

(a) $EI_1 \to \infty$，EI_2 为常数；

(b) $EI_2 \to \infty$，EI_1 为常数；

(c) 在什么条件下，失稳形式既可能是(a)的形式又可能是(b)的形式？

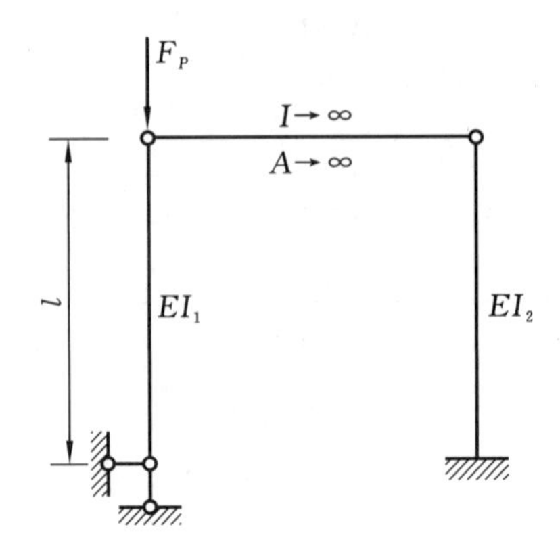

图 11.34　习题 11.6 图

11.7　用静力法为图 11.35 所示弹性压杆建立稳定方程，并求最小临界荷载 F_{Pcr}。

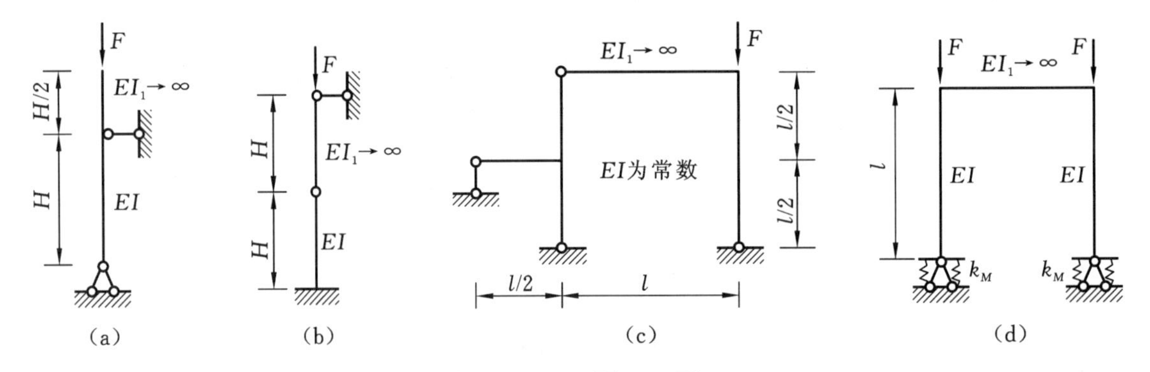

图 11.35　习题 11.7 图

11.8　试写出图 11.36 所示体系丧失稳定时的特征方程。

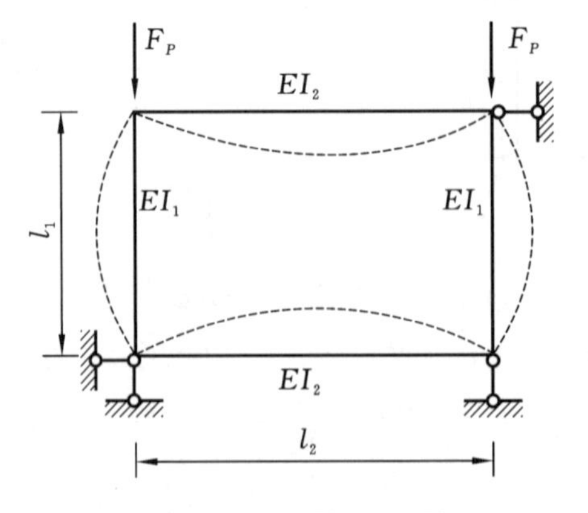

图 11.36　习题 11.8 图

11.9　试用静力法求图 11.37 所示压杆的临界荷载 F_{Pcr}。

11.10　试用能量法求图 11.38 所示体系临界荷载 F_{Pcr}，设变形曲线为

$$y = a\left(1 - \cos\frac{\pi x}{2l}\right)$$

上半柱刚度为 EI_1，下半柱刚度为 $EI_2 = 2EI_1$。

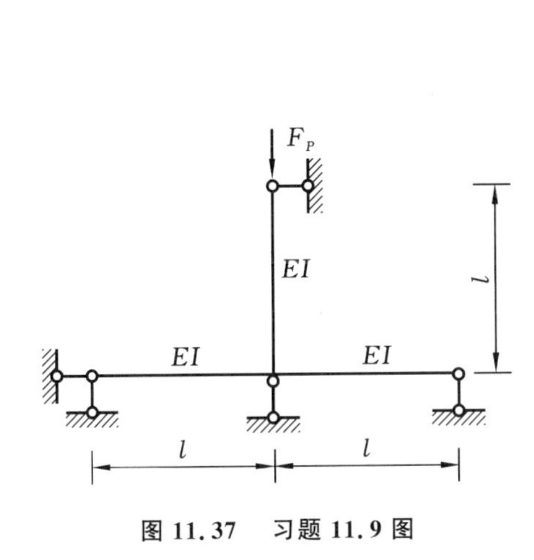

图 11.37　习题 11.9 图

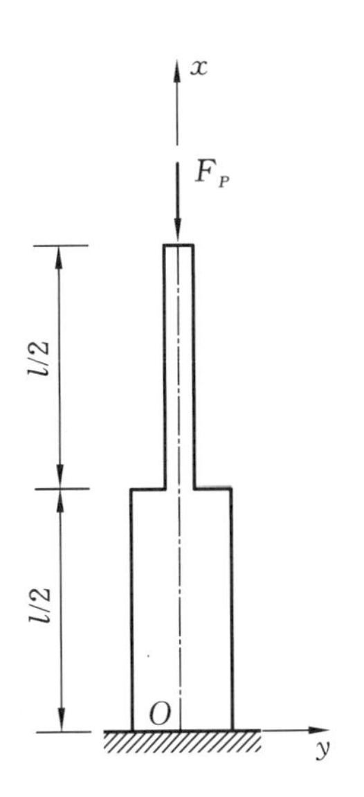

图 11.38　习题 11.10 图

12　结构的极限荷载分析

提要

本章讨论结构材料应力超过弹性极限以后的极限承载能力，即极限荷载的问题，这是塑性分析的重要内容。其中包括：极限弯矩、塑性铰和极限状态等基本概念；静定梁、单跨超静定梁和连续梁的极限荷载的计算方法；比例加载定理及其应用；刚架的极限荷载分析。用静力法和机动法计算连续梁的极限荷载是本章重点。

12.1　结构塑性分析概述

前面各章所讨论的结构计算都是以线弹性结构为基础的弹性分析，即组成结构的材料服从胡克定律，应力与应变成正比；结构的位移和荷载成线性关系。与弹性分析相应的结构设计方法称为弹性设计方法（或允许应力法），即找出各危险截面上的最大正应力 $\sigma_{\max}$，要求此最大正应力不超过材料的许用正应力 $[\sigma]$，即

$$\sigma_{\max} \leqslant [\sigma] = \frac{\sigma_s}{k_s} \tag{12.1}$$

式中，σ_s 为材料的屈服极限；k_s 为安全系数。式(12.1) 实际上是将 $\sigma_{\max} = \sigma_s$ 当成了结构的危险状态，用一个大于 1 的安全系数 k_s 来避免出现这种状态。

弹性设计方法的最大缺点，在于以个别危险截面上的最大应力作为衡量整个结构承载能力的尺度。事实上，对于一般结构，特别是超静定结构，尽管最大应力已达到屈服极限，但考虑到材料的塑性，整个结构所承受的荷载仍能增加而不被破坏。因此，这种方法不能正确反映整个结构的强度储备，材料的承载能力未充分发挥，不够经济。

随着弹塑性材料（如钢材）在工程中的应用日益广泛，弹性设计方法的缺点也日益突出，塑性设计方法便应运而生。在塑性设计中，要求整体结构的强度条件为

$$F_p \leqslant [F_p] = \frac{F_{Pu}}{k_u} \tag{12.2}$$

式中，F_p 为作用在结构上的实际荷载；$[F_p]$ 为允许荷载；F_{Pu} 为极限荷载；k_u 为安全系数。式(12.2) 是将结构的真实破坏状态当成危险状态，其采用的安全系数 k_u 是按整体结构所能承受的荷载来考虑的，所以它比弹性分析中的 k_s 更能如实地反映结构的强度储备。

应用式(12.2)进行结构的塑性设计，需要确定结构的极限荷载 F_{Pu}，这是结构塑性分析的主要任务，是本章研究的重点内容。进行塑性分析必须比弹性分析更全面地考虑材料的应力-应变关系。为了简化计算，通常假设材料为理想弹塑性材料，且受拉和受压性能完全相同，其应力和应变关系如图 12.1 所示。

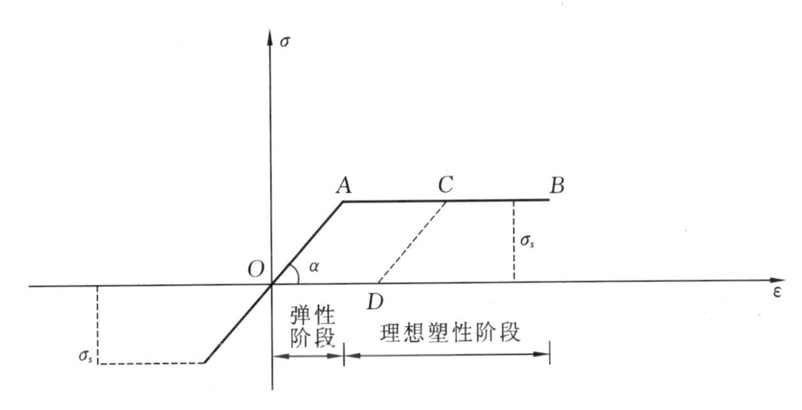

图 12.1　理想弹塑性材料应力-应变关系

其中，OA 称为弹性阶段，在此阶段内应力和应变成正比，其比值为弹性模量 $E = \tan\alpha$。当应力达到屈服极限 σ_s 时，材料转入理想弹塑性阶段 AB，应力保持不变，而应变可以任意增加。此时，如果在 C 点卸载，则应力和应变的关系将从点 C 沿 CD 到达点 D，这里 $CD \parallel AO$。此时，应力的减少值 $\Delta\sigma$ 与应变的减少值 $\Delta\varepsilon$ 成正比，其比值仍为 E。由此可见，材料在加载与卸载时的情况不同：加载时是弹塑性的，卸载时是弹性的。还可看到，在经过塑性变形之后，应力与应变之间不再存在单值对应关系，同一个应力值可对应不同的应变值，同一个应变值可对应不同的应力值。要得到弹塑性解，需要考虑全部受力变形过程。由于以上原因，结构的弹塑性计算比弹性计算要复杂一些。因为这里计算的目的仅仅是为了确定极限荷载，所以我们通常不考虑结构加载过程中的弹塑性阶段，只对与极限荷载相对应的极限状态进行塑性分析，从而可用较简便的方法求得极限荷载。

12.2　极限弯矩、塑性铰和极限状态

下面以理想弹塑性材料的矩形截面简支梁在荷载 F_P 作用下的情况为例，来说明本章中几个重要的概念。

随着荷载 F_P 的增加，在 F_P 作用处[图 12.2(a)]截面梁都会经历由弹性阶段到弹塑性阶段最后到达塑性阶段的变化情况，而且在这一变化过程中，梁截面变形时的平面假定都成立。各阶段梁截面的正应力变化如下：

(1) 弹性阶段

在加载初期，整个截面应力 σ 未超过屈服极限 σ_s[图 12.2(a)]，此时材料处于弹性阶段，其应力-应变关系为 $\sigma = \varepsilon E$。当荷载继续增大时，截面的最大应力 $\sigma_{\max}$(即最外边缘的应力)达到屈服极限 σ_s[图 12.2(b)]，此时截面的弯矩称为弹性极限弯矩 M_s 或屈服弯矩。其具体的数值计算如下(图 12.3)：

$$M_s = \int_{-\frac{h}{2}}^{\frac{h}{2}} \sigma \cdot b\mathrm{d}y \cdot y = \int_{-\frac{h}{2}}^{\frac{h}{2}} \frac{y}{\frac{h}{2}}\sigma_s \cdot by\,\mathrm{d}y = \frac{2b\sigma_s}{h} \cdot \frac{y^3}{3}\bigg|_{-\frac{h}{2}}^{\frac{h}{2}} = \frac{bh^2}{6}\sigma_s = \sigma_s W_s \tag{12.3}$$

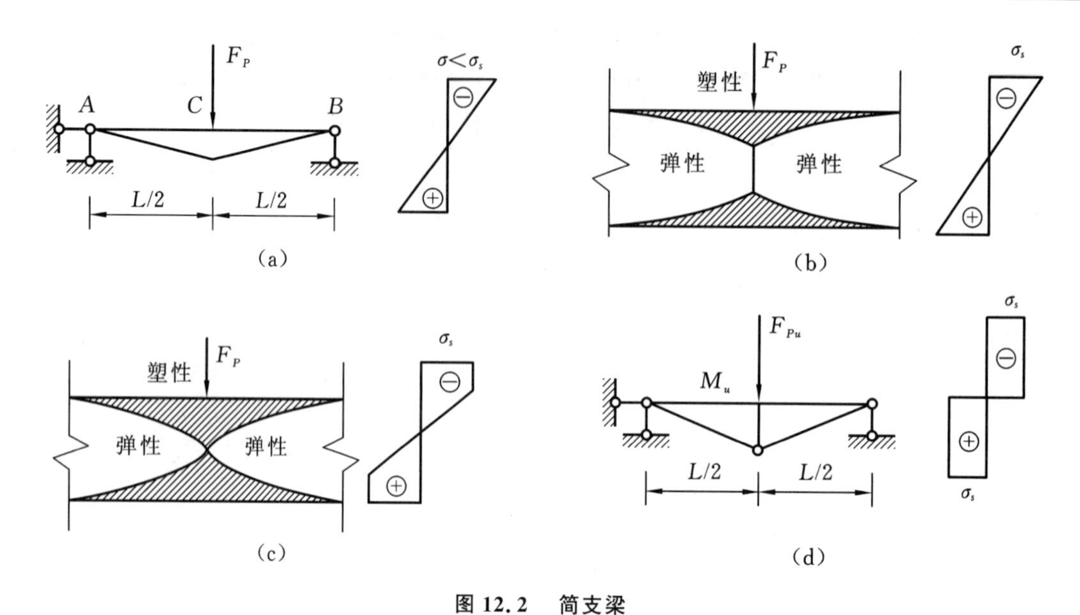

图 12.2　简支梁

(a) 弹性阶段;(b) 外纤维屈服;(c) 弹塑性阶段;(d) 全截面屈服

式中,W_s 是截面的弹性抗弯模量。

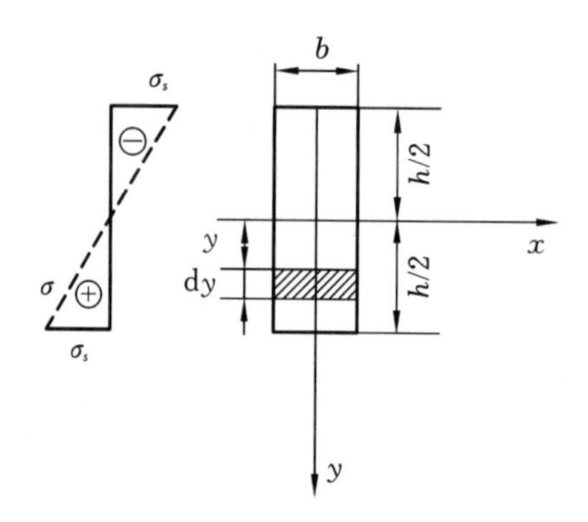

图 12.3　矩形截面计算 M_s

(2) 弹塑性阶段

随着荷载的增加,截面靠近外边缘部分形成塑性区[图 12.2(c)],其最外边缘应力仍旧为 σ_s,但截面的塑性区将向内延伸,弹性区逐渐缩小。

(3) 极限状态

荷载再继续增加,整个截面最终应力都达到 σ_s[图 12.2(d)],此时,截面达到塑性流动阶段,应变迅速增加,而应力仍然保持为常数 σ_s。此时,截面承受的弯矩达到极值,叫作截面的极限弯矩 M_u。其值计算如下[图 12.4]:

$$M_u=\int_{-\frac{h}{2}}^{\frac{h}{2}}\sigma_s b\mathrm{d}y\cdot y=\sigma_s b\cdot\frac{y^2}{2}\bigg|_{-\frac{h}{2}}^{\frac{h}{2}}=\frac{bh^2}{4}\sigma_s=W_u\sigma_s \tag{12.4}$$

式中,W_u 是截面的塑性抗弯模量。

在极限弯矩保持不变的情况下,截面的纵向纤维可以自由地伸长或缩短,在截面 C 的这一小段内,梁将产生转动,我们将此时的这种截面叫作塑性铰[图 12.5]。

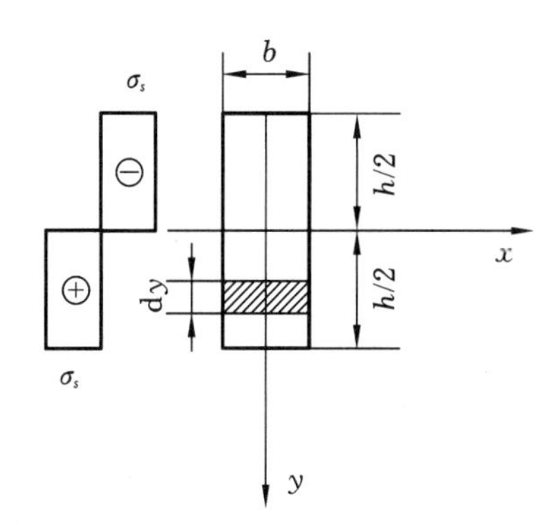

图 12.4　矩形截面计算 M_u

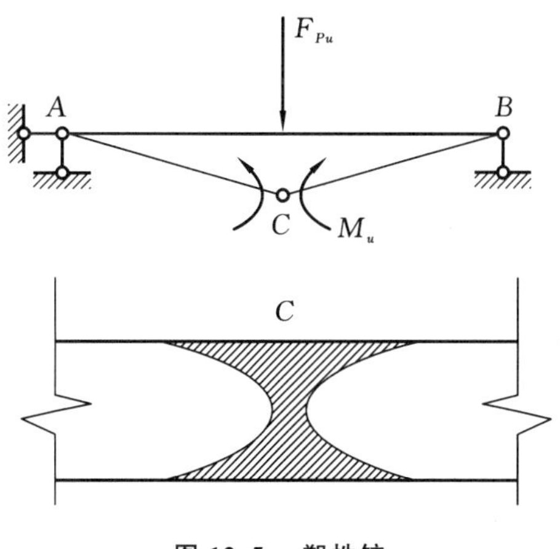

图 12.5　塑性铰

由于塑性铰 C 的出现，使原结构成为几何可变体系，失去继续承载的能力，该几何可变体系称为“机构”，又叫破坏机构。此时，结构会产生很大的位移，承载力已无法继续增加，或结构承载力达到了极限状态，此时的荷载称为极限荷载，记为 F_{Pu}。

如果加载至弹塑性阶段或塑性阶段后再卸载，则因为卸载时应力增量与应变增量保持线性关系，截面将仍恢复弹性性质。由此可知，塑性铰与普通铰有以下区别：

(1) 普通铰不能承受弯矩，塑性铰能承受弯矩（极限弯矩）；

(2) 普通铰为双向铰，即它两边的杆件可以自由地在两个方向上发生相对转动。而塑性铰为单向铰，其两边的杆件只能在所受极限弯矩的方向上发生相对转动。

(3) 卸载时，由于应力-应变关系是线性的，截面又表现出弹性性质，这就意味着当荷载小于极限荷载时，塑性铰消失。

在前面的讲述中出现了屈服弯矩 M_s 和极限弯矩 M_u 两个对应于不同状态下的弯矩极值，通常将极限弯矩与屈服弯矩的比值称为截面的形状系数 α，α 表示按塑性分析设计时截面承载力提高的程度，即

$$\alpha = \frac{M_u}{M_s} = \frac{W_u}{W_s} \tag{12.5}$$

常见截面的形状系数见表 12.1。

表 12.1　截面的形状系数

截面形状	矩形截面	圆形截面	工字形截面
系数 α	1.5	$16/3\pi$	1.15

式(12.4)是分析矩形截面梁时得出的极限弯矩计算公式，如果是受横向荷载作用的单轴对称截面，其极限弯矩计算公式又是怎样的呢?下面我们从截面受力的力学平衡进行分析，当截面所受弯矩达到极限弯矩时，假设截面上受压和受拉的面积分别为 A_1 和 A_2，因为截面上无轴力作用可得：

$$\sum F_x = 0$$

$$\sigma_s \cdot A_1 - \sigma_s \cdot A_2 = 0$$

即

$$A_1 = A_2 = \frac{A}{2}$$

由此可知，截面达到极限弯矩这一极限状态时，无论截面形状如何，中性轴两侧的拉压面积相等，即中性轴亦为等分截面轴。由此可得极限弯矩的计算公式为：

$$M_u = \sigma_s A_1 a_1 + \sigma_s A_2 a_2 = \sigma_s (S_1 + S_2) \tag{12.6}$$

式中，a_1、a_2 为 A_1、A_2 的形心到等分截面轴的距离；S_1、S_2 为 A_1、A_2 对该轴的静矩。

由上述的推导可以发现：截面的形状系数只与截面的几何形状有关。同时，截面的极限弯矩取决于截面的形状尺寸以及材料的屈服应力，而与荷载无关，它既是截面形成塑性铰时的极限弯矩，也是截面的最大抵抗弯矩。

12.3　梁的极限荷载

12.3.1　静定梁

前面详细叙述了静定梁的弹塑性工作状态，即梁截面由弹性状态发展到塑性流动状态，最终形成塑性铰。我们知道在静定结构中无多余约束，因此只要有一个截面出现塑性铰即成为机构，从而丧失承载能力以致破坏，这时结构上的荷载即为极限荷载。

计算单跨梁的极限荷载，有机动法和静力法两种基本方法。

(1) 机动法 —— 虚位移原理：判断梁的临界状态，假设出所有的破坏机构，而后利用虚位移原理计算出各机构相应的极限荷载，依据上限定理，这些可破坏荷载中的最小者即为极限荷载。

(2) 静力法 —— 平衡弯矩法：首先分析梁在极限状态时的受力图，再根据静力平衡条件计算极限荷载。

用这两种方法进行求解的前提是能够准确判断结构可能产生塑性铰的位置。

【例 12.1】 求图 12.6(a) 所示 T 形简支梁的极限荷载。已知屈服应力为 $\sigma_s = 23.5\ \mathrm{kN/cm^2}$，$l = 4\ \mathrm{m}$。

【解】 (1) 静力法

由图 12.6(b) 可知

$$A = 0.0036\ \mathrm{m^2}$$

$$A_1 = A_2 = A/2 = 0.0018\ \mathrm{m^2}$$

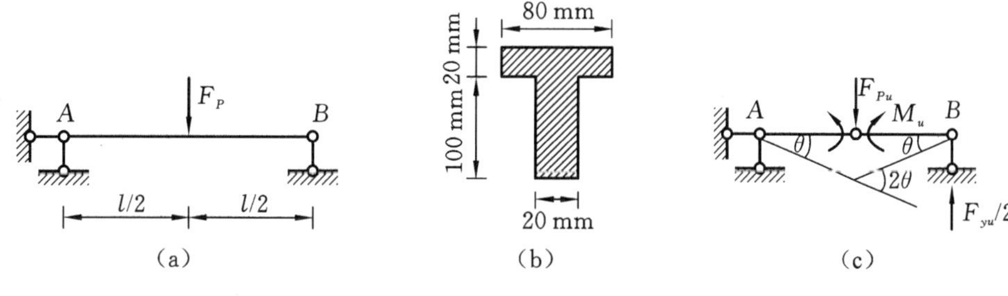

图 12.6 例 12.1 图

(a) 简支梁;(b) T 形截面;(c) 破坏机构

面积 A_1 的形心距下端 0.045 m,面积 A_2 形心距上端 0.01167 m,A_1 与 A_2 的形心距为 0.0633 m。由式(12.6),计算极限弯矩为

$$M_u = \sigma_s(S_1 + S_2) - \sigma_s \times \frac{A}{2} \times 0.0633 = 26.78\ \text{kN} \cdot \text{m}$$

当梁处于极限状态时,梁跨中截面是塑性铰,其极限弯矩为

$$M_u = \frac{F_{Pu} l}{4} = M_{\max}$$

由此可求出该简支梁的极限荷载为

$$F_{Pu} = \frac{4M_u}{l} = \frac{4}{4} \times 26.78 = 26.78\ \text{kN}$$

(2) 机动法

此梁在跨中截面形成塑性铰后,其对应的机构如图 12.6(c) 所示,根据虚位移原理列虚功方程为

$$F_{Pu} \times \theta \times \frac{l}{2} - M_u \times 2\theta = 0$$

解方程得极限荷载为

$$F_{Pu} = \frac{4M_u}{l}$$

由上面分析可知,用静力法计算静定结构的极限荷载,主要包括两个环节:首先,确定塑性铰的位置。静定结构是无多余约束的体系,结构中只要出现一个塑性铰,就使结构变成了破坏机构。静定梁的塑性铰总是出现在$\frac{M}{M_u}$取得最大值的截面,对于等截面梁,也就是弯矩 M 取最大值的截面。其次,利用平衡条件求该截面的弯矩并令其等于极限弯矩,就可求得极限荷载。用机动法求静定结构的极限荷载,只要根据破坏机构列虚功方程,即可求得极限荷载。

结构发生横力弯曲时,截面上有剪力产生,剪力会使极限弯矩值降低,但一般影响较小,可略去不计。

12.3.2 单跨超静定梁

在超静定梁中,由于具有多余约束,所以必须有足够数目的塑性铰出现,才能使其变为机构,从而丧失承载能力以致破坏,这是与静定梁不同的。

下面以图 12.7(a) 所示的等截面梁为例,说明单跨超静定梁由弹性阶段到弹塑性阶段,直至极限状态的过程。

(1) 弹性阶段

当 $F_p \leqslant F_{Ps}$ 时(F_{Ps} 为弹性阶段的极限荷载),其弹性弯矩图如图 12.7(b) 所示,在固定端截面处弯矩最大。

(2) 弹塑性阶段

当荷载超过 F_{Ps} 后,塑性区首先在固定端截面附近形成并扩大,然后在跨中截面形成。这时随着荷载 F_P 的增加,弯矩图不断地变化,不再与弹性阶段的 M 图成比例。随着塑性区向中性轴延伸,先在固定端截面形成一个塑性铰,弯矩图如图 12.7(c) 所示。此时在加载条件下,梁已转化为静定梁(可看作是杆端 A 作用着截面极限弯矩 M_u 的简支梁),但承载能力尚未达到极限值。

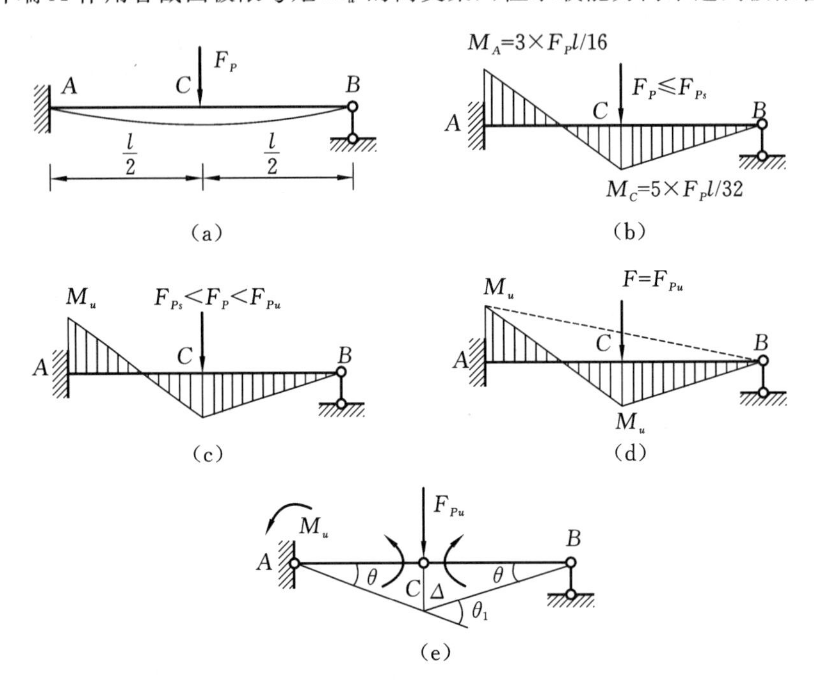

图 12.7　单跨超静定梁

(a) 计算简图;(b) 弹性弯矩图;(c) A 处形成一个塑性铰的弯矩图;

(d) 极限弯矩图;(e) 机构图

(3) 极限状态

当荷载再增加时,固定端的弯矩保持常数 M_u。当荷载增加到使跨中截面弯矩达到极限 M_u 时,在该截面形成第二个塑性铰[图 12.7(e)],梁变成机构,梁的承载能力达到极限值,这就是极限状态。此时的荷载就是极限荷载 F_{Pu},相应的极限弯矩图如图 12.7(d) 所示,由此可得:

$$\frac{F_{Pu}l}{4} = M_u + \frac{1}{2}M_u$$

极限荷载 F_{Pu} 为

$$F_{Pu} = \frac{6M_u}{l}$$

极限荷载 F_{Pu} 也可根据虚功原理求出。图 12.7(e) 所示为破坏机构的一种可能的位移,设跨中位移为 Δ,则有:

$$\theta = \frac{2\Delta}{l}, \quad \theta_1 = \frac{4\Delta}{l}$$

外力所做的功为

$$W_{外} = F_{Pu}\Delta$$

内力所做的功为

$$W_{内} = -(M_u\theta + M_u\theta_1) = -M_u\frac{6\Delta}{l}$$

由虚功方程得

$$F_{Pu}\Delta - M_u\frac{6\Delta}{l} = 0$$

求得极限荷载

$$F_{Pu} = \frac{6M_u}{l}$$

由此看出，超静定梁的极限荷载只需根据最后的破坏机构应用平衡条件即可求出。由以上分析可知，超静定结构在整个受力直至破坏的过程中内力分布的图形经历了变化过程，这个过程称为超静定结构内力的塑性重分布。

实际结构有时会出现截面正、负极限弯矩不等的情况。假设图 12.7(a) 所示超静定梁正、负极限弯矩不等而分别为 M_{u1} 和 M_{u2}，则梁塑性铰形成的先后顺序可能发生变化。当 $M_{u1} < \frac{5M_{u2}}{6}$ 时，加载过程中将在跨中 C 截面处先出现塑性铰，然后再在 A 截面处出现塑性铰，但其最终的破坏机构形式不变。根据此可以概括出超静定结构极限荷载计算的特点：

(1) 超静定结构极限荷载的计算无须考虑弹塑性变形的发展过程、塑性铰形成的顺序和变形协调条件，只需预先判断超静定结构的破坏机构，就可根据此破坏机构在极限状态的平衡条件求得。

(2) 超静定结构极限荷载不受温度变化、支座移动等非荷载因素的影响，因为超静定结构的最后一个塑性铰形成之前，已经变为静定结构。

【例 12.2】　求图 12.8(a) 所示变截面梁的极限荷载。已知 AB 段的极限弯矩为 $2M_u$，BC 段的极限弯矩为 M_u。

【解】　确定塑性铰的位置：此梁为一次超静定结构，在出现两个塑性铰后便成为极限状态。

若 B、C 出现塑性铰，则 B、C 两截面的弯矩为 M_u，此时，A 截面的弯矩为 $3M_u$[图 12.8(b)]，这种情况不允许出现。

若 A 出现塑性铰后，再加荷载时[图 12.8(c)]，B 截面弯矩减少而 C 截面弯矩增加，故另一塑性铰出现于 C 截面。形成的机构如图 12.8(d) 所示。

由

$$\theta_A\frac{2L}{3} = \Delta, \quad \theta_D\frac{L}{3} = \Delta$$

得

$$\theta_C = \theta_A + \theta_D = 9\Delta/2L$$

列虚功方程：

$$F_{Pu}\Delta - 2M_u\theta_A - M_u\theta_C = 0$$

$$F_{Pu}\Delta - 2M_u \frac{3\Delta}{2L} - M_u \frac{9\Delta}{2L} = 0$$

解方程得：

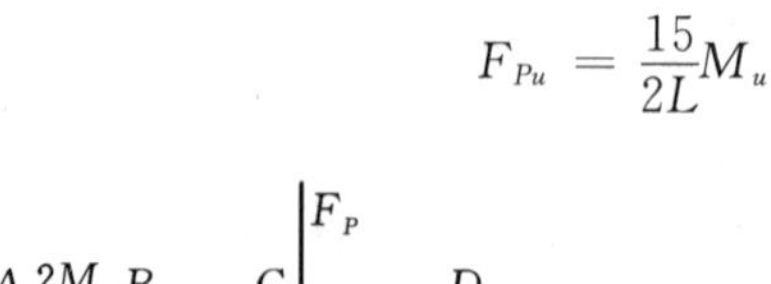

$$F_{Pu} = \frac{15}{2L}M_u$$

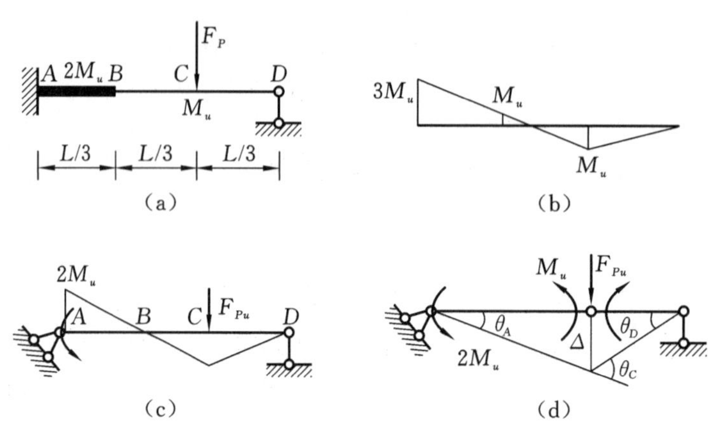

图 12.8　例 12.2 图

(a) 变截面梁；(b) B、C 出现塑性铰；(c) 再施加荷载；(d) 形成的机构

12.3.3　连续梁

设梁在每一跨度内为等截面，各跨的截面可以不同。若荷载按比例增加，并均向下作用在梁上[图 12.9(a)]，最大负弯矩只可能在跨度两端出现，所以相应的负塑性铰也只能在两端出现，破坏机构则只能在各跨独立形成，如图 12.9(b)、图 12.9(c)、图 12.9(d) 所示。而相邻跨联合破坏的形式[图 12.9(e)、图 12.9(f)]是不可能形成的。所以，在荷载按比例增加、荷载方向相同条件下，破坏机构只能在各跨内单独形成。

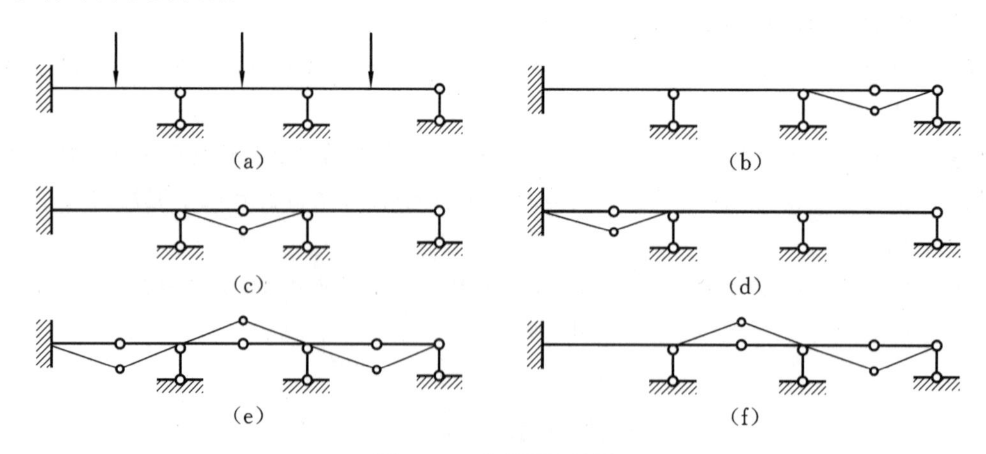

图 12.9　等截面连续梁

(a) 计算简图；(b) 右跨破坏；(c) 中跨破坏；(d) 左跨破坏；

(e) 三跨联合破坏；(f) 两跨联合破坏

【例 12.3】　求图 12.10(a) 所示连续梁的极限荷载。各跨分别是等截面的，AB、BC 跨的极限弯

矩为 M_u，CD 跨的极限弯矩为 $3M_u$。

【解】　先用机动法分别求出各跨独自破坏时的可破坏荷载。

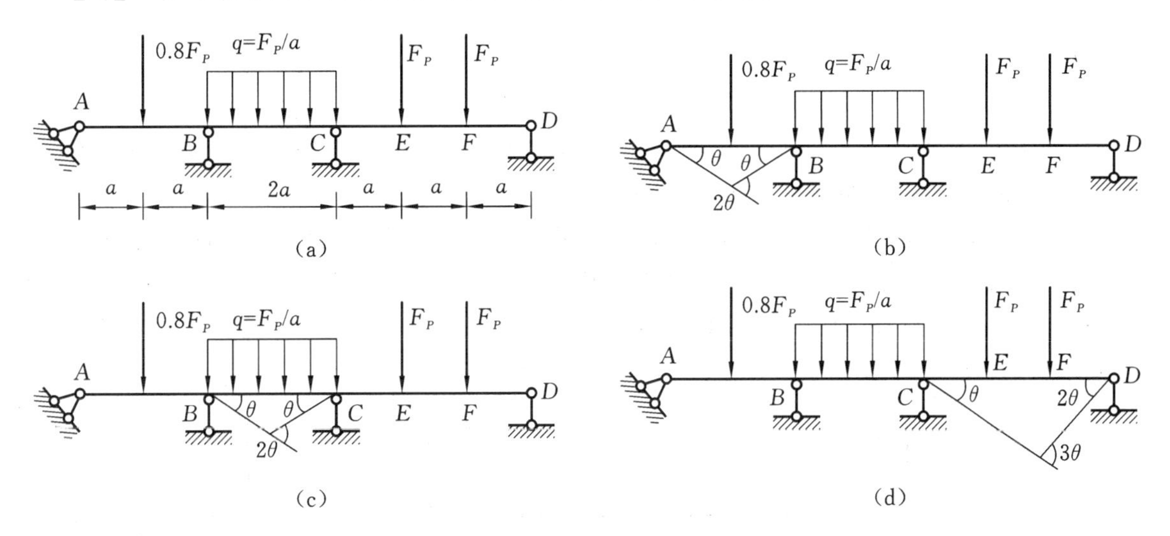

图 12.10　例 12.3 图

(a) 连续梁；(b) AB 跨破坏；(c) BC 跨破坏；(d) CD 跨破坏

(1) AB 跨破坏[图 12.10(b)]：

由

$$0.8F_P^+ \times a\theta = M_u \cdot 2\theta + M_u \cdot \theta$$

得

$$F_P^+ = 3.75M_u/a$$

(2) BC 跨破坏[图 12.10(c)]：

由

$$\frac{F_P^+}{a} \times \frac{1}{2} \cdot 2a \cdot a\theta = M_u \cdot \theta + M_u \cdot 2\theta + M_u\theta$$

得

$$F_P^+ = 4M_u/a$$

(3) CD 跨破坏[图 12.10(d)]：

由

$$F_P^+ \times a\theta + F_P^+ \times 2a\theta = M_u \cdot \theta + 3M_u \cdot 3\theta$$

得

$$F_P^+ = 3.33M_u/a$$

比较以上结果，最小值即为极限荷载，即

$$F_{Pu} = 3.33M_u/a$$

需要注意的是，对于连续梁给出所有的破坏机构是容易做到的，但是对于其他比较复杂的结构，要想给出所有可能的破坏机构有时不容易做到。此时，必须依照比例加载中的定理和方法进行求解。

12.4　比例加载的几个定理

12.4.1　极限状态必须满足的条件

对于只有一种破坏机构的结构，不难求得其极限荷载。若有多种可能破坏形式的结构，就需要判断哪一种破坏形式是实际破坏机构，以便确定极限荷载。

所谓比例加载，是指作用于结构上的所有荷载按同一比例增加，且不出现卸载的加载方式(图 12.11)。设有一给定结构承受集中荷载 F_{P1}，F_{P2}，…，F_{Pn} 和分布荷载 q_1，q_2，…，q_n，由于荷载成比例地增加，并一次施加于结构，可设 $F_{P1}=\alpha_1 F_P$，$F_{P2}=\alpha_2 F_P$；$q_1=\beta_1 F_P$，$q_2=\beta_2 F_P$。其中的共同因子 F_P 又称为荷载参数，求极限荷载也就是求荷载参数的极限值。

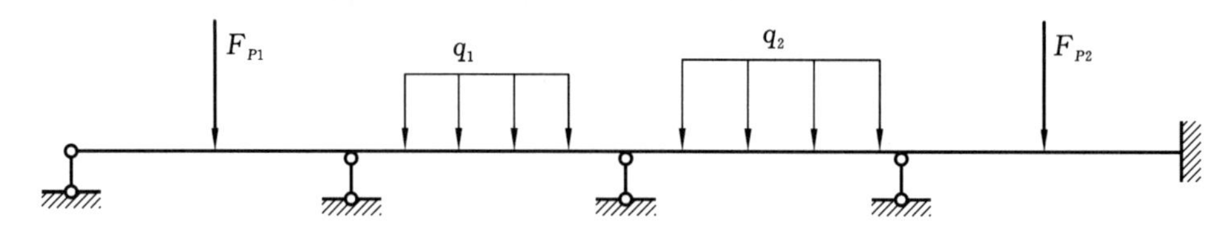

图 12.11　比例加载示意图

结构在极限状态下，必须满足以下三个条件，即

(1) 平衡条件：当荷载达到极限值时，结构整体或任何部分均应是平衡的。

(2) 屈服条件：当荷载达到极限值时，结构中任一截面的弯矩绝对值不可能超过其极限弯矩 M_u，亦即 $|M|\leqslant M_u$。

(3) 机构条件：当荷载达到极限值而结构达极限状态时，对梁和刚架必定有若干(取决于具体问题)截面出现塑性铰，使结构变成沿荷载方向能做单向运动的机构(也称破坏机构)。

以上三个条件同时满足时，所求得的荷载就是极限荷载。

12.4.2　可破坏荷载、可接受荷载、极限荷载

可破坏荷载 —— 对任意单向破坏机构，根据平衡条件求得的荷载。即满足机构条件和平衡条件的荷载称为可破坏荷载，记为 F_P^+。

可接受荷载 —— 根据静力可能而又安全的内力分布求得的荷载。即满足平衡条件和屈服条件的荷载称为可接受荷载，记为 F_P^-。

极限荷载 —— 同时满足机构条件、平衡条件和屈服条件的荷载，记为 F_{Pu}。显然，极限荷载既是可破坏荷载又是可接受荷载。

12.4.3　比例加载时求解极限荷载的定理

(1) 基本定理：可破坏荷载恒不小于可接受荷载，即 $F_P^+\geqslant F_P^-$。

证明：取任一可破坏荷载 F_P^+，给予其相应的破坏机构虚位移，列虚功方程

$$F_P^+\Delta=\sum_{i=1}^{n}|M_{ui}|\cdot|\theta_i|$$

式中，Δ 为与 F_P^+ 相应的广义位移；M_{ui}、θ_i 分别为第 i 个塑性铰所对应的极限弯矩和转角。因为塑性

铰的转动方向总是与极限弯矩的方向相同，M_{ui} 在转角 θ_i 上所做的功必为正值，所以上式可以用它们的绝对值的乘积来表示这个功。

取任一可接受荷载 F_P^-，设在 F_P^- 作用下与上述第 i 个塑性铰对应的、满足平衡条件的弯矩为 M_i，使 F_P^- 及其相应的内力在与上面相同的虚位移上做虚功，虚功方程为

$$F_P^-\Delta = \sum_{i=1}^{n} M_i^- \cdot \theta_i$$

根据屈服条件可知

$$M_i^- \leqslant |M_{ui}|$$

所以，得

$$F_P^+ \geqslant F_P^-$$

(2) 唯一性定理：极限荷载是唯一的。

证明：设同一结构有两个极限荷载 F_{Pu1} 和 F_{Pu2}。

若把 F_{Pu1} 看成可破坏荷载，F_{Pu2} 看成可接受荷载，则得 $F_{Pu1} \geqslant F_{Pu2}$。

若把 F_{Pu1} 看成可接受荷载，F_{Pu2} 看成可破坏荷载，则得 $F_{Pu1} \leqslant F_{Pu2}$。

故有

$$F_{Pu1} = F_{Pu2}$$

这就证明了极限荷载值是唯一的。

此定理表明，对于比例加载的给定结构，如果求得的荷载同时满足平衡条件、屈服条件和单向机构条件，则它就是该机构的极限荷载。还应当指出，结构在同一广义力作用下，其极限状态可能不止一种，但每一种极限状态相应的极限荷载彼此相等，即极限荷载是唯一的，而极限状态则不一定是唯一的。

(3) 上限定理(极小定理)：极限荷载是所有可破坏荷载中最小的。

证明：由于极限荷载 F_{Pu} 是可接受荷载，由基本定理得：

$$F_{Pu} \leqslant F_P^+$$

(4) 下限定理(极大定理)：极限荷载是所有可接受荷载中最大的。

证明：由于极限荷载 F_{Pu} 是可破坏荷载，由基本定理得：

$$F_{Pu} \geqslant F_P^-$$

12.4.4 定理的应用

以上述定理为理论基础求解极限荷载的方法有穷举法和试算法。

穷举法：列出所有可能的破坏机构，用平衡条件求出这些破坏机构对应的可破坏荷载，其中最小者就是极限荷载。

试算法：每次任选一种破坏机构，由平衡条件求出相应的可破坏荷载，再检验是否满足内力局限性条件；若满足，该可破坏荷载就是极限荷载；若不满足，另选一个破坏机构继续试算。

【例 12.4】 求图 12.12(a) 所示等截面梁的极限荷载。已知梁的极限弯矩为 M_u。

【解】 该结构为一次超静定结构，出现两个塑性铰，即形成机构[图 12.12(b)]，其中跨内的塑性铰与左端的距离为 x，列虚功方程：

$$q^+ \cdot \frac{1}{2} l\Delta - M_u\theta_A - M_u\theta_C = 0$$

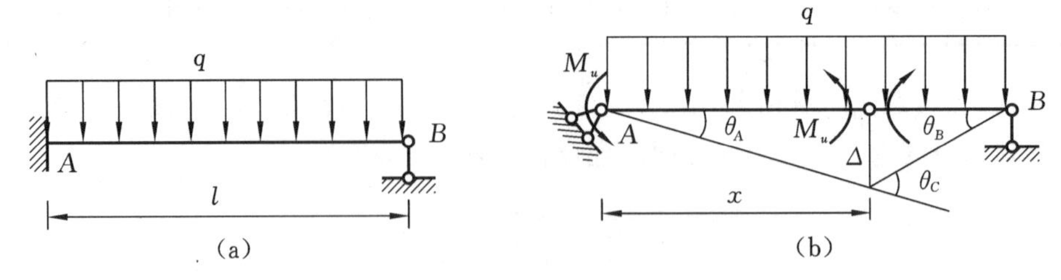

图 12.12　例 12.4 图

(a) 超静定梁；(b) 破坏机构

其中

$$\theta_B = \frac{\Delta}{l-x};\quad \theta_A = \frac{\Delta}{x}, \theta_C = \theta_A + \theta_B = \left(\frac{1}{l-x} + \frac{1}{x}\right)\Delta$$

将上述关系式代入虚功方程得：

$$q^+ \cdot \frac{\Delta l}{2} - M_u \frac{\Delta}{x} - M_u \left(\frac{1}{l-x} + \frac{1}{x}\right)\Delta = 0$$

于是，得：

$$q^+ = \frac{2l-x}{x(l-x)} \cdot \frac{2M_u}{l}$$

在上式中，x 可在区间$(0,l)$ 内取任意值，因此其中的 q^+ 代表全部无限多个可破坏荷载。为了求 q^+ 的极小值，令$\frac{\mathrm{d}q^+}{\mathrm{d}x} = 0$，得：

$$x^2 - 4lx + 2l^2 = 0$$

其在区间$(0,l)$ 内的根为

$$x_1 = (2+\sqrt{2})l$$

$$x_2 = (2-\sqrt{2})l$$

于是按上限定理(极小定理) 将 x_2 之值代入 q^+ 计算式，求得的极限荷载为

$$q_{Pu} = q^+_{\min} = 11.66\frac{M_u}{l^2}$$

【例 12.5】　求图 12.13(a) 所示等截面梁的极限荷载。梁截面的极限弯矩为 M_u。

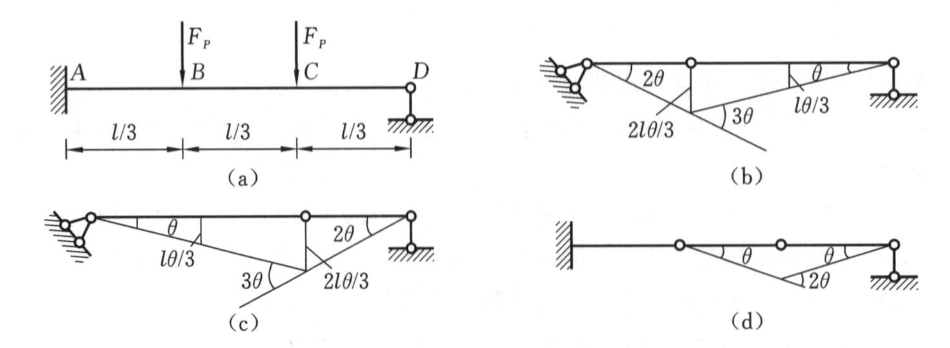

图 12.13　例 12.5 图

(a) 超静定梁；(b) 机构 1；(c) 机构 2；(d) 机构 3

【解】　(1) 用穷举法求解，共有三种可能的破坏机构。

① A、B 出现塑性铰[图 12.13(b)]

列虚功方程：

$$F_P^+ \times \frac{2l\theta}{3} + F_P^+ \times \frac{l\theta}{3} = M_u \times 2\theta + M_u \times 3\theta$$

解得

$$F_P^+ = \frac{5}{l} M_u$$

② A、C 出现塑性铰[图 12.13(c)]

列虚功方程：

$$F_P^+ \times \frac{2l\theta}{3} + F_P^+ \times \frac{l\theta}{3} = M_u \times \theta + M_u \times 3\theta$$

解得

$$F_P^+ = \frac{4}{l} M_u$$

③ B、C 出现塑性铰[图 12.13(d)]

列虚功方程：

$$F_P^+ \times \frac{l\theta}{3} = M_u \times \theta + M_u \times 2\theta$$

解得

$$F_P^+ = \frac{9}{l} M_u$$

由以上计算结果得极限荷载为

$$F_{Pu} = \frac{4}{l} M_u$$

(2) 用试算法求解

① 选 A、B 出现塑性铰形成的破坏机构[图 12.13(b)]

列虚功方程：

$$F_P^+ \times \frac{2l\theta}{3} + F_P^+ \times \frac{l\theta}{3} = M_u \times 2\theta + M_u \times 3\theta$$

解得

$$F_P^+ = \frac{5}{l} M_u$$

由作出的弯矩图[图 12.14(a)]可见，C 截面弯矩为 $\frac{4M_u}{3}$，超过极限弯矩，不满足内力局限性条件(屈服条件)。即 $F_P^+ = \frac{5}{l} M_u$ 不是极限荷载。

② 选 A、C 出现塑性铰形成的破坏机构[图 12.13(c)]

列虚功方程：

$$F_P^+ \times \frac{2l\theta}{3} + F_P^+ \times \frac{l\theta}{3} = M_u \times \theta + M_u \times 3\theta$$

解得

$$F_P^+ = \frac{4}{l} M_u$$

由作出的弯矩图[图 12.14(b)]可见，截面弯矩未超过极限弯矩，满足内力局限性条件。

所以 $F_P^+ = \frac{4}{l}M_u$ 是极限荷载。

综上所述，极限荷载为

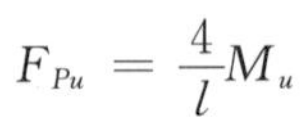

$$F_{Pu} = \frac{4}{l}M_u$$

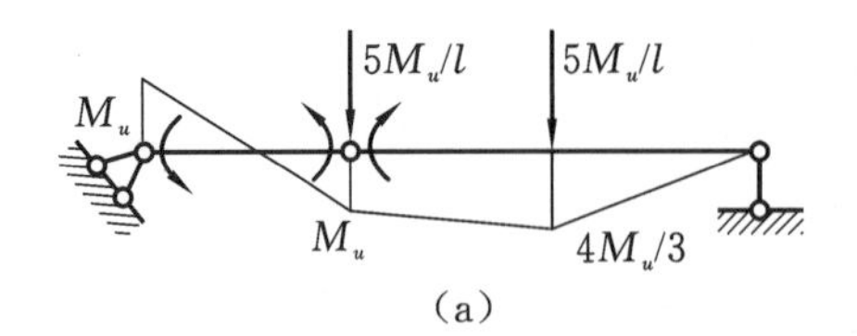

(a)

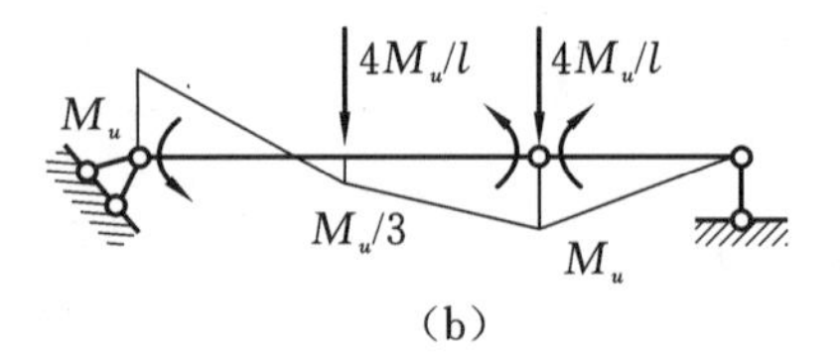

(b)

图 12.14　超静定梁

(a) 弯矩图 1；(b) 弯矩图 2

12.5　刚架的极限荷载

现在应用确定极限荷载的定理，讨论刚架极限荷载的计算问题，在讨论中不考虑轴力和剪力对刚架极限荷载的影响。

刚架是由若干根杆刚结而成的，只要在刚架上形成足够数目的塑性铰，就会导致其整体或局部成为机构，从而丧失承载能力而导致破坏。

分析刚架的极限荷载时要注意以下几个要点：

(1) 若结构承受集中力作用，可能出现塑性铰的位置有固定支座处、刚架杆件的两端、集中力作用处。

(2) 若刚架的某一杆件上作用有分布荷载，预先无法知道塑性铰在这一杆件上的确切位置，这时可假定塑性铰的位置用待定的几何参数来描述，用机动法求出相应的极限荷载数值，这样求得的就是最佳上限估值。

(3) 塑性铰的数目要适当，配备铰结点后刚架要成为可动的机构，并且该机构只具有一个自由度。

(4) 注意区分结构中原有的铰和设定的塑性铰，前者不消耗塑性功，而对后者应逐一计算所消耗的塑性功，然后累加。

在集中荷载作用下，其弯矩图由直线段组成，塑性铰只可能在各直线段的端点或集中荷载作用处出现，如图 12.15(a)、图 12.15(b)、图 12.15(c) 所示的三种可能的破坏机构。根据虚功原理，利用上限定理，在所有可破坏荷载中寻找最小值，从而确定极限荷载。

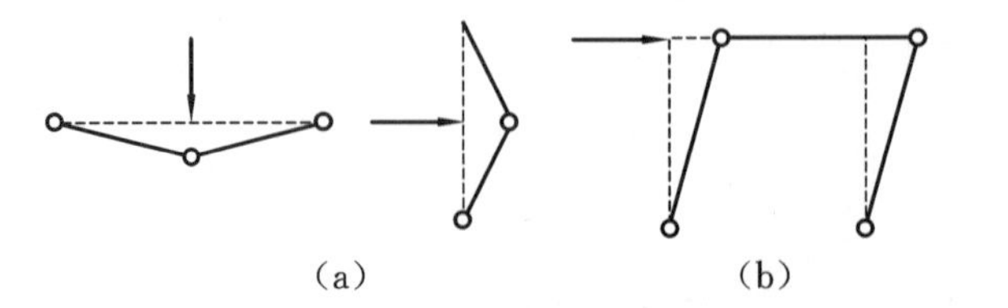

(a)　　(b)　　(c)

图 12.15　刚架的可能破坏机构

(a) 梁机构；(b) 侧移机构；(c) 结点机构

对于简单刚架用穷举法求极限荷载是方便的。对于比较复杂的刚架，由于可能的破坏形式有很多种，容易漏掉一些破坏形式，因而得到的最小值只是极限荷载的上限值，不一定就是极限荷载。如果根据平衡条件检查它引起的弯矩分布图满足屈服条件,则根据单值定理可知该荷载即为极限荷载。

基本机构的数目可由下式确定:

$$m = p - n$$

其中,m 为基本机构数;p 为可能出现塑性铰的数目;n 为刚架多余约束数。

从前面对超静定梁的极限荷载分析可知,与计算可接受荷载相比,求结构的可破坏荷载较为简便。因此,对于比例加载作用下的刚架结构,可用试算法求其极限荷载。试算法的实质是:不必考虑全部的可破坏形式,而是只考虑一种(或数种)破坏情况,求出一个(或数个)可破坏荷载。然后检查它(或它们中的最小的)是否是可接受荷载,如是,则可确定该荷载就是极限荷载。

【例 12.6】　试确定图 12.16(a)所示刚架的极限荷载。

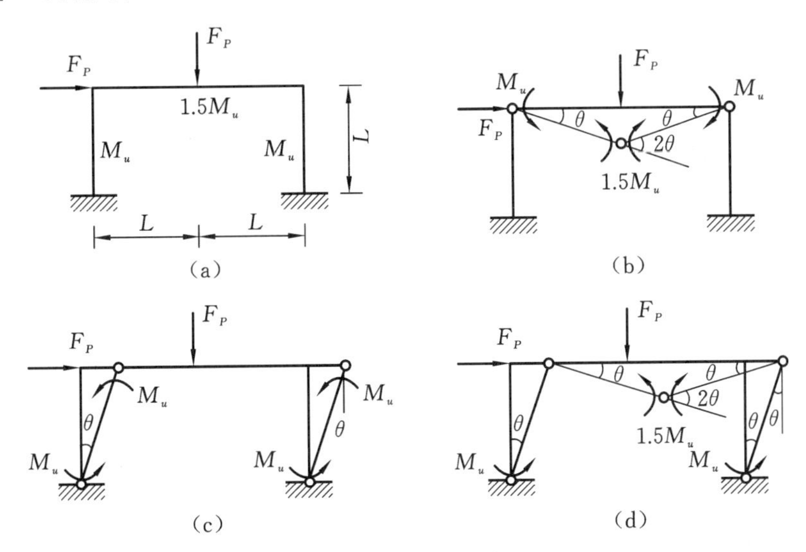

图 12.16　例 12.6 图

(a) 平面刚架;(b) 机构 1;(c) 机构 2;(d) 机构 3

【解】　分析几种可能的机构,求出相应机构的极限荷载。

机构 1[图 12.16(b)],列虚功方程:

$$F_P^1 \cdot L\theta = M_u \cdot \theta + M_u \cdot \theta + 1.5M_u \cdot 2\theta$$

得

$$F_P^1 = \frac{5M_u}{L}$$

机构 2[图 12.16(c)],列虚功方程:

$$F_P^2 \cdot L\theta = M_u \cdot \theta + M_u \cdot \theta + M_u \cdot \theta + M_u \cdot \theta$$

得

$$F_P^2 = \frac{4M_u}{L}$$

机构 3[图 12.16(d)],列虚功方程:

$$F_P^3 L\theta + F_P^3 \cdot L\theta = M_u \cdot \theta + 1 \times 5M_u \cdot 2\theta + M_u \cdot 2\theta + M_u \cdot \theta$$

得

$$F_P^3 = \frac{7M_u}{2L}$$

比较上面三种情况,根据上限定理得极限荷载为

$$F_{Pu} = F_P^3 = \frac{7M_u}{2L}$$

【例 12.7】 试求图 12.17(a) 所示刚架的极限荷载。

【解】 图 12.17(b)、图 12.17(c)、图 12.17(d) 和图 12.17(e) 所示为四个相互独立的基本机构，其中图 12.17(b)、图 12.17(c) 为梁机构，图 12.17(e) 为结点机构。结点机构是当结点 D 处作用有外力矩时才可能出现的一种机构。

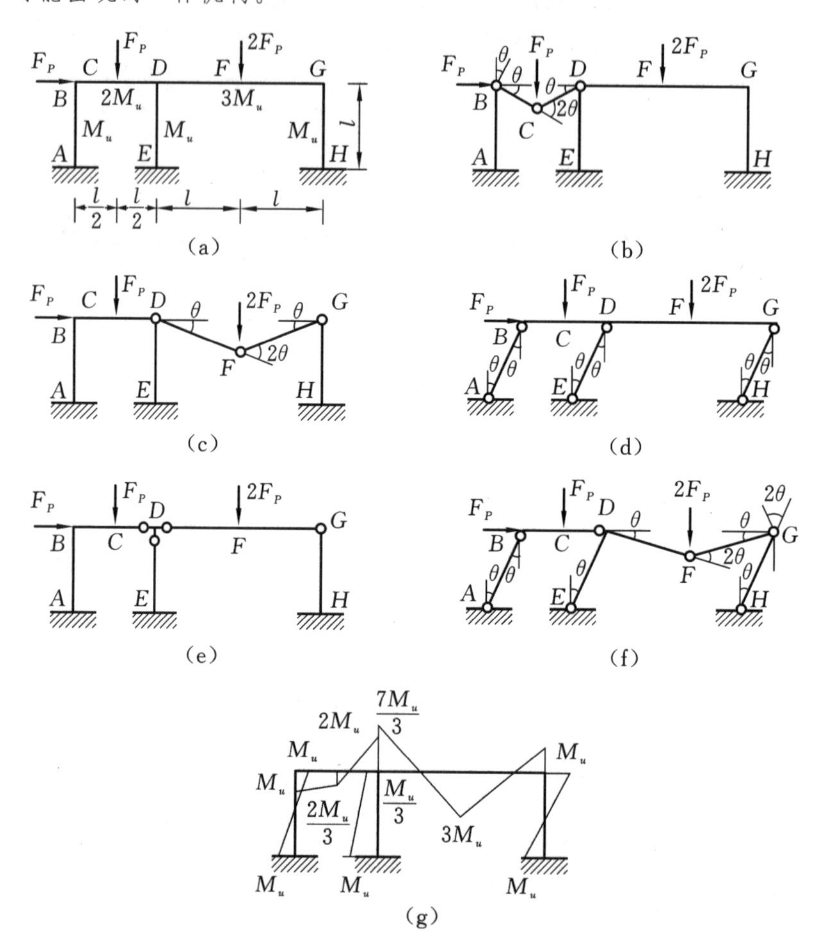

图 12.17　例 12.7 图

(a) 两跨刚架；(b) 梁机构 1；(c) 梁机构 2；(d) 侧移机构；(e) 结点机构；(f) 组合机构；(g) 弯矩图

对于图 12.17 (b) 所示的梁机构，列虚功方程：

$$F_P^b \times 0.5l\theta - 2M_u \times (2\theta + \theta) - M_u \times \theta = 0$$

得

$$F_P^b = \frac{14M_u}{l}$$

对于图 12.17 (c) 所示的梁机构，列虚功方程：

$$2F_P^c \times l\theta - 3M_u \times 2\theta - 3M_u \times \theta - M_u \times \theta = 0$$

得

$$F_P^c = \frac{5M_u}{l}$$

对于图 12.17 (d) 所示的侧移机构，列虚功方程：

$$F_P^d \times l\theta - 6M_u \times \theta = 0$$

得

$$F_P^d = \frac{6M_u}{l}$$

除了上述基本机构外，所有可能的其他机构可通过图 12.17 (b)、图 12.17(c)、图 12.17(d) 和图 12.17(e) 所示的基本机构组合而得。为了尽快找到真实的破坏机构，在选择基本机构进行组合时，基本原则是应尽量使组合后机构在虚位移过程中外力所做的虚功较大，而体系的内力变形虚功（或体系所接受的虚变形功）较小。

将图 12.17 (c)、图 12.17(d) 和图 12.17(e) 三个基本机构组合，可得图 12.17 (f) 所示的组合机构。此时，列虚功方程：

$$F_P^f \times l\theta + 2F_P^f \times l\theta - 2M_u \times \theta - 3M_u \times 2\theta - M_u \times \theta \times 6 = 0$$

得

$$F_P^f = \frac{14M_u}{3l}$$

比较以上各结果，与图 12.17 (f) 所示机构相应的可破坏荷载是最小的，其相应的弯矩图如图 12.17 (g) 所示，它满足内力局限条件。因此，刚架的极限荷载是

$$F_{Pu} = F_P^f = \frac{14M_u}{3l}$$

本章小结

本章讨论材料应力超过弹性极限以后，结构破坏时的极限承载能力问题。从塑性分析入手，引入了材料非线性和塑性极限弯矩、塑性铰的概念。本章的要点如下：

(1) 当最外边缘处的应力达到屈服极限时，截面仍可以继续承载，只有当整个截面达到塑性流动阶段，出现塑性铰时，截面才丧失继续承载的能力。

(2) 静定结构出现一个塑性铰，即变为机构，承载能力也不再增加，即达到极限状态。

(3) 连续梁在同向荷载按比例增加时，只可能在各跨独立形成破坏机构。

(4) 刚架在集中荷载作用下，塑性铰只可能在固定支座处、刚架杆件的两端、集中力作用处出现。

考虑到结构因塑性铰的出现而最终形成机构所处的极限状态，对于简单的结构可以用静力平衡条件 —— 静力法或虚位移原理 —— 机动法直接计算极限荷载。而对于更复杂的结构，由于会出现多种可能的破坏机构，可以用穷举法或试算法，根据极限状态必须满足的条件和判断极限荷载的基本定理，确定出极限荷载。

混凝土结构中将会遇到由钢筋和混凝土两种不同材料构成的截面，在加载时会有更复杂的受力状态，塑性铰的出现也将导致内力的重新分布，读者可在本章的基础上作进一步的讨论。

思考题

12.1　说明塑性铰与普通铰的区别。

12.2　确定截面极限弯矩的基本步骤有哪些？

12.3　一个 n 次超静定梁必在出现 $(n+1)$ 个塑性铰后发生破坏，这一结论是否正确？为什么？

12.4　为什么说超静定结构的极限荷载不受温度变化、支座移动等因素的影响？

12.5　连续梁只可能在各跨独立形成破坏机构，这一结论的使用条件是什么？

12.6　用虚功原理求极限荷载时,虚功方程中为什么不计入弹性变形对应的影响?

12.7　机构法和试算法求极限荷载各以什么定理为依据?它们之间有何区别?

习　　题

12.1　图12.18所示矩形截面,其材料的屈服极限为 $\sigma_s = 240\ \mathrm{N/mm^2}$,求极限弯矩 M_u。

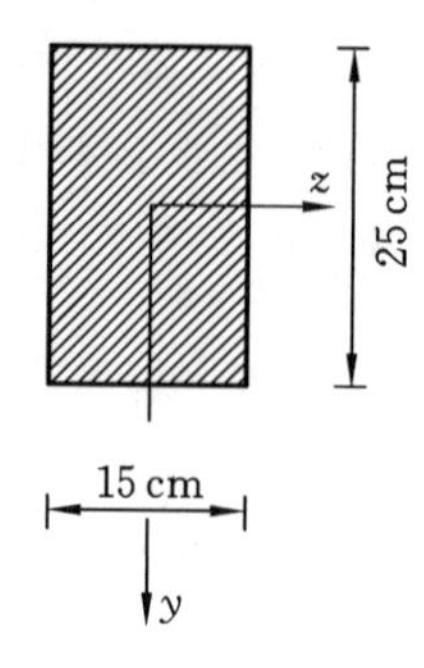

图12.18　习题12.1图

12.2　计算图12.19所示图形的极限弯矩 M_u,设材料的屈服应力为 σ_s。

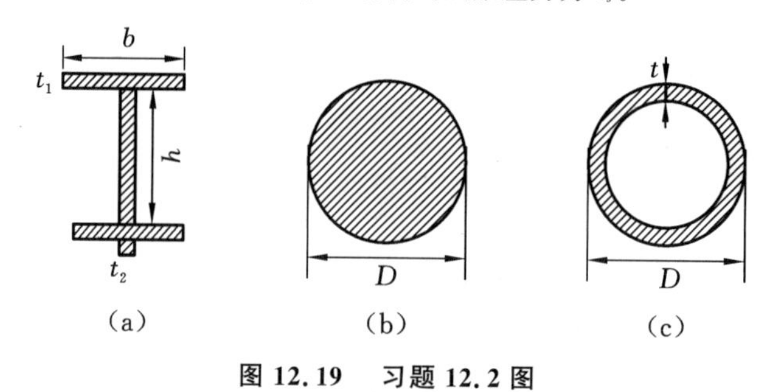

图12.19　习题12.2图

12.3～12.5　求图12.20至图12.22所示各梁的极限荷载。

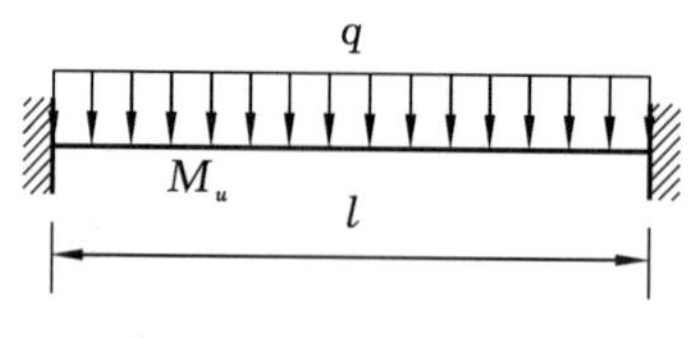

图12.20　习题12.3图

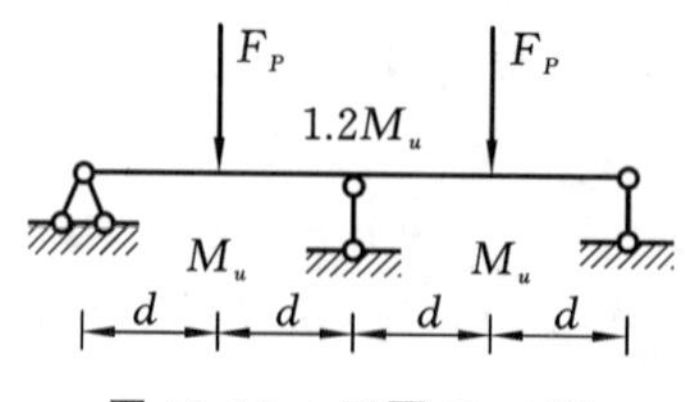

图12.21　习题12.4图

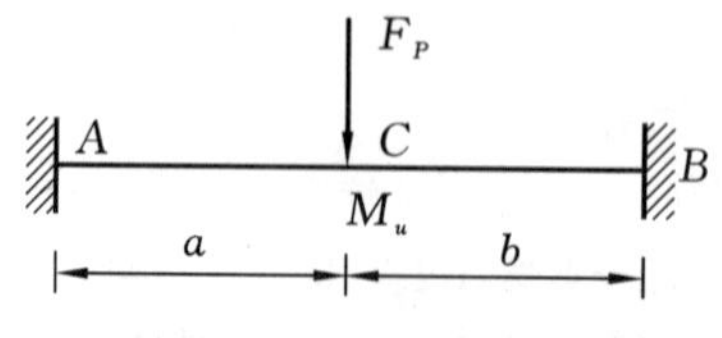

图12.22　习题12.5图

12.6　试求图 12.23 所示连续梁的极限荷载。已知截面的极限弯矩为 $M_u = 140\ \text{kN} \cdot \text{m}$。

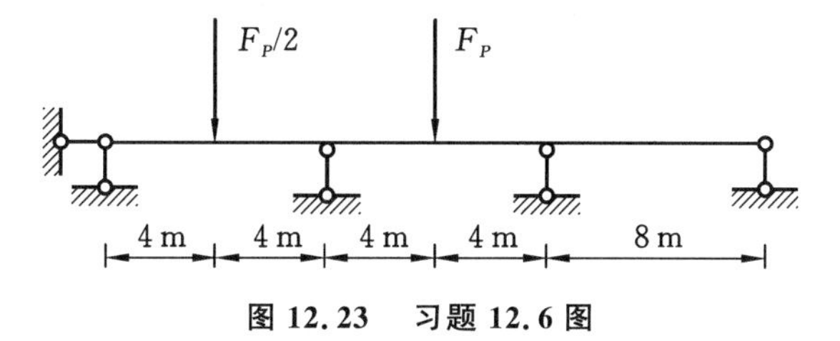

图 12.23　习题 12.6 图

12.7 ～ 12.8　求图 12.24、图 12.25 所示连续梁的极限荷载。

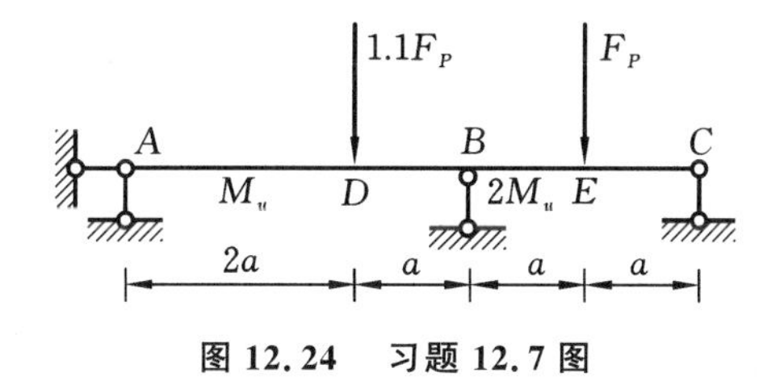

图 12.24　习题 12.7 图

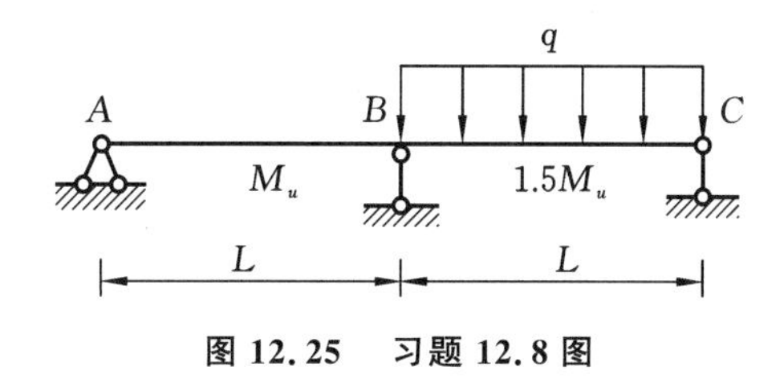

图 12.25　习题 12.8 图

12.9 ～ 12.10　求图 12.26、图 12.27 所示刚架的极限荷载。

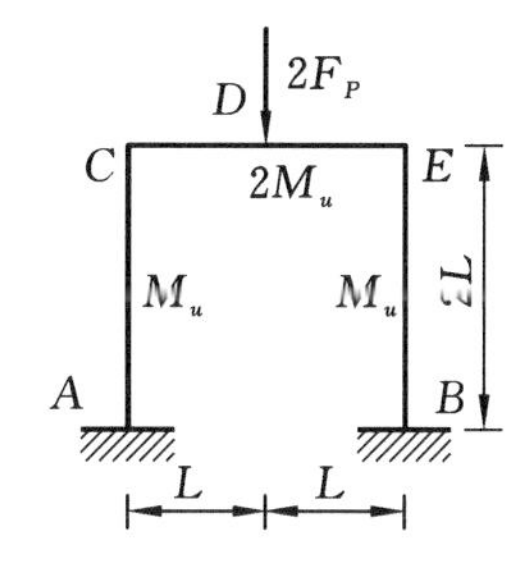

图 12.26　习题 12.9 图

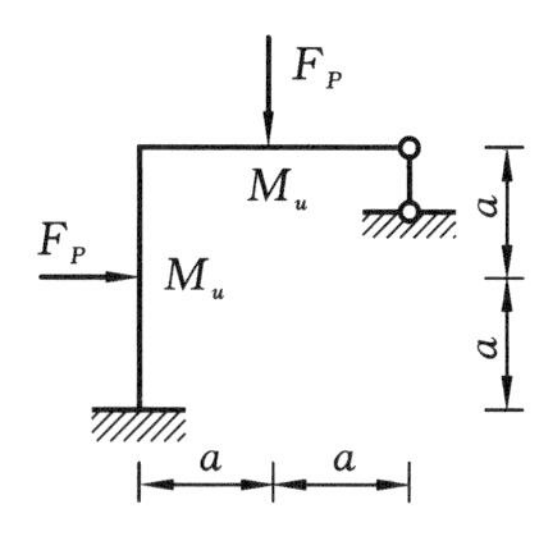

图 12.27　习题 12.10 图

习题参考答案

第 9 章

9.1　略

9.2

$$\begin{bmatrix}\theta_1\\ \theta_2\\ \theta_3\end{bmatrix}=10^{-4}\times\begin{bmatrix}0\\ 0.309\\ -0.514\end{bmatrix},\begin{bmatrix}\overline{M}_{(1)}\\ \overline{M}_{(2)}\end{bmatrix}^1=\begin{bmatrix}12.86\\ 25.71\end{bmatrix}(\text{kN}\cdot\text{m}),\begin{bmatrix}\overline{M}_{(1)}\\ \overline{M}_{(2)}\end{bmatrix}^2=\begin{bmatrix}-25.71\\ 0\end{bmatrix}(\text{kN}\cdot\text{m})$$

9.3

$$\begin{bmatrix}\theta_1\\ \theta_2\\ \theta_3\end{bmatrix}=10^{-4}\times\begin{bmatrix}0\\ 0.343\\ -0.171\end{bmatrix},\begin{bmatrix}\overline{M}_{(1)}\\ \overline{M}_{(2)}\end{bmatrix}^1=\begin{bmatrix}14.29\\ 28.57\end{bmatrix}(\text{kN}\cdot\text{m}),\begin{bmatrix}\overline{M}_{(1)}\\ \overline{M}_{(2)}\end{bmatrix}^2=\begin{bmatrix}21.43\\ 0\end{bmatrix}(\text{kN}\cdot\text{m})$$

9.4

$$\begin{bmatrix}\theta_1\\ \theta_2\\ \theta_3\\ \theta_4\end{bmatrix}=10^{-4}\times\begin{bmatrix}0\\ -44.44\\ 44.44\\ 0\end{bmatrix}$$

$M_{12}=-M_{43}=-8.89\ \text{kN}\cdot\text{m}, M_{23}=-M_{32}=-2.22\ \text{kN}\cdot\text{m}$

(图略)

9.5

$$\begin{bmatrix}\overline{M}_{(1)}\\ \overline{M}_{(2)}\end{bmatrix}^1=\begin{bmatrix}\frac{8446}{l}\\ \frac{16892}{l}\end{bmatrix}(\text{kN}\cdot\text{m}),\begin{bmatrix}\overline{M}_{(1)}\\ \overline{M}_{(2)}\end{bmatrix}^2=\begin{bmatrix}\frac{21621}{l}\\ \frac{19144}{l}\end{bmatrix}(\text{kN}\cdot\text{m})$$

(图略)

9.6

$$\boldsymbol{K}=2i\times\begin{bmatrix}\frac{6}{l^2} & -\frac{3}{l} & 0 & 0\\ & 6 & 2 & 0\\ \text{对} & & 6 & \frac{3}{l}\\ & \text{称} & & \frac{6}{l^2}\end{bmatrix}$$

9.7

$$\boldsymbol{K}=\frac{6EI}{l}\times\begin{bmatrix}\frac{6}{l^2} & \frac{1}{l}\\ \frac{1}{l} & 2\end{bmatrix},\boldsymbol{F}_P=\begin{bmatrix}-F_P\\0\end{bmatrix},\begin{bmatrix}v_2\\\theta_2\end{bmatrix}=\frac{l}{66EI}\begin{bmatrix}-2F_Pl^2\\F_Pl\end{bmatrix}$$

(图略)

9.8

$$\begin{bmatrix}M_1\\M_2\end{bmatrix}^1=\begin{bmatrix}\frac{3}{88}\\\frac{6}{88}\end{bmatrix}F_Pl,\begin{bmatrix}M_2\\M_3\end{bmatrix}^2=\begin{bmatrix}\frac{6}{88}\\\frac{3}{88}\end{bmatrix}F_Pl,\begin{bmatrix}M_2\\M_4\end{bmatrix}^3=\begin{bmatrix}\frac{12}{88}\\0\end{bmatrix}F_Pl$$

9.9

$$\boldsymbol{K}=\begin{bmatrix}\frac{EA}{l} & 0 & 0 & 0\\ 0 & \frac{12EI}{l^3} & -\frac{6EI}{l^2} & -\frac{6EI}{l^2}\\ \text{对} & & \frac{4EI}{l} & \frac{2EI}{l}\\ & \text{称} & & \frac{4EI}{l}\end{bmatrix},\boldsymbol{F}_P=\begin{bmatrix}4\\-12\\5\\-10\end{bmatrix}$$

9.10

按单元顺序,各杆轴力为

$$\boldsymbol{F}_N=[0.326F_P,1.327F_P,-0.673F_P,-0.462F_P,0.952F_P]^{\mathrm{T}}$$

9.11

$$\boldsymbol{K}=\frac{EA}{l}\times\begin{bmatrix}1.35 & -0.35 & -1 & 0\\ & 1.35 & 0 & 0\\ \text{对} & & 1.35 & 0.35\\ & \text{称} & & 1.35\end{bmatrix},\boldsymbol{F}_P=\begin{bmatrix}10\\10\\0\\0\end{bmatrix}\text{kN},\ \Delta=\begin{bmatrix}v_1\\v_2\\v_3\\v_4\end{bmatrix}=\frac{l}{EA}\times\begin{bmatrix}26.9\\14.42\\21.36\\-5.58\end{bmatrix}$$

9.12

$$\text{(a)}\ [\bar{k}]=\begin{bmatrix}\frac{12}{l^2} & -\frac{6}{l}\\ -\frac{6}{l} & 4\end{bmatrix}\times i;\text{(b)}[\bar{k}]=\begin{bmatrix}4 & \frac{6}{l}\\ \frac{6}{l} & \frac{12}{l^2}\end{bmatrix}\times i$$

第10章

10.1 $\omega=\frac{6}{l^2}\sqrt{\frac{EI}{\bar{m}}}$

10.2 $\omega=\sqrt{\frac{16k}{93m}}$

10.3 $\omega=\sqrt{\frac{3k}{10\bar{m}a}}$

10.4 $y_{max}=0.1\ cm, v_{max}=4.175\ cm/s, a_{max}=174.3\ cm/s^2$

10.5 $T=0.1053\ s$

10.6 $\omega=\sqrt{\dfrac{192(2\beta+3n)EIg}{Wl^3(8\beta+3n)}}$

10.7 $y_{max}=0.697\ cm, M_A=20.6\ kN\cdot m$

10.8 $\omega=\sqrt{\dfrac{102EI}{ml^3}}$

10.9 $\omega=\sqrt{\dfrac{30EI}{13ml^3}}$

10.10 $y_{max}=-0.0884\ cm$(与F_P方向相反),$M_{max}=0.52\ kN\cdot m$

10.11 (1)$y(\tau)=y_{st}\left[1-\dfrac{T\sin\dfrac{2\pi}{T}\tau}{2\pi}\right]$

(2)

τ	$\frac{3}{4}T$	T	$1\frac{1}{4}T$	$4\frac{3}{4}T$	$5T$	$5\frac{1}{4}T$	$9\frac{3}{4}T$	$10T$	$10\frac{1}{4}T$
$\frac{y(\tau)}{y_{st}}$	1.212	1	0.873	1.034	1	0.9697	1.0163	1	0.9845

(3) 计算结果表明:

(i) 当τ为T的整数倍时,$\dfrac{y(\tau)}{y_{st}}=1$;

(ii) 当$\tau>5T$后,$\dfrac{y(\tau)}{y_{st}}\approx 1$

10.12 $\Delta_{BV}=\dfrac{13qa^4}{28EI}, M_{AD}=\dfrac{qa^2}{2}, M_{DA}=\dfrac{13}{28}qa^2$

(图略)

10.13 $\Delta_{CV}=0.174\ mm(\uparrow)$

(图略)

10.14 $\xi=0.0675$

10.15 $\xi=0.0367, \beta=14$

10.16 (1) $W=8817\ kN$;(2) $\xi=0.0355$;(3) $y=0.1285\ cm$

10.17 1点位移动力系数为$\beta_{\Delta 1}=\left|\dfrac{1}{1-\dfrac{\theta^2}{\omega^2}}\right|$;

0点弯矩动力系数为$\beta_{M0}=\left|1-\dfrac{\delta_{1P}}{a\delta_{11}}\dfrac{1}{1-\dfrac{\theta^2}{\omega^2}}\right|$;系数不相同

10.18 $(F_{RC})_{max}=\dfrac{9}{8}q_0 l\left[\dfrac{1}{1-\dfrac{\theta^2}{\omega^2}}\right]$

10.19 $A=4.4\times 10^{-6}\ m, F_0=0.925\ kN$

10.20 $\omega_1 = 3.0618\sqrt{\dfrac{EI}{ml^3}}, \dfrac{Y_{11}}{Y_{21}} = -\dfrac{1}{0.1602}$

$\omega_2 = 12.298\sqrt{\dfrac{EI}{ml^3}}, \dfrac{Y_{12}}{Y_{22}} = \dfrac{0.1602}{1}$

10.21 $\omega_1 = 0.888\sqrt{\dfrac{EI}{ml^3}}; \omega_2 = 2.62\sqrt{\dfrac{EI}{ml^3}}$

$Y^{(1)} = \begin{bmatrix} 1 \\ 2.712 \end{bmatrix}; Y^{(2)} = \begin{bmatrix} 1 \\ -0.446 \end{bmatrix}$

(图略)

10.22 $\omega_1 = \sqrt{\dfrac{3EI}{ml^3}}; \omega_2 = \sqrt{\dfrac{5EI}{ml^3}}$

$Y^{(1)} = \begin{bmatrix} 1 \\ 1 \end{bmatrix}; Y^{(2)} = \begin{bmatrix} 1 \\ -1 \end{bmatrix}$

(图略)

10.23 $\omega_1 = 257.04\ \mathrm{s}^{-1}; \omega_2 = 388.61\ \mathrm{s}^{-1}$

$Y^{(1)} = \begin{bmatrix} 1 \\ -1 \end{bmatrix}; Y^{(2)} = \begin{bmatrix} 1 \\ 1 \end{bmatrix}$

10.24 $\omega_1 = 254.45\ \mathrm{s}^{-1}, Y_{11} : Y_{21} : Y_{31} = 1 : -1 : 1$

$\omega_2 = 321.88\ \mathrm{s}^{-1}, Y_{12} : Y_{22} : Y_{32} = 1 : 0 : -1$

$\omega_3 = 446.34\ \mathrm{s}^{-1}, Y_{13} : Y_{23} : Y_{33} = 1 : 2 : 1$

10.25 $\omega_1 = 9.88\ \mathrm{s}^{-1}; \omega_2 = 23.18\ \mathrm{s}^{-1}$

$Y^{(1)} = \begin{bmatrix} 1 \\ -1.313 \end{bmatrix}; Y^{(2)} = \begin{bmatrix} 1 \\ 2.689 \end{bmatrix}$

10.26 $\omega_1 = 13.5\ \mathrm{s}^{-1}, Y_{11} : Y_{21} : Y_{31} = 0.333 : 0.667 : 1.000$

$\omega_2 = 30.1\ \mathrm{s}^{-1}, Y_{12} : Y_{22} : Y_{32} = -0.664 : -0.663 : 1.000$

$\omega_3 = 46.6\ \mathrm{s}^{-1}, Y_{13} : Y_{23} : Y_{33} = 4.032 : -3.022 : 1.000$

10.27 楼面振幅：$Y_1 = -0.202\ \mathrm{mm}; Y_2 = -0.206\ \mathrm{mm}$

柱端弯矩：$M_A = 6.06\ \mathrm{kN \cdot m}$

10.28 楼面振幅：$Y_1 = -0.028\ \mathrm{mm}; Y_2 = -0.045\ \mathrm{mm}; Y_3 = -0.230\ \mathrm{mm}$

10.29 略

第 11 章

11.1 $kl/2$

11.2 $6EI/l^2$

11.3 $1.513EI/h^2$

11.4 $0.876EI/h^2$

11.5 $F_{Pcr1} = \dfrac{k}{l}, F_{Pcr2} = \dfrac{3k}{l}$

11.6　(a) $F_{Pcr}=\frac{3EI_2}{l^2}$；(b) $F_{Pcr}=\frac{\pi EI_1}{l^2}$；(c)$\pi I_1=3I_2$

11.7　(a)$4.116EI/H^2(\tan H=-\alpha H)$

$1.360EI/H^2(\tan H=2\alpha H)$

$5.631EI/l^2(\tan\alpha l=\alpha l\left[1-\left(\frac{\alpha l}{2}\right)^2\right]$

11.8　$\tan\frac{\alpha l_1}{2}+\frac{i_1}{i_2}\frac{\alpha l_1}{2}=0$

11.9～11.10 略

第 12 章

12.1　562.5 kN·m

12.2　(a) $\sigma_s bht_2\left(1+\frac{t_1h}{4bt_2}\right)$；(b) $\sigma_s\frac{D^3}{6}$；(c) $\sigma_s\frac{D^3}{6}\left[1-\left(1-\frac{2t}{D}\right)^3\right]$

12.3　$q_u=\frac{16M_u}{l^2}$

12.4　$F_{Pu}=\frac{3.2}{d}M_u$

12.5　$F_{Pu}=\frac{2(a+b)}{ab}M_u$

12.6　$F_{Pu}=140$ kN

12.7　$F_{Pu}=2.27\frac{M_u}{a}$

12.8　$q_u=\frac{11.66}{L^2}M_u$

12.9　$F_{Pu}=M_u/L$

12.10　$F_{Pu}=\frac{1.5}{a}M_u$